## 16.2 个性十足的光盘设计 P287

实例描述：在这个实例中，我们将在光盘模板中绘制图形，根据光盘的结构，设计出一个有趣的卡通形象。

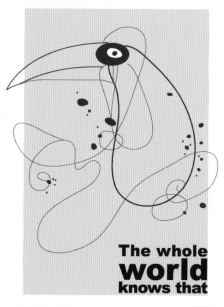

## 15.1 铅笔绘图
➡ 制作书籍封面 P263

## 15.5 路径轮廓化
➡ 制作漫画风格食品广告 P271

**16.1** P283

## 充满创意的卡通名片

实例描述：在这个实例中，我们将创建三个画板，使用基本绘图工具制作出名片的正面、背面和效果图。

**16.5** 手机APP设计 P295
➡ 在这个实例中，使用"凸出和斜角"、"绕转"、"投影"等命令制作立体效果。

**7.3.1** 实例演练：用变形建立封套扭曲 P135
➡ 圆角效果+用变形建立命令

**5.3.1** 实例演练：为图稿实时上色 P96
➡ 实时上色工具+实时上色选择工具

**10.8.1** 实例演练：将文字转换为轮廓 P210
➡ 将文字创建为轮廓并调整字型

**8.1.2** 实例演练：应用效果
➡ 波纹效果命令　　P150

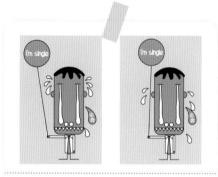

**12.4.2** 实例演练：制作图层动画
➡ 图层+导出命令　　P249

**13.1.3** 实例演练：对文件播放动作　　P252
实例描述：通过"动作"命令，快速制作图像效果。

**7.1.6** 实例演练：使用再次变换制作图案　　P129
➡ 极坐标网格工具+旋转工具+比例缩放工具

**16.6** 网页设计　　P300
➡ 创建剪切蒙版将多余的图像隐藏，添加图形元素进行装饰

**16.4** P292

## QQ表情设计

实例描述:在这个实例中,我们将使用钢笔工具、椭圆工具绘制小猪的形象,通过填充渐变,调整渐变的类型、滑块的位置和不透明度表现色调的明暗。

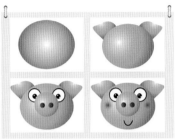

**10.3.1** 实例演练:创建路径文字 ➡ 路径文字工具 P198

**8.13.4** 实例演练:为图层和组添加外观 ➡ "图层"面板 P170

**7.5.4** 实例演练:用路径查找器制作贵宾犬 ➡ "路径查找器"面板 P147

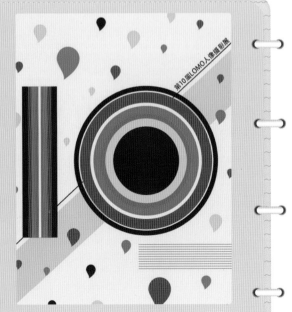

**15.4** 路径描边 ➡ 制作装饰风格展会海报 P270

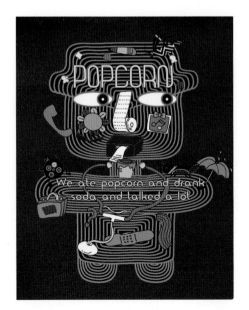

**15.7** 混合 ➡ 制作有纹理质感的插图 P274

**7.4.4** 实例演练：修改混合轴
➡ 铅笔工具+螺旋线工具+
替换混合轴命令　　　　P142

**16.9** 俱乐部图标设计　　　　P310

实例描述：在这个实例中，我们将以渐变、混合、内发光等多
种技法来表现图标晶莹的质感。

**15.3** 画笔绘图
➡ 制作国画荷塘雅趣　　　　P268

**8.14.4** 实例演练：重新定义图形样式
➡ "外观"面板+投影效果　　　　P173

**9.4.3** 实例演练：编辑剪切内容
➡ 改变剪切组合内容的颜色　　　　P185

## 16.3

商业插画：艺术字体设计

实例描述：在这个实例中，我们将使用3D命令制作立体字，并用自定义的图案为立体字贴图。

P289

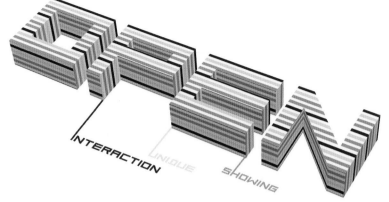

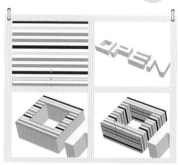

**8.2.6** 实例演练：将图稿映射到3D对象表面　　P156
➡ 3D贴图功能

**8.2.1** 实例演练：通过凸出创建3D对象　　P151
➡ 凸出和斜角命令

**8.13.3** 实例演练：修改外观　　P169
➡ "外观"面板

**7.1.2** 实例演练：使用旋转工具旋转对象　　P127
➡ 旋转工具

**15.6** 符号　　P272
➡ 扁平化图标设计

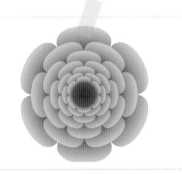

**7.1.8** 实例演练：通过分别变换制作花朵
➡ 制作花朵　P131

**7.1.8** 实例演练：通过分别变换制作花朵
➡ 制作仙人球　P131

**15.10** 文字：制作文字立方体　P279

实例描述：在这个实例中，我们会将文字定义为符号，给一个立方体的三个面贴图，然后在画面中隐藏三维模型，只显示贴图效果。

**15.9** 3D效果
➡ 制作卡通狮子王模型　P277

**15.8** 效果
➡ 制作涂抹风格海报　P275

## 16.10

P316

### 唯美风格插画

实例描述：在这个实例中，我们将使用钢笔工具绘制出人物的卷发图形，并将其创建为符号，以减小文档的大小。用这些符号元素构成人物的卷发，形成有唯美风格的插画效果。

**9.4.4** 实例演练：重新给剪贴路径描边 P186
➡ "图层"面板+"渐变"面板

**8.13.2** 实例演练：复制外观属性 P168
➡ "外观"面板

**7.1.4** 实例演练：使用比例缩放工具缩放对象 P128
➡ 比例缩放工具

**16.7** 路径描边 P304
➡ 制作立体化效果

**9.3.2** 实例演练：调整填色和描边的混合模式 P183
➡ "外观"面板+"透明度"面板

# WOW!

## illustrator CC

## 完全自学宝典

李金蓉 编著

电子工业出版社·

**Publishing House of Electronics Industry**

北京·BEIJING

# 内 容 简 介

新手从菜鸟成长为Illustrator高手，一般都要经历"入门—实践—困惑—再学习—再实践—精通"等阶段。本书以这一系列过程为主线，通过"入门篇"、"Illustrator功能篇"带领大家从零开始认识Illustrator，了解文档操作、绘图、钢笔绘图、颜色、绘画、渐变、网格、变形、效果、外观、图层、蒙版、文字、符号、图表、Web、动画、任务自动化、打印等软件功能；当读者掌握基本操作技能以后，开始步入进阶阶段，"高级技巧篇"为大家揭秘Illustrator高级操作技巧，化解困扰读者的各种难题，为顺利进阶提供技术支持；"设计实践篇"则为读者精通Illustrator设计任务安排了大量综合应用实例。

本书光盘中收录了187个实例的素材、源文件及视频教程，供读者演练。相信通过系统的学习，你一定能够成为玩转Illustrator的高手！

本书适合平面设计人员、动画制作人员、网页设计人员、大中专院校学生及图片处理爱好者等参考阅读。

未经许可，不得以任何方式复制或抄袭本书之部分或全部内容。
版权所有，侵权必究。

## 图书在版编目（CIP）数据

WOW！Illustrator CC 完全自学宝典 / 李金蓉编著 . -- 北京：电子工业出版社，2015.3
ISBN 978-7-121-25257-0

Ⅰ . ① W… Ⅱ . ① 李… Ⅲ . ① 图形软件 Ⅳ . ① TP391.41

中国版本图书馆 CIP 数据核字 (2014) 第 303538 号

责任编辑：田　蕾
文字编辑：赵英华
印　　刷：中国电影出版社印刷厂
装　　订：三河市良远印务有限公司
出版发行：电子工业出版社
　　　　　北京市海淀区万寿路 173 信箱　　邮编：100036
开　　本：787×1092　1/16　印张：21　字数：604.8 千字　　彩插：4
版　　次：2015 年 3 月第 1 版
印　　次：2018 年 4 月第 2 次印刷
定　　价：89.80 元（含光盘 1 张）

# 前　言

　　很多Illustrator学习者都有过这样的困惑，Illustrator入门很简单，各种工具、功能学起来也不困难，但真正到自己独立制作一种效果时，却又无从下手；看到让人心动的优秀作品，也不知创作者是用什么方法表现出来的。这往往是由Illustrator综合应用能力不强造成的，同时也存在学习和实践脱节的问题。

　　Illustrator的软件功能非常庞大，绝大多数效果都需要不同的工具、命令相互配合，仅靠一两种功能是无法实现的。用户不仅要对Illustrator基本知识融会贯通，更要对高级功能有深入的理解，以及更具难度的实例训练。

　　如果有一本书，既能让读者轻松入门，又能带领他们突破Illustrator技术瓶颈，顺利进阶成为高手，相信一定会给读者带来最大的帮助。基于这种想法，我们编著了这本《WOW！Illustrator CC完全自学宝典》。

　　《WOW！Illustrator CC完全自学宝典》由"入门篇"、"功能篇"、"高级技巧篇"和"设计实践篇"等篇章组成。在章节安排方面采用从入门知识—基本操作—软件功能全面讲解—高级技术重点剖析—综合实例演练的方式，充分契合了Illustrator的学习特点。全书共收录了187个实例、31个知识拓展、49个实用技巧，再加上数量众多的要点提示，以及将Illustrator应用于实际工作和生活创意上的案例，构成了既全面又有一定深度的Illustrator学习框架。

　　在本书的"入门篇"中，详细介绍了数字化图形的基本知识和Illustrator基本操作方法。

　　"功能篇"包含绘图、钢笔绘图、颜色、绘画、渐变、网格、变形、效果、外观、图层、蒙版、文字、符号、图表、Web、动画、任务自动化和打印等章节，分门别类地介绍了Illustrator的各种工具、面板、命令和软件功能。以上章节均采用软件功能讲解+实例演练相结合的形式，以帮助读者快速完成入门阶段的学习。

　　本书的"高级技巧篇"通过各种实例剖析了Illustrator高级应用技术，化解了困扰读者的各种难题，是从初级用户转向高级用户的必经阶段。

　　"设计实践篇"包含10个综合实例，这些实例不仅综合了前面章节所讲的知识，还充分展现了Illustrator在平面设计、UI设计、卡通设计、特效设计、网页设计、插画设计等领域的应用技巧。

　　为了便于初学者能够快速入门，本书的配套光盘中还特别提供了187个Illustrator视频教学录像，犹如老师亲自在旁指导。此外，还附赠了《Photoshop效果》、《CMYK色谱手册》和《色谱表》电子书、AI格式和EPS格式矢量素材。

　　相信通过系统的学习，你一定能够成为玩转Illustrator的高手！

　　本书由李金蓉编著，参编人员有贾一、徐培育、包娜、李宏宇、李哲、郭霖蓉、周倩文、王淑英、李保安、李慧萍、王树桐、王淑贤、贾占学、周亚威。

## 1.1 数字化图形入门

计算机中的图形和图像是以数字方式进行记录和存储的，它们分为两大类，一类是以Adobe公司的Illustrator、Corel公司的CorelDRAW、Autodesk公司的AutoCAD等为代表的矢量软件绘制的矢量图；另一类是以Adobe公司的Photoshop、Corel公司的Painter等为代表的位图软件绘制的位图。

### 1.1.1 矢量图与位图

矢量图由称作矢量的数学对象定义的直线和曲线构成，锚点和路径是其最基本的元素。矢量图形占用的存储空间很小，并且，任意旋转和缩放都不会影响图形的清晰度和光滑性，因此，可以保持对象边缘光滑无锯齿。例如，图1-1为一个矢量图形，图1-2所示为将其放大300%后的局部效果，可以看到图形并没有任何变化。

矢量图形缩放不会改变效果，因此特别适合制作在各种输出媒体中按照不同大小使用的图稿，如徽标、图标、Logo等。它的缺点是不容易制作色彩变化丰富的图像，在不同的软件中交换时也没有位图方便。

图1-1

图1-2

位图也称为栅格图像，它是由千千万万个小方块组成的，这些小方块是像素。由于受到分辨率的制约，每一个图像都包含固定数量的像素，旋转或缩放图像时，像素会变得模糊，图像就会产生锯齿。例如，图1-3所示为一个位图图像，图1-4所示为将其放大300%后的局部效果，可以看到，图像已经变得有些模糊了。

图1-3

图1-4

位图的优点是可以表现丰富的色彩变化并产生逼真的效果，如数码相机拍摄的照片、扫描的图像等，并且很容易在不同软件之间交换使用。位图中每个像素都有固定的位置和颜色值，在保存时需要记录每一个像素的色彩信息，所以占用的存储空间要比矢量图大。

　　由于计算机的显示器只能在网格中显示图像，因此，我们在屏幕上看到的矢量图形和位图图像均显示为像素。

> **提示**
>
> 　　分辨率是指单位长度内包含的像素点的数量，它的单位为像素/英寸（ppi）。例如，72ppi表示每英寸包含72个像素点，300ppi表示每英寸包含300个像素点。

## 1.1.2 文件格式

　　文件格式是电脑存储信息时使用的特殊编码方式，每一种文件格式通常会有一种扩展名，如.jpg、.AI、.PSD等。Illustrator支持的文件格式有AI、EPS、PSD、PDF、JPEG、TIFF、SVG、GIF、SWF、PICT和PCX等。其中，AI、PDF、EPS 和 SVG格式是Illustrator的本机格式，它们可以保留所有的 Illustrator 数据。

| 名称 | 文件格式描述 |
| --- | --- |
| AI | 由 Amiga 和 Interchange File Format 的缩写组成，Illustrator 默认的文件格式，受到许多绘图程序的支持，是最佳的输出格式。 |
| EPS | 一种广泛使用的文件格式，可以包含矢量图形和位图图像。 |
| PDF | Acrobat 的默认格式，主要用于网上出版，它可以包含矢量图形和位图，并支持超级链接。在 Illustrator 中可以打开和编辑 PDF 文件，也可以将文件保存为 PDF 格式。 |
| DXF/ DWG | DXF 和 DWG 格式是 AutoCAD 生成的文件格式。其中，DWG 是用于存储 AutoCAD 中创建的矢量图形的标准文件格式；DXF 是用于导出 AutoCAD 绘图或从其他应用程序导入绘图的绘图交换格式。Illustrator 可以导入从 2.5 版直至 2006 版的 AutoCAD 文件。 |
| SVG | 一种用来描述图像的形状、路径、文本和滤镜效果的矢量格式，可提供在网上发布或打印的高质量图形，另外，还可以包含动画元素和程序控制数据，以及携带自己的字体。 |
| PSD | Photoshop 的文件格式，可以保存图像中的图层、蒙版、通道和颜色模式等信息。PSD 格式的文件在 Illustrator 和 Photoshop 中转换时，文字和图层结构都不会变化，可以继续编辑。 |
| JPEG | 由联合图像专家组制定的带有压缩的文件格式，生成的文件较小，常用于存储图像（如照片）、制作网页以及图像预览等。 |
| Macintosh PICT | 与 Mac OS 图形和页面布局应用程序结合使用以便在应用程序间传输图像。PICT 在压缩包含大面积纯色区域的图像时特别有效。 |
| TIFF | 一种通用的文件格式，几乎所有的扫描仪和绘图软件都支持该格式。它支持多平台和多种压缩算法，具有很强的数据存储和交换能力。 |
| BMP | BMP 是一种用于 Windows 操作系统的图像格式，主要用于保存位图文件。该格式可以处理 24 位颜色的图像。 |
| PNG | PNG 是作为 GIF 的无专利替代产品而开发的，用于无损压缩和在 Web 上显示图像。 |
| TGA | TGA 格式专用于使用 Truevision 视频板的系统。可以指定颜色模型、分辨率和消除锯齿设置用于栅格化图稿，以及位深度用于确定图像可包含的颜色总数（或灰色阴影数）。 |
| Windows 图元文件 (WMF) | 16 位 Windows 应用程序的中间交换格式。几乎所有 Windows 绘图和排版程序都支持 WMF 格式。但是，它支持有限的矢量图形，在可行的情况下应以 EMF 代替 WMF 格式。 |
| 文本 (TXT) | 可以将插图中的文本导出到文本文件。 |
| 增强型图元文件 (EMF) | Windows 应用程序广泛用作导出矢量图形数据的交换格式。Illustrator 将图稿导出为 EMF 格式时可栅格化一些矢量数据。 |

## 知识拓展

### Adobe公司简介

Adobe（中文译名：奥多比）是一家总部位于美国加州圣何塞市的电脑软件公司，由乔恩·沃诺克和查理斯·格什克创建于1982年12月。Adobe公司的产品遍及图形设计、图像制作、数码视频、电子文档和网页制作等领域，如图像处理软件Adobe Photoshop、矢量图形编辑软件Adobe Illustrator、音频编辑软件Adobe Audition、文档创作软件Adobe Acrobat、网页编辑软件Adobe Dream Weaver、二维矢量动画创作软件Adobe Flash、视频特效编辑软件Adobe After Effects、视频剪辑软件Adobe Premiere Pro与Web环境Air等。

Adobe公司Logo　Photoshop图标　Illustrator图标

### 1.1.3　颜色模型

颜色模型用数值描述了用户在数字图形中看到和用到的各种颜色。在处理图形的颜色时，实际上是在调整文件中的数值。

双击Illustrator工具箱中的填色图标，如图1-5所示，打开"拾色器"对话框。对话框中包含了RGB、CMYK和HSB三种颜色模型，默认的是HSB颜色模型，如图1-6所示。我们可以单击其他颜色模型前面的单选钮，来切换颜色模型，如图1-7所示。

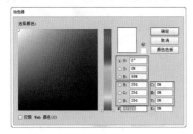

图1-5　　　　　　　　图1-6

图1-7

## 知识拓展

### 常用的文件格式

常用的矢量格式有Illustrator的AI格式、CorelDraw的CDR格式、Auto CAD的DWG格式、Microsoft的WMF格式、WordPerfect的WPG格式、Lotus的PIC格式和Venture的GEM格式等。虽然许多绘图软件都能打开矢量文件，但并不是所有的程序都能把这些文件按照它原来的格式存储。

 相关知识链接

执行"文件>存储"和"文件>导出"命令时，可以为文档选择一种文件格式。具体内容请参阅"2.3导入和导出文件"、"2.5保存文件"。

### 1.1.4　颜色模式

颜色模式决定了用于显示和打印图稿的颜色方法，颜色模式基于颜色模型。在Illustrator中执行"窗口>颜色"命令，打开"颜色"面板，单击面板右上角的 ≡ 按钮，在打开的面板菜单中可以选择一个颜色模式，如图1-8所示。

图1-8

## 知识拓展

### 常用颜色模式的成色原理

RGB模型通过将三种色光（红色、绿色和蓝色）按照不同的组合添加在一起生成可见色谱中的所有颜色，因此，RGB颜色也称为加成色。加成色用于照明光、电视和计算机显示器。例如，电脑显示器便是通过红色、绿色和蓝色荧光粉发射光线产生颜色的。

CMYK模式基于纸张上打印的油墨的光吸收特性产生颜色。当白色光线照射到半透明的油墨上时，会吸收一部分光谱，没有吸收的颜色就反射回我们的眼睛，成为我们看到的颜色。使用这些油墨混合重现颜色的过程，被称为四色印刷。

3

| 名称 | 颜色模式描述 | 图示 |
|---|---|---|
| 灰度 | 只有灰度信息而没有彩色信息，亮度取值范围为 0%（白色）～ 100%（黑色）。 | |
| RGB | 通过红色光（R）、绿色光（G）和蓝色光（B）按照不同的组合添加在一起生成可见色谱中的所有颜色。在该模式下，每种 RGB 成分都可以使用从 0（黑色）到 255（白色）的值，当三种成分值相等时生成灰色；当所有成分的值均为 255 时，生成纯白色；当所有成分的值均为 0 时，生成纯黑色。 | |
| HSB | 以人类对颜色的感觉为基础，描述了颜色的三种基本特性，即色相（H）、饱和度（S）和亮度（B）。其中，H 用来描述颜色，如红色、橙色或绿色，取值范围为 0°～ 360°。S 代表了色相中灰色分量所占的比例，取值范围为 0%（灰色）～ 100%（完全饱和颜色）。B 是颜色的相对明暗程度，取值范围为 0%（黑色）～ 100%（白色）。 | |
| CMYK | CMYK 是一种用于印刷的模式，C 代表了青色油墨（Cyan），M 代表了品红色油墨（Magenta），Y 代表了黄色油墨（Yellow），K 代表了黑色油墨（Black）。在 CMYK 模式下，每种油墨可以使用从 0%至 100% 的值，低油墨百分比更接近白色，高油墨百分比更接近黑色。 | |
| Web 安全 RGB | Web 安全 RGB 模式提供了可以在网页中安全使用的 RGB 颜色，这些颜色在所有系统的显示器上都不会发生变化。 | |

## 1.2 Illustrator CC新增功能

　　Illustrator CC 新增了大量实用性较强的功能，可以让用户体验更加流畅的创作流程，随着灵感快速设计出色的作品。值得一提的是，现在通过同步色彩、同步设置、存储至云端，能够让多台电脑之间的色彩主题、工作区域和设置专案保持同步。除此之外，在Illustrator CC中还可以直接将作品发布到Behance，并立即从世界各地的创意人士那里获得意见和回应。

## 1.2.1 "新增功能"对话框

启动 Illustrator 时会显示"新增功能"对话框。该对话框中列出了Illustrator CC增加的部分新功能，以及每项功能的说明和相关视频，如图1-9所示。单击视频缩略图，即可播放相关的视频短片，如图1-10所示。

图1-9

图1-10

## 1.2.2 新增的修饰文字工具

新增的修饰文字工具　可以编辑文本中的每一个字符，进行移动、缩放或旋转操作。这种创造性的文本处理方式，可以创建更加美观和突出的文字效果，图1-11所示为正常的文本，图1-12所示为用修饰文字工具编辑后的效果。

图1-11          图1-12

## 1.2.3 增强的自由变换工具

使用自由变换工具　时，会显示一个窗格，其中包含了可以在所选对象上执行的操作，如透视扭曲、自由扭曲等，如图1-13所示。

> **提示**
>
> 修饰文字工具、自由变换工具支持触控设备（触控笔或触摸驱动设备）。此外，操作系统支持的操作现在也可以在触摸设备上得到支持。例如，在多点触控设备上，可以通过合并/分开手势来进行放大/缩小；将两个手指放在文档上，同时移动两个手指可在文档内平移；轻扫或轻击以在画板中导航；在画板编辑模式下，使用两个手指可以将画板旋转90°。

## 1.2.4 在Behance上共享作品

通过Illustrator CC可以将作品直接发布到Behance（"文件>在 Behance 上共享"命令），如图1-14所示。Behance是一个展示作品和创意的在线平台。在这个平台上，不仅可以大范围、高效率地传播作品，还可以选择从少数人或者从任何具有 Behance 账户的人中，征求他们对作品的反馈和意见。

图1-13

图1-14

## 1.2.5 云端同步设置

使用多台计算机工作时，管理和同步首选项可能很费时，并且容易出错。Illustrator CC可以将工作区设置（包括首选项、预设、画笔和库）同步到 Creative Cloud，此后使用其他计算机时，只需将各种设置同步到计算机上，即可享受始终在相同工作环境中工作的无缝体验。同步操作只需单击Illustrator文档窗口左下角的 ▨▨ 图标，打开一个菜单，单击"立即同步设置"按钮即可。

### 1.2.6 多文件置入功能

新增的多文件置入功能（"文件>置入"命令）可以同时导入多个文件。导入时可以查看文件的预览缩略图，还可以定义文件置入的精确位置和范围。

### 1.2.7 自动生成边角图案

Illustrator CC可以非常轻松地创建图案画笔。例如，以往要获得最佳的边角拼贴效果需要繁琐的调整（尤其是在使用锐角或形状时），现在则可以自动生成，并且边角与描边也能够很好地匹配，如图1-15、图1-16所示。

图1-15

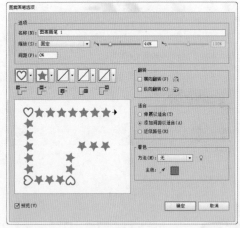

图1-16

### 1.2.8 可包含位图的画笔

定义艺术、图案和散点类型的画笔时，可以包含栅格图像（位图），如图1-17、图1-18所示。并可调整图像的形状或进行必要的修改，快速轻松地创建衔接完美、浑然天成的设计图案。

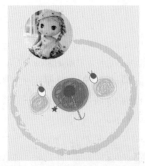

图1-17

图1-18

### 1.2.9 可自定义的工具面板

在Illustrator CC中，用户可以根据自己的使用习惯，灵活定义工具面板，例如可以将常用的工具整合到一个新的工具面板中。

### 1.2.10 可下载颜色资源的"Kuler"面板

将电脑连接到互联网后，可以通过"Kuler"面板访问和下载由在线设计人员社区所创建的数千个颜色组，为配色提供参考。

### 1.2.11 可生成和提取CSS代码

CSS即级联样式表。它是一种用来表现HTML（标准通用标记语言的一个应用）或XML（标准通用标记语言的一个子集）等文件样式的计算机语言。使用 Illustrator CC创建 HTML 页面的版面时，可以生成和导出基础 CSS 代码，这些代码用于决定页面中组件和对象的外观。CSS 可以控制文本和对象的外观（与字符和图形样式相似）。

## 1.2.12 可导出CSS的SVG图形样式

当多名设计人员合作创建图稿时，设计人员会遵循一个主题。例如，设计网站时创建的各种资源在样式以及外观和风格方面密切关联。一名

设计人员可以使用其中的某些样式，而另一名设计人员则使用其他样式。在 Illustrator CC 中，使用"文件>存储为"命令将图稿存储为 SVG 格式时，可以将所有 CSS 样式与其关联的名称一同导出，以便于不同的设计人员识别和重复使用。

## 1.3 Illustrator CC下载、安装与卸载方法

安装和卸载Illustrator CC前，应先关闭正在运行的所有应用程序，包括其他Adobe应用程序、Microsoft Office和浏览器窗口。

### 1.3.1 系统需求

Illustrator CC可以在PC机和Mac（苹果）机上运行。由于这两种操作系统存在差异，Illustrator CC的安装要求也有所不同。

| Microsoft Windows | Mac OS |
| --- | --- |
| Intel Pentium4 或 AMD Athlon64 处理器 | Intel 多核处理器（支持 64 位） |
| Microsoft Windows 7（装有 Service Pack 1），Windows 8 或 Windows 8.1 | Mac OS X V10.6.8 、V 10.7 、V10.8 或 V10.9 |
| 32 位需要 1GB 内存（推荐 3GB）；64 位需要 2GB 内存（推荐 8GB） | 2GB 内存（推荐 8GB） |
| 2GB 可用硬盘空间用于安装；安装过程中需要额外的可用空间 | 2GB 可用硬盘空间用于安装；安装过程中需要额外的可用空间（无法安装在使用区分大小写的文件系统的卷或可移动闪存设备上） |
| 1 024×768 屏幕（推荐 1 280×800），16 位显卡 | 1 024×768 屏幕（推荐 1 280×800），16 位显卡 |
| 兼容双层 DVD 的 DVD-ROM 驱动器 | 兼容双层 DVD 的 DVD-ROM 驱动器 |
| 用户必须具备宽带网络连接并完成注册，才能激活软件、验证会籍并获得在线服务 | 用户必须具备宽带网络连接并完成注册，才能激活软件、验证会籍并获得在线服务 |

### 1.3.2 实例演练：下载及安装 Illustrator CC

下面介绍Illustrator CC的下载和安装方法。我们先免费注册一个 Creative Cloud 会籍，然后下载Illustrator CC 30天试用版。如果要下载和使用 Illustrator CC 的完整版本，可升级至完整的会籍（需要付费）。

❶登录Adobe网站（https://creative.adobe.com/zh-tw/products/illustrator）。单击"下载试用版"按钮，如图1-19所示。弹出一个对话框，单击"建立 Adobe ID"按钮，如图1-20所示。

图1-19

图1-20

❷弹出如图1-21所示的对话框，输入邮箱、密码和姓名等信息后，单击"建立"按钮，弹出使用条款窗口，选中窗口底部的选项（已阅读并同意使用隐私政策的条款）并单击"接受"按钮，如图1-22所示。

图1-21

图1-22

❸注册完成后，会返回到软件下载界面。单击"下载试用版"按钮，如图1-23所示，下载Adobe Application Manager。下载完成后，会弹出"Creative Cloud"窗口，如图1-24所示，单击"接受"按钮，自动安装Illustrator CC，窗口顶部和软件图标右侧都会显示安装进度。

图1-23

❹安装完成后，在Windows开始菜单中找到Illustrator CC程序并运行它，如图1-25所示。第一次运行Illustrator CC程序时，会弹出一个对话框，单击"登录"按钮，窗口中会显示当前安装的是Illustrator CC 30天试用版，单击"开始试用"按钮，正式运行该程序。图1-26所示为Illustrator CC启动画面。

图1-24

图1-25

图1-26

## 1.3.3 实例演练：卸载Illustrator CC

❶打开 Windows 菜单，选择"控制面板"命令，如图1-27所示。打开"控制面板"窗口，单击"卸载程序"命令，如图1-28所示。

**提示**

Illustrator是Adobe公司的矢量软件产品。Adobe公司是由乔恩·沃诺克和查理斯·格什克于1982年创建的，总部位于美国加州的圣何塞市。

❷在弹出的对话框中选择Illustrator CC，单击"卸载"命令，如图1-29所示。

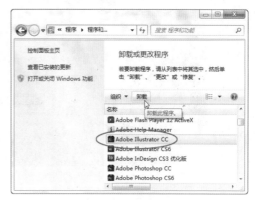

图1-29

❸弹出"卸载选项"对话框，如图1-30所示，单击"卸载"按钮即可卸载软件。如果要取消卸载，可以单击"取消"按钮。

图1-27

图1-28

图1-30

# 1.4 Illustrator CC工作界面

　　Illustrator CC的工作界面由菜单栏、控制面板、标题栏、文档窗口、画板、工具箱、状态栏、面板等组件组成。用户可以自由调整常用组件的摆放位置。

## 1.4.1 实例演练：文档窗口

❶双击桌面上的Illustrator CC图标，运行

Illustrator CC。执行"文件>打开"命令，弹出"打开"对话框，按住Ctrl键单击光盘中的两个素材文件，将它们选择，如图1-31所示，按下回车

键，在Illustrator 中打开文件。我们可以看到文档窗口中的各个组件，如图1-32所示。

图1-31

图1-32

❷文档窗口是用户编辑图稿的区域。在Illustrator中打开多个图稿时，会创建多个文档窗口，它们以选项卡的形式显示。单击一个文档的名称，可将其设置为当前操作的窗口，如图1-33所示。文档窗口最上面的标题栏中显示了当前文件的名称、视图比例和颜色模式。按下Ctrl+Tab快捷键可以按照顺序切换各个窗口；按下Ctrl+Shift+Tab快捷键则会按照相反的顺序切换窗口。

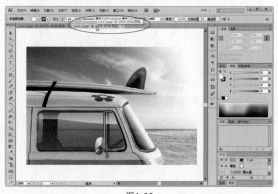

图1-33

> **提示**
>
> 在文档窗口中，黑色矩形框内部是画板，画板是用户绘图的区域。关于画板的操作方法请参阅"1.5.9 实例演练：裁剪图稿"。

❸将一个窗口从选项卡中拖出，它就会成为可以任意移动位置的浮动窗口，如图1-34所示。拖动浮动窗口的边角，可以调整窗口的大小。将浮动窗口拖回选项卡，可将其重新停放到选项卡中。

图1-34

❹当图稿数量较多、选项卡中不能显示所有文档时，可以单击它右侧的双箭头 >> ，在下拉菜单中选择需要的文档，将其设置为当前文档，如图1-35所示。

图1-35

❺执行"文件>关闭"命令或单击一个窗口右上角的 × 按钮，可以关闭当前窗口。如果要关闭所有窗口，可在一个文档的标题栏上单击右键，选择下拉菜单中的"关闭全部"命令，如图1-36所示。如果要关闭Illustrator，可以执行"文件>退出"命令或单击Illustrator窗口右上角的 × 按钮。

## 1.4.2 实例演练：工具箱

1Illustrator的工具箱中包含用于创建和编辑图形、图像和页面元素的各种工具，如图1-37所示。单击工具箱顶部的 ◂◂ 图标，可以将工具切换为单排（或重新切换为双排）显示，如图1-38所示。

图1-36

图1-37

❶单击一个工具即可选择该该工具，如图1-39所示。右下角带有三角形图标的工具表示这是一个工具组，在这样的工具上按住鼠标按键可以显示隐藏的工具，如图1-40所示，将光标移动到一个工具上，即可选择该工具，如图1-41所示。

图1-39    图1-40    图1-41

❷Illustrator中的多数工具都配有快捷键，因此，按下快捷键即可直接选择所需工具。例如，按下P键，可以选择钢笔工具 ✐。如果要查看工具的快捷键，将光标放在一个工具上并停留片刻即可，如图1-42所示。

图1-38

❸单击工具右侧的拖出按钮，如图1-43所示，会弹出一个独立的工具组面板，如图1-44所示。将光标放在面板的标题栏上，单击并向工具箱边界处拖动，可以将其与工具箱停放在一起。工具箱中的工具可以沿水平或垂直方向停靠，使原本隐藏的工具更加方便使用，如图1-45所示，也为画板让出了更多的可用空间。

图1-42

图1-43

图1-44 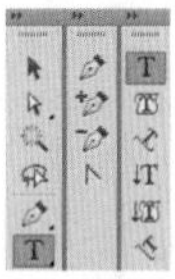    图1-45

 相关知识链接

    Illustrator为绝大多数工具和菜单命令提供了快捷键，我们也可以根据自己的使用习惯重新设定。详细操作方法，请参阅"1.6.1 实例演练：自定义工具的快捷键"。

## 1.4.3 实例演练：控制面板

    在控制面板中，用户可以直接访问"画笔"、"描边"、"样式"等多个面板，也就是说，我们不必打开这些面板就可以在控制面板中完成相应的操作。

❶单击带有下画线的蓝色文字，可以显示相关的面板或对话框，如图1-46所示。如果要将其关闭，可以在面板或对话框以外的区域单击。

❷单击菜单箭头按钮 ▼，可以打开下拉菜单或下拉面板，如图1-47所示。

图1-46 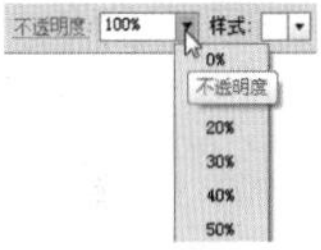    图1-47

❸在文本框中双击可选中字符，如图1-48所示，重新输入数值并按下回车键即可修改数值，如图1-49所示。

图1-48     图1-49

❹控制面板最左侧是手柄栏，如图1-50所示。拖动手柄栏可以移动控制面板，使之成为浮动面板。要隐藏或重新显示控制面板，可以通过"窗口>控制"命令来切换。

❺单击控制面板最右侧的 按钮，可以打开面板菜单，如图1-51所示。菜单中带有"√"的选项为当前在控制面板中显示的选项，单击一个选项去掉"√"，可在控制面板中隐藏该选项。移动了控制面板的位置后，如果想将它恢复到默认的位置，可以执行面板菜单中的"停放到顶部"或"停放到底部"命令。

图1-50　　　　　　　　图1-51

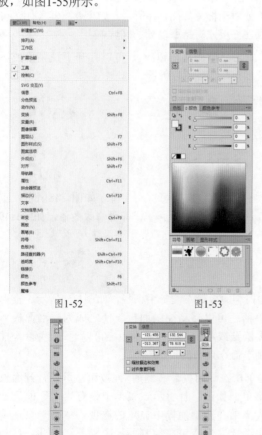

**提示**

控制面板会随着当前工具和所选对象的不同而改变选项内容。

## 1.4.4 实例演练：面板

❶"窗口"菜单中包含了所有的面板，如图1-52所示，选择一个面板即可将其打开。默认情况下，面板成组停放在窗口的右侧，如图1-53所示。单击面板右上角的 ◀◀ 按钮，可以将面板折叠成图标状，如图1-54所示。单击一个图标，可以展开该面板，如图1-55所示。

图1-52　　　　　　　　图1-53

图1-54　　　　　　　　图1-55

❷在面板组中，向上或向下拖动面板的名称，可以调整它们的排列顺序，如图1-56、图1-57所示。

❸将面板组中的一个面板拖动到窗口的空白处，可将其从组中分离出来，使之成为浮动面板，如图1-58所示。拖动浮动面板的名称或标题栏可以将面板摆放在窗口中的任何位置。在一个面板的标题栏上单击并将其拖动到另一个面板的标题栏上，当出现蓝线时放开鼠标，可以将面板组合在一起，如图1-59、图1-60所示。

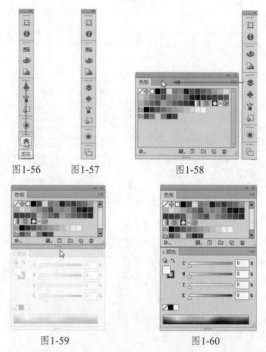

图1-56　　图1-57　　　　　　图1-58

图1-59　　　　　　　　图1-60

❹将光标放在面板底部或右下角，单击并拖动鼠标可以将面板拉长、拉宽，如图1-61所示。有些面板的名称前有 ◇ 状图标，单击它可逐级隐藏（或重新显示）面板的选项，如图1-62、图1-63所示。

图1-61　　　　　　图1-62　　　　　　图1-63

❺单击面板右上角的 ▼≡ 按钮，可以打开面板菜单，如图1-64所示。菜单中包含了特定于该面板的选项。

❻如果要关闭面板，可单击面板右上角的 ✕ 按钮。如果要关闭面板组中的面板，可在它的标题栏上单击右键，打开快捷菜单选择"关闭"命令，如图1-65所示。

图1-64　　　　　　图1-65

提示

按下Tab键，可以隐藏工具箱、控制面板和其他面板；按下Shift+Tab键，可以单独隐藏面板。再次按下相应的按键可重新显示被隐藏的组件。

### 1.4.5　实例演练：菜单命令

❶Illustrator有9个主菜单，如图1-66所示。单击一个菜单的名称可以打开该菜单，菜单中包含着各种不同用途的命令，它们按照功能分为不同的组，组与组之间采用分隔线进行分隔。带有三角标记命令还包含下一级菜单，如图1-67所示。

图1-66

图1-67

❷选择菜单中的一个命令即可执行该命令。如果命令的名称后带有"…"符号，表示执行该命令时会打开一个对话框，如图1-68、图1-69所示。

图1-68　　　　　　图1-69

❸在窗口的空白处、在对象上或面板的标题栏上单击右键，可以显示快捷菜单，如图1-70所示，菜单

相关知识链接

使用"键盘快捷键"命令可以重新定义菜单命令的快捷键，详细操作方法请参阅"1.6.2实例演练：自定义命令的快捷键"。

中显示的是与当前工具或操作有关的命令，可以节省操作时间。

图1-70

实用技巧

**怎样通过快捷键执行菜单命令**

在菜单中，有些命令后面有快捷键，我们可以通过按下快捷键来执行命令，而不必打开菜单。例如，按下Ctrl+G快捷键可以执行"对象>编组"命令。如果命令的后面只提供了一个字母，则需要按下Alt键+主菜单的字母，打开主菜单，再按下该命令后的字母来快速执行此命令。例如，按下Alt+O+H+A快捷键可以执行"对象>隐藏>上方所有图稿"命令。

### 1.4.6　实例演练：状态栏

状态栏位于文档窗口的底部，它可以显示当前的时间、使用的工具等信息。当切换到最大屏幕模式时，状态栏位于文档窗口的左下边缘处。

❶按下Ctrl+O快捷键，打开光盘中的素材文件，如图1-71所示。状态栏最左侧的文本框中显示了当前窗口的视图比例，在文本框中输入百分比值并按下回车键，可以改变文档窗口的显示比例，如图1-72所示。

图1-71

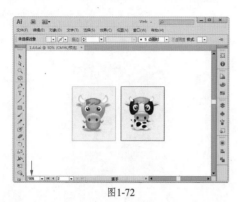

图1-72

❷单击文本框右侧的 ▼ 按钮，可以打开下拉
菜单选择一个画板，如图1-73所示。也可单击
 按钮切换画板。

图1-73

❸单击状态栏最右侧的 ▼ 按钮，打开下拉菜单，
在"显示"选项内中可以选择状态栏显示的内
容，如图1-74所示。

图1-74

**状态栏选项**

● 画板名称：显示当前工作的画板的名称。

● 当前工具：显示当前使用的工具的名称。

● 日期和时间：显示当前的日期和时间。

● 还原次数：显示可用的还原（可撤销的操作）
次数和重做的次数。

● 文档颜色配置文件：显示文档使用的颜色配
置文件的名称。

相关知识链接

　　在Illustrator编辑图稿时，如果操作失
误，可以撤销操作、恢复图稿，详细操作方
法请参阅"1.7 恢复与还原"。

**1.4.7** 实例演练：
创建自定义的工作区

　　Illustrator为简化某些任务而设计了具有针对性
的工作区，它们在"窗口>工作区"下拉菜单中，
如图1-75所示。每一个工作区都包含不同的面板，
且面板的位置和大小都有利于当前进行的编辑操
作。选择一个工作区命令，即可将工作区切换到该
预设状态。图1-76所示为"排版规则"工作区。

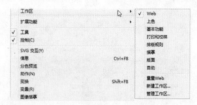

图1-75

图1-76

❶Illustrator支持用户创建自定义的工作区，我们可
以根据需要，将面板重新组合，将用不到的面板
关闭，如图1-77所示。

❷设置好工作区后，执行"窗口>工作区>新建工作
区"命令，打开"新建工作区"对话框，输入工
作区的名称，如图1-78所示，单击"确定"按钮，
即可存储工作区。

图1-77

图1-78

图1-79

❸该工作区的名称会显示在"窗口>工作区"菜单中,如图1-79所示,选择它即可切换到该工作区。

> 提示
>
> 如果要重命名或删除工作区,可以执行"窗口>工作区>管理工作区"命令,打开"管理工作区"对话框进行设置。

# 1.5 查看图稿

绘图或编辑对象时,为了更好地观察和处理细节,需要经常放大或缩小视图、调整对象在窗口中的显示位置。Illustrator提供了缩放工具、"导航器"面板、缩放命令等不同工具和操作方法,可以满足用户的不同需求。

## 1.5.1 切换屏幕模式

单击工具箱底部的按钮,可以显示一组用于切换屏幕模式的命令,如图1-80所示,屏幕效果如图1-81~图1-83所示。我们也可以按下F键,在各个屏幕模式之间循环切换。

图1-80 屏幕模式

图1-82 带有菜单栏的全屏模式

图1-81 正常屏幕模式

## 1.5.2 切换预览模式与轮廓模式

Illustrator中的图稿有两种显示方式,即预览模式和轮廓模式。执行"视图"菜单中的"预览"和"轮廓"命令或按下Ctrl+Y快捷键,可以在这两种模式间切换。

图1-83 全屏模式

在预览模式下可以查图稿的实际效果,包括颜色、渐变、图案等,如图1-84所示。但是,随着绘图工作的深入,图形会变得越来越复杂,尤其是制作渐变网格和符号时,采用预览模式会使屏幕的刷新速度变得很慢。如遇此种情况,可以切换为轮廓模式。在该模式下,矢量图形只显示对象的轮廓线,位图只显示矩形边框,如图1-85所示。轮廓模式的优点是屏幕的刷新速度快,并且更容易选择被其他对象遮盖的路径或图形。

图1-84

图1-85

 相关知识链接

在"图层"面板中可以设置部分图形的显示模式,详细操作方法请参阅"9.1.11 设置个别对象的显示模式"。

## 1.5.3　窗口缩放命令

"视图"菜单中包含了用于调整窗口显示比例的命令,如图1-86所示。

- 放大 / 缩小:执行"放大"命令或按下 Ctrl++ 快捷键,可以放大窗口的显示比例;执行"缩小"命令或按下 Ctrl+- 快捷键,则缩小窗口的显示比例。当窗口达到了最大或最小缩放倍率时,这两个命令将变为灰色。

- 画板适合窗口大小:执行该命令或按下 Ctrl+0 快捷键,可以自动调整画板,使其适合文档窗口的大小。

- 全部适合窗口大小:使全部画板都适合文档窗口的大小。

- 实际大小:执行该命令或按下 Ctrl+1 快捷键,将以 100% 的比例显示文件。

## 1.5.4　窗口排列命令

如果同时打开了多个文件,或者创建一个文件的多个窗口,可以通过"窗口"菜单中的命令排列窗口,如图1-87所示。

图1-86　　　　　　　图1-87

- 层叠:从屏幕左上方向下排列到右下方,以堆叠的方式显示窗口,如图1-88所示。

图1-88

- 平铺:以边对边的方式显示窗口,如图1-89所示。

- 在窗口中浮动:允许窗口自由浮动(可拖动标题栏移动窗口),如图1-90所示。

● 全部在窗口中浮动：使所有文档窗口都浮动。

图1-89

● 合并所有窗口：将所有窗口合并到选项卡中，即全屏显示一个窗口，其他窗口最小化到选项卡中，如图 1-91 所示。

图1-90

图1-91

**1.5.5** 实例演练：用缩放和抓手工具查看图稿

❶按下Ctrl+O快捷键，打开光盘中的素材文件，如图1-92所示。选择缩放工具 🔍，在窗口中单击可以放大视图的显示比例，如图1-93所示。

图1-92

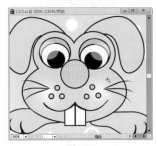

图1-93

❷单击并拖出一个矩形框，如图1-94所示，则可将矩形框内的图稿放大至整个窗口，如图1-95所示。

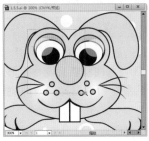

图1-94

图1-95

❸使用抓手工具 ✋ 在窗口单击并拖动鼠标可以移动画面，让对象的不同区域显示在画面的中心，如图1-96所示。如果要缩小窗口的显示比例，可以

选择缩放工具 🔍，按住Alt键在窗口中单击，如图1-97所示。

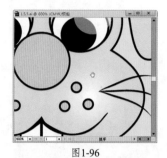

图1-96

图1-97

> 提示
>
> 使用绝大多数工具时，按住键盘中的空格键（切换为抓手工具 🖐）并拖动鼠标即可移动画面。

## 1.5.6 实例演练：用导航器面板查看图稿

如果窗口的放大倍率较高，使用缩放工具 🔍和抓手工具 🖐 查看图稿就会变得不够灵活，此时可通过"导航器"面板更加快速地定位窗口的显示中心。

❶按下Ctrl+O快捷键，打开光盘中的素材文件，如图1-98所示。执行"窗口>导航器"命令，打开"导航器"面板，如图1-99所示。

图1-98           图1-99

❷单击放大按钮 🔺 和缩小按钮 🔻，可按照预设的倍率放大或缩小窗口；拖动这两个按钮中间的滑块，则可自由调整窗口的显示比例，如图1-100、图1-101所示。面板底部的最左侧是缩放文本框，它显示了当前窗口的显示比例，如果要按照精确的比例缩放窗口，可在文本框内输入数值并按下回车键。

图1-100          图1-101

❸在该面板的对象缩览图上单击，即可将单击点定位为画面的中心，如图1-102、图1-103所示。面板中的红色矩形框代表了文档窗口中正在查看的区域。

图1-102          图1-103

## 1.5.7 实例演练：存储视图状态

在绘图的过程中，如果需要经常缩放特定的视图区域以查看和编辑对象，可以先将这一视图状态存储，再通过调用该视图状态，快速缩放视图。

❶按下Ctrl+O快捷键，打开光盘中的素材文件，如图1-104所示。使用缩放工具 🔍和抓手工具 🖐 调整好视图的缩放状态，如图1-105所示。

❷执行"视图>新建视图"命令，打开"新建视图"对话框，输入视图的名称，如图1-106所示，单击"确定"按钮，便可以将当前的视图状态存储。

❸新建的视图会随文件一同保存。需要调用这一状态时，只需在"视图"菜单底部单击该视图的名称即可，如图1-107所示。如果要重命名视图或删

除自定义的视图，可以执行"视图>编辑视图"命令进行操作。

图1-104

图1-105

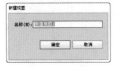
图1-106

图1-107

## 1.5.8 实例演练：多窗口同时观察图稿

在Illustrator中，每打开一个文件，便会创建一个文档窗口。而对于同一个文件，我们也可以为该文档创建多个窗口，这样就可以在一个窗口中编辑图形，在另一个放大的窗口中观察细节。

❶按下Ctrl+O快捷键，打开光盘中的素材文件，如图1-108所示。

图1-108

❷执行"窗口>新建窗口"命令，即可创建一个文档窗口，如图1-109所示。

❸执行"窗口>排列>平铺"命令，平铺窗口，如图1-110所示。使用缩放工具 🔍 和抓手工具 🖐 可以单独调整各个窗口的显示缩放比例，如图1-111所示。

图1-109

图1-110

图1-111

提示

打开多个文档或新建窗口后，"窗口"菜单的底部便会显示每一个窗口的名称，单击名称即可在窗口之间切换，也可以按下Alt+Tab快捷键在各个窗口之间循环切换。

19

**"新建窗口"命令与"新建视图"命令的区别**

新建窗口与新建视图是两个完全不同的概念。首先,在文档中可以存储多个视图,但不会存储多个窗口;其次是用户可以同时查看多个窗口,而要同时显示多个视图,则必须同时打开多个窗口;另外,更改视图时将改变当前窗口,但不会打开新的窗口。

## 1.5.9 实例演练:裁剪图稿

画板是用户的绘图区域,它由实线的矩形框来界定。画板外部的区域为暂存区域,暂存区域可以创建和编辑图形,但不能打印输出。默认情况下,Illustrator 将图稿裁剪到画板边界,此边界是在"新建文档"对话框中选择文档配置文件时指定的。我们也可以使用画板工具 □ 调整图稿的裁剪区域。

❶按下Ctrl+O快捷键,打开光盘中的素材文件,如图1-112所示。选择画板工具 □,窗口中会出现裁剪框,如图1-113所示。

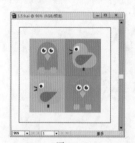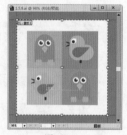

图1-112　　　　　图1-113

❷将光标放在边框内,单击并拖动鼠标可以移动裁剪框,如图1-114所示,拖动定界框上的控制点则可以调整裁剪区域的大小,如图1-115所示。将光标放在裁剪框外,单击并拖动鼠标可进行旋转操作。

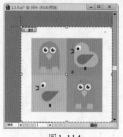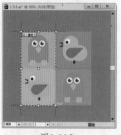

图1-114　　　　　图1-115

❸如果要定义多个裁剪区域,可按住Alt键在其他区域拖动鼠标,如图1-116所示。一个文档可以

创建多个裁剪区域,但每次只能编辑一个裁剪区域。如果要删除当前裁剪区域,可以单击控制面板中的删除画板按钮,如图1-117所示。也可单击要删除的裁剪区域右上角的删除图标⊠。选择其他工具可结束裁剪区域的编辑。

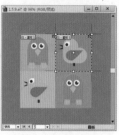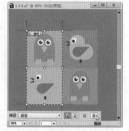

图1-116　　　　　图1-117

 **实用技巧**

**显示页面拼贴**

执行"视图>显示打印拼贴"命令,可以显示打印拼贴。通过打印拼贴可以查看与画板相关的页面边界。当打印拼贴开启时,会通过窗口最外边缘和页面的可打印区域之间的一系列实线和虚线来表示可打印和打印不出的区域。如果要重新定义可打印区域的位置,可以使用打印拼贴工具 □ 进行调整。

提示

执行"视图>隐藏画板"命令可以隐藏画板。执行"视图>隐藏页面拼贴"命令可以隐藏页面拼贴。

## 1.5.10 "画板"面板

使用"画板"面板可以执行各种画板操作,如添加、重新排序、重新排列和删除画板,以及在多个画板之间进行选择和导航等。如图1-118所示为"画板"面板。

图1-118

- 上移 ⬆ / 下移 ⬇：单击这两个按钮，可在"画板"面板中重排画板顺序。

- 新建画板 🗋：单击该按钮，可以新建一个画板。将一个或多个画板拖动到该按钮上，可以复制这些画板。

- 删除画板 🗑：单击该按钮，可删除当前选择的画板。如果要删除多个画板，可按住 Shift 键单击面板中列出的画板，将它们选择，再进行删除。

# 1.6 自定义快捷键

使用快捷键可以快速选择工具或执行菜单中的命令，从而减少操作步骤，提高绘图效率。Illustrator 为用户提供了预设的快捷键，我们也可以根据自己的使用习惯创建自定义的快捷键。

## 1.6.1 实例演练：自定义工具的快捷键

❶执行"编辑>键盘快捷键"命令，打开"键盘快捷键"对话框。在工具列表中选择区域文字工具 Ⓣ，如图1-119所示，可以看到该工具没有快捷键。单击它的快捷键列，如图1-120所示。

图1-119

图1-120

❷按下键盘中的Shift+Z键，将该组合按键指定给它，如图1-121所示。

图1-121

❸单击"确定"按钮，弹出"存储键集文件"对话框，输入一个名称，如图1-122所示，单击"确定"按钮关闭对话框，即可完成快捷键的编辑操作。在工具箱中选择区域文字工具 Ⓣ，可以看到，"Shift+Z"已经成为该工具的快捷键了，如图1-123所示。

图1-122

图1-123

> 提示
>
> 单击"键盘快捷键"对话框中的"导出文本"按钮，可以将快捷键内容导出为文本文件。

## 1.6.2 实例演练：自定义命令的快捷键

❶执行"编辑>键盘快捷键"命令，打开"键盘快捷键"对话框。单击快捷键显示区上方的 ▼ 按钮打开下拉列表，选择"菜单命令"，如图1-124所示。

图1-124

❷单击"文件"菜单前的 ▶ 按钮，展开列表。在"新建"命令的快捷键列中单击，如图1-125所示，可以看到，该命令的快捷键是Ctrl+N，我们来修改它。

图1-125

❸单击快捷键右侧的"×"状图标，如图1-126所示，将该命令的快捷键删除，如图1-127所示。

❹单击它的快捷键列，如图1-128所示。按下键盘中的Ctrl+O键，对话框底部会出现警告信息，提示Ctrl+O是"打开"命令的快捷键，如图1-129所示。单击"确定"按钮关闭对话框，即可将Ctrl+O快捷键指定给"新建"命令，并清除"打开"命令的快捷键，如图1-130所示。

图1-126

图1-127

图1-128

### 实用技巧

**将快捷键恢复为Illustrator默认状态**

修改工具或菜单命令的快捷键后，如果想要恢复为默认的快捷键，可以在"键盘快捷键"对话框的"键集"下拉列表中选择"Illustrator默认值"选项，然后单击"确定"按钮关闭对话框。

图1-129

图1-130

# 1.7 恢复与还原

在Illustrator中编辑图稿时，如果某一步的操作出现了失误，或对创建的效果不满意，可以撤销操作或恢复图稿。

## 1.7.1 撤销操作

执行"编辑>还原"命令，或按下Ctrl+Z快捷键，可以撤销对图稿所做的最后一步编辑操作，返回到上一步状态中。连续按下Ctrl+Z快捷键，可依次向前撤销操作，逐步返回到上一步编辑状态中。

## 1.7.2 恢复操作

执行"还原"命令撤销操作后，如果要取消还原操作，可以执行"编辑>重做"命令，或按下Shift+Ctrl+Z快捷键。连续按下该快捷键，可依次向前恢复。

## 1.7.3 恢复为上次存储时的状态

当打开了一个文件并对它进行编辑后，如果对编辑和修改的结果不满意，或者在编辑过程中执行了无法撤销的操作，可以执行"文件>恢复"命令，将文件恢复到上一次保存时的状态。

# 1.8 帮助功能

运行Illustrator CC后，通过"帮助"菜单和"编辑"菜单中的命令，可以获得Adobe提供的各种Illustrator帮助资源和技术支持。

## 1.8.1 Illustrator帮助文件

Adobe提供了描述Illustrator软件功能的帮助文件。执行"帮助"菜单中的"Illustrator帮助"命令，可以链接到Adobe网站的帮助社区查看Illustrator帮助文件，如图1-131所示。帮助文件中还提供了一些Illustrator操作教程，如图1-132所示。

图1-131

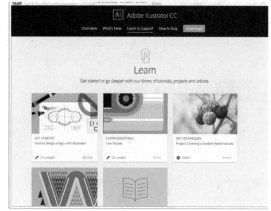

图1-132

## 1.8.2 Illustrator支持中心

执行"帮助>Illustrator支持中心"命令，可以链接到Adobe网站，如图1-133所示，查看与Illustrator下载、安装、激活和更新方面的详细介绍，以及各种常见问题，获取最新的产品信息、培训、资讯、Adobe活动和研讨会的邀请函，以及附赠的安装支持、升级通知和其他服务等。此外，Illustrator支持中心还提供了视频教学录像，单击视频教程链接地址，可在线观看由Adobe专家录制的各种Illustrator功能的演示视频，学习其中的技巧和特定的工作流程，如图1-134所示。

图1-133

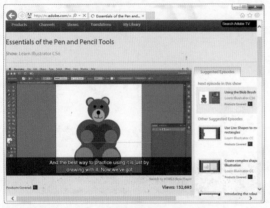

图1-134

### 1.8.3 Adobe 产品改进计划

如果用户对Illustrator今后版本的发展方向有好的想法和建议，可以执行"帮助>Adobe产品改进计划"命令，参与Adobe产品改进计划。

### 1.8.4 完成/更新配置文件

注册Adobe ID之后，如果想要更新用户信息，如配置文件信息和通信首选项，可以执行"帮助>完成/更新Adobe配置文件"命令，链接到Adobe网站，输入Adobe ID登录个人账户后进行操作。使用Adobe ID 还可以下载免费试用版、购买产品、管理订单以及访问 Adobe Creative Cloud和Acrobat.com 等在线服务，或者加入极具人气的Adobe 在线社区。

### 1.8.5 登录/更新

执行"帮助>登录"命令登录Adobe ID（需要网络连接）后，执行"帮助>更新"命令，可以下载Illustrator CC的更新文件。

### 1.8.6 关于Illustrator

执行"帮助>关于Illustrator"命令，可以弹出一个临时画面，显示Illustrator研发小组的人员名单以及其他与Illustrator有关的信息。

### 1.8.7 系统信息

执行"帮助>系统信息"命令，可以打开"系统信息"对话框查看当前操作系统的各种信息，如CPU型号、显卡和内存等，以及Illustrator占用的内存、安装序列号、安装的组件和增效工具等信息。

### 1.8.8 立即同步设置

使用多台计算机工作时，在这些计算机之间管理和同步首选项可能很费时，并且容易出错。执行"编辑>同步设置>立即同步设置"命令，可以通过 Creative Cloud 同步首选项和设置。当前设置将被上传到用户的 Creative Cloud 账户，然后会被下载和应用到其他计算机上，使相关设置在两台计算机之间保持同步变得异常轻松。

### 1.8.9 管理同步设置

如果需要同步数据，可以执行"编辑>同步设置>管理同步设置"命令，打开"首选项"对话框进行操作。

### 1.8.10 管理Creative Cloud账户

如果要对同步设置进行管理，可以执行"编辑>同步设置>管理Creative Cloud账户"命令，链接到Adobe网站相应页面进行操作。

### 1.8.11 Adobe Exchange

执行"窗口>扩展功能>Adobe Exchange"命令，可以打开"Adobe Exchange"面板，下载扩展程序、动作文件、脚本、模板以及其他可扩展的 Adobe 应用程序项目，如图1-135所示。

图1-135

入门篇

第 2 章

文档的基本操作

## 2.1 新建文档

在Illustrator中，用户可以按照自己的需要设置文档尺寸、画板和颜色模式等，创建一个自定义的文档，也可以使用Illustrator预设的模板创建所需文档。

### 2.1.1 创建自定义参数的文档

执行"文件>新建"命令，或按下Ctrl+N快捷键，打开"新建文档"对话框，如图2-1所示。输入文档的名称、大小和颜色模式等选项，然后单击"确定"按钮，即可创建一个空白文档。

图2-1

● 名称：可输入文件的名称。默认的文件名称是"未标题-1"。保存文件时，文件名会自动出现在存储文件的对话框内。

● 配置文件：该下拉列表中包含不同输出类型的文件，每一个配置文件都预先设置了大小、颜色模式、单位、方向、透明度和分辨率。

● 画板数量/间距：可以指定文档中的画板数量。如果创建多个画板，还可以指定它们在屏幕上的排列顺序，以及画板之间的默认间距。该选项组中还包含几个按钮，其中，按行设置

网格 ，可在指定数目的行中排列多个画板；按列设置网格 ，可在指定数目的列中排列多个画板；按行排列 ，可以将画板排列成一个直行；按列排列 ，可以将画板排列成一个直列；更改为从右到左的版面 ，可按指定的行或列格式排列多个画板，但按从右到左的顺序显示它们。

● 大小：在"配置文件"选项内选择一个配置文件后，可以在"大小"选项中选择各种预设的打印大小。例如，如果要创建一个要在iPad上使用的文档，可先在"配置文件"下拉列表中选择"设备"，如图2-2所示，然后在"大小"下拉列表中选择"ipad"，如图2-3所示。

图2-2

● 宽度/高度/单位：可设置文档的宽度、高度和计量单位。

图2-3

- 取向：单击该选项中的按钮，可以定义文档的方向，包括纵向 和横向 。

- 出血：可以指定画板每一侧的出血位置。如果要对不同的侧面使用不同的值，可单击锁定图标 。

- 颜色模式：可以指定新文档的颜色模式。通过更改颜色模式，可将选定的新建文档配置文件的默认内容（色板、画笔、符号、图形样式）转换为新的颜色模式。

- 栅格效果：为文档中的栅格效果指定分辨率。准备以较高分辨率输出到高端打印机时，应将此选项设置为"高"。

- 预览模式：可以为文档设置默认的预览模式。选择"默认值"，可在矢量视图中以彩色显示在文档中创建的图稿，放大或缩小时将保持曲线的平滑度；选择"像素"，可显示具有栅格化（像素化）外观的图稿，它不会实际对内容进行栅格化，而是显示模拟的预览，就像内容是栅格一样；选择"叠印"，可提供"油墨预览"，它模拟混合、透明和叠印在分色输出中的显示效果。

- 使新建对象与像素网格对齐：勾选该项后，在文档中创建图形时，对象会自动对齐到像素网格上。

- 模板：单击该按钮，可以打开"从模板新建"对话框，从模板中创建文档。

## 2.1.2 从模板中创建文档

为方便用户操作，Illustrator 提供了许多预设的模板文件，如信纸、名片、信封、小册子、标签、证书、明信片、贺卡和网站等。执行 "文件 >从模板新建"命令，打开"从模板新建"对话框，选择一个模板文件，如图2-4所示，单击"确定"按钮，Illustrator 会使用与模板相同的内容和文档设置创建一个新文档，它包含了模板中的字体、段落、样式、符号、画板、裁剪标记和参考线等内容，如图2-5所示。

图2-4

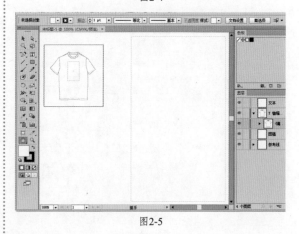

图2-5

## 2.2 打开文件

在Illustrator中，用户可以打开不同类型的文件，如各种格式的矢量文件和位图文件。此外，也可以通过Adobe Bridge打开和管理文件。

## 2.2.1 打开矢量文件

❶执行"文件>打开"命令或按下Ctrl+O快捷键，弹出"打开"对话框，选择一个矢量文件（按住Ctrl键单击可以选择多个文件），如图2-6所示，单击"打开"按钮或按下回车键即可将其打开，如图2-7所示。

图2-6

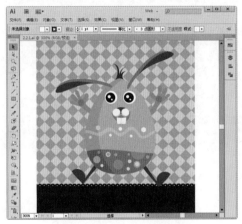

图2-7

❷在"打开"对话框中，单击"文件类型"选项右侧的 ▼ 按钮，可以打开下拉列表选择一种文件格式，让对话框中只显示该格式的文件。默认情况下为"所有格式"，如图2-8所示。

图2-8

## 2.2.2 实例演练：打开 Photoshop文件

❶执行"文件>打开"命令，弹出"打开"对话框，选择光盘中的PSD文件，如图2-9所示。

图2-9

❷单击"打开"按钮，弹出"Photoshop导入选项"对话框，选择"显示预览"选项，再选择"将图层转换为对象"选项，如图2-10所示。

图2-10

❸单击"确定"按钮，即可在Illustrator中将其打开。观察"图层"面板可以看到，文档包含多个图层，如图2-11所示，这些图层的结构与Photoshop完全相同。

实用技巧

### 将图像从Photoshop拖入Illustrator 中

　　在Photoshop中复制图像后，在Illustrator中执行"编辑>粘贴"命令，可以将图像粘贴到Illustrator 中。此外，在Photoshop中使用移动工具 可以将图像直接拖入Illustrator的现有文档中。Illustrator 支持大部分 Photoshop 数据，包括图层复合、图层、文本和路径，因此，在 Photoshop 和 Illustrator 间传输文件时，以上内容均可在这两个程序中编辑。

图2-11

**知 识 拓 展**

### 强大的Adobe Creative Suite系列软件

　　PSD是Photoshop生成的文件格式，它支持图层、蒙版、通道等，可以让图像呈现在透明背景上。除PSD格式外，Illustrator还可以打开和编辑JPEG、TIFF、PNG等格式的位图文件。

　　Photoshop是当前世界上最强大的图像编辑程序，它与Illustrator一样，也是Adobe公司的产品，而且这两个软件还同属Adobe Creative Suite 系列。该系列还包含音频编辑软件Adobe Audition、文档创作软件Adobe Acrobat、网页编辑软件Adobe Dreamweaver、二维矢量动画创作软件Adobe Flash、视频特效编辑软件 Adobe After Effects、视频剪辑软件Adobe Premiere Pro与Web环境Air等。

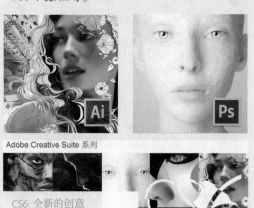

Adobe Creative Suite 系列

CS6: 全新的创意

实现最具创新性的工作，提前完成每项任务。
全面拓展客户和用户市场。
比较产品。

---

### 2.2.3　实例演练：用Adobe Bridge打开文件

　　Adobe Bridge 是 Adobe Creative Suite 的控制中心，它具有快速预览和组织文件的功能，可以显示图形、图像的附加信息、排列顺序等。使用Adobe Bridge可以打开、关闭、移动、复制、删除和重命名文件，还可快速查看Photoshop 图像、Illustrator 图形、InDesign 版面、GoLive Web 页和各种标准图形文件，翻阅整个 Adobe PDF 文件。

❶执行"文件>在Bridge中浏览"命令，或单击窗口左上角的 Br 按钮，启动Adobe Bridge，如图2-12所示。

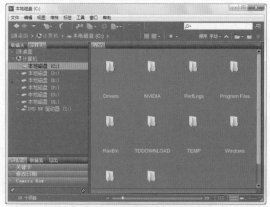

图2-12

❷导航到"光盘>素材"文件夹，如图2-13所示。双击一个矢量文件，即可在Illustrator中将其打开，如图2-14所示。如果双击的是JPEG、PSD、TIFF等格式的位图文件，则可运行Photoshop并打开文件。

图2-13

### 2.2.4　打开最近使用过的文件

　　在"文件>最近打开的文件"下拉菜单中包含

了用户最近在Illustrator中打开过的10个文件，从中选择一个文件，即可直接将其打开。

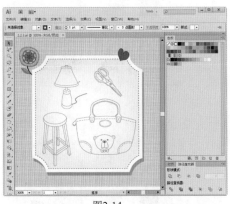

图2-14

**Adobe Bridge应用功能概览**

● 管理图像、素材以及音频文件：在 Bridge 中预览、搜索和处理文件以及对其进行排序时，不需要打开相应的应用程序。也可以编辑文件元数据，并使用 Bridge 将文件放在文档、项目或合成中。

● 管理照片：从数码相机存储卡中导入并编辑照片，通过堆栈对相关照片进行分组，以及打开或导入Photoshop Camera Raw文件并编辑其设置，而无须启动 Photoshop。也可以搜索顶级图片库并通过 Adobe Stock Photos下载无版税的图像。

● 可执行自动化任务，如批处理命令。

# 2.3 导入和导出文件

在Illustrator中创建文档或打开一个文件后，如果想要添加其他文档中的图形和图像素材，可通过导入的方式将其置入到现有的文档中。

## 2.3.1 置入文件

执行"文件>置入"命令，打开"置入"对话框，如图2-15所示，选择位图或其他程序创建的文件后，单击"置入"按钮，即可将其置入到Illustrator的现有文档中。

图2-15

"置入"命令是向Illustrator中导入文件的主要方式。打开"置入"对话框的"文件格式"下拉列表，如图2-16所示，可以看到，Illustrator 可以识别所有通用的图形文件格式。

● 链接：选择该选项后，可以将图稿链接到文档，但图稿仍与文档保持独立，此时文档占用的存储空间较小。但是，如果源文件的存储位置发生变化，或者被删除了，则置入的图稿也

会从Illustrator文件中消失。取消选择时，图稿会嵌入到文档中，即图稿将按照完全分辨率复制到文档中，因而文档较大，但源文件怎样变化都不会影响嵌入到Illustrator中的图稿。

| 所有格式 |
| --- |
| Adobe Illustrator (*.AI,*.AIT) |
| Adobe PDF (*.AI,*.AIT,*.PDF) |
| AutoCAD 绘图 (*.DWG) |
| AutoCAD 交换文件 (*.DXF) |
| BMP (*.BMP,*.RLE,*.DIB) |
| Computer Graphics Metafile (*.CGM) |
| CorelDRAW 5,6,7,8,9,10 (*.CDR) |
| GIF89a (*.GIF) |
| JPEG (*.JPG,*.JPE,*.JPEG) |
| JPEG2000 (*.JPF,*.JPX,*.JP2,*.J2K,*.J2C,*.JPC) |
| Macintosh PICT (*.PIC,*.PCT) |
| Microsoft RTF (*.RTF) |
| Microsoft Word (*.DOC) |
| Microsoft Word DOCX (*.DOCX) |
| PCX (*.PCX) |
| Photoshop (*.PSD,*.PDD) |
| Pixar (*.PXR) |
| PNG (*.PNG,*.PNS) |
| SVG (*.SVG) |
| SVG 压缩 (*.SVGZ) |
| Targa (*.TGA,*.VDA,*.ICB,*.VST) |
| TIFF (*.TIF,*.TIFF) |
| Windows 图元文件 (*.WMF) |
| 内嵌式 PostScript (*.EPS,*.EPSF,*.PS) |
| 文本 (*.TXT) |
| 增强型图元文件 (*.EMF) |

图2-16

● 模板：将置入的文件将转换为模板文件。

● 替换：如果当前文档中已经包含了一个置入的图稿，并且处于选择状态，则"替换"选项可用，选择该选项后，新置入的对象会替换文档中被选择的图稿。

## 2.3.2 实例演练：导入位图文件

❶执行"文件>新建"命令，创建一个空白文档。

相关知识链接

关于各种文件格式的属性、特征和用途，可参阅"1.1.2 文件格式"。关于如何管理链接的文件，可参阅"2.3.7 使用"链接"面板管理文件"。

❷执行"文件>置入"命令，打开"置入"对话框，选择光盘中的JPEG格式的图像素材，如图2-17所示，单击"置入"按钮，即可将其导入到Illustrator文档中，如图2-18所示。

图2-17

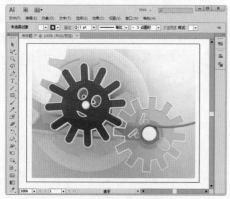

图2-18

### 2.3.3 实例演练：导入多页PDF文件

PDF是Acrobat的默认格式，这种格式的文件可以包含矢量图形和位图，主要用于网上出版，并支持超级链接。

❶执行"文件>新建"命令，新建一个空白文档。

❷执行"文件>置入"命令，打开"置入"对话框。选择光盘中的PDF素材文件，如图2-19所示，单击预览图下方的⬇按钮，可切换到下一个页面，如图2-20所示。单击⬚按钮可预览文档填满屏幕宽度的效果。

图2-19

图2-20

❸单击"置入"按钮，关闭对话框，光标右下角会显示小缩览图，如果单击鼠标，置入的文件为默认大小；如果在画板中按住鼠标拖出一个矩形框，如图2-21所示，放开鼠标后，置入的文件即为设定大小，如图2-22所示。

图2-21

图2-22

使用"打开"命令、"置入"命令、"粘贴"命令和拖放功能都可以将图稿从PDF文件导入Illustrator中。

实用技巧

**怎样在Illustrator中编辑置入的PDF文件**

　　在"置入"对话框中，取消选择"链接"的勾选，则置入PDF文件后，Illustrator能够识别 PDF 图稿中的各个组件，因此，我们可以将各个组件作为独立的对象来编辑。如果选择"链接"选项，则可将 PDF 文件（或多页 PDF 文档中的一页）导入为单个图像。我们可以使用变换工具修改链接的图像，但是不能选择和编辑该对象的各个部分。

## 2.3.4 实例演练：导入AutoCAD文件

　　AutoCAD是计算机辅助设计软件，用于制作工程图和机械图等。AutoCAD文件包含 DXF 和 DWG 格式，Illustrator可以导入从 2.4 版至 2006 版的 AutoCAD 文件。

　　Illustrator 支持大多数 AutoCAD 数据，包括3D 对象、形状和路径、外部引用、区域对象、键对象（映射到保留原始形状的贝塞尔对象）、栅格对象和文本对象。当导入包含外部引用的AutoCAD 文件时，Illustrator 将读取引用的内容并将其置入 Illustrator 文件的适当位置。如果没有找到外部引用，则会弹出"缺失链接"对话框，在对话框中我们可以搜索并检索文件。

❶按下Ctrl+N快捷键，创建一个空白文档。

❷执行"文件>置入"命令，打开"置入"对话框。选择光盘中的素材文件，如图2-23所示。单击"置入"按钮，弹出"DXF/DWG选项"对话框，选择"缩放以适合裁剪"选项，如图2-24所示。

❸单击"确定"按钮，即可将AutoCAD文件导入Illustrator，如图2-25所示。从"图层"面板中可以看到，导入的文件保持分层状态。我们可以使用Illustrator中的直接选择工具 、钢笔工具 、转换锚点工具 等编辑图形，也可以为其设置填色和描边。

图2-23

图2-24

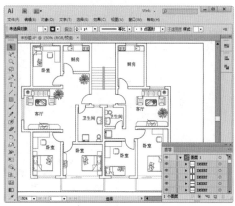

图2-25

　　在"DXF/DWG选项"对话框中，可以指定缩放、单位映射（用于解释 AutoCAD 文件中的所有长度数据的自定单位）、是否缩放线条粗细、导入哪一种布局以及是否将图稿居中等。

## 2.3.5 实例演练：从Photoshop中导出图形

　　Photoshop是位图软件，它也包含钢笔工具 、转换点工具 、直接选择工具 、自定形状工

具 ✐ 等矢量工具，但其图形编辑能力没有专业的矢量软件强。在Photoshop中创建矢量图形后，可以导入到Illustrator中进行加工处理。

❶运行Photoshop。按下Ctrl+N快捷键，打开"新建"对话框，如图2-26所示，创建一个文档。

图2-26

❷选择自定形状工具 ✐，在工具选项栏中选择"路径"选项，如图2-27所示，打开"形状"下拉面板，选择一个图形，在画面中单击并拖动鼠标绘制该图形，如图2-28所示。

图2-27

图2-28

❸执行"文件>导出>路径到Illustrator"命令，如图2-29所示，弹出"导出路径到文件"对话框，如图2-30所示，单击"确定"按钮，在弹出的对话框中将文档保存（选择.ai格式），如图2-31所示。

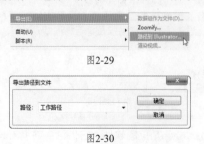

图2-29

图2-30

❹运行Illustrator，按下Ctrl+O快捷键，弹出"打

开"对话框，选择刚刚保存的文件，将其打开。按下Ctrl+A快捷键选择图形，单击工具箱底部的默认填色和描边图标 ✐，为图形描边，使其可见，如图2-32所示。

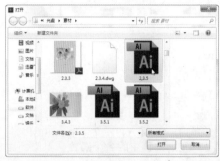

图2-31

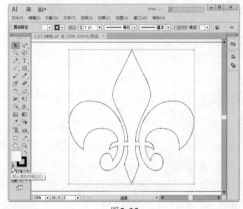

图2-32

### 2.3.6 实例演练：向Photoshop中导出图形

❶运行Illustrator和Photoshop。在Photoshop中按下Ctrl+N快捷键，新建一个文档，如图2-33所示。切换到Illustrator中，也创建一个同样大小的文档。

图2-33

❷选择星形工具 ☆，按住Alt+Shift键拖动鼠标，创建一个五角星，如图2-34所示。

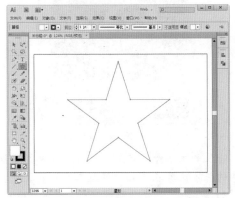

图2-34

❸选择工具箱中的选择工具 ▶，图形周围会出现一个定界框，将光标放在定界框内，单击并拖动鼠标，将图形拖向Photoshop窗口，如图2-35所示；停留片刻，切换到Photoshop；将光标移动到画面中，然后再放开鼠标，即可将图形拖入Photoshop，如图2-36所示。按下回车键确认。

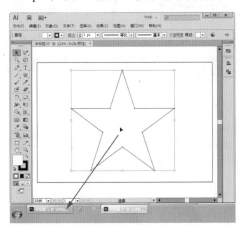

图2-35

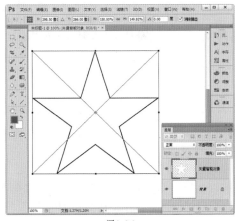

图2-36

知识拓展

### 智能对象与Illustrator的关系

将图形拖入Photoshop时，会自动生成为智能对象。智能对象是嵌入到Photoshop中的文件，双击智能对象所在的图层，可以在Illustrator中打开图形，修改图形并保存后，Photoshop中的智能对象会自动更新到与之相同的状态。

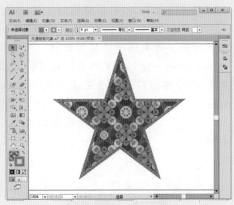

在Illustrator修改智能对象

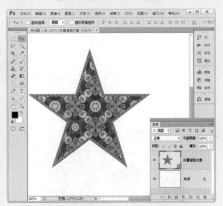

Photoshop中的智能对象会自动更新

### 2.3.7 使用"链接"面板管理文件

置入文件后，可以使用"链接"面板来选择、监控和更新文件。图2-37所示为"链接"面板，面板中显示了图稿的小缩览图，并用图标标识了图稿的状态。

● 缺失的图稿：将图稿导入Illustrator后，如果将原稿移动到了其他文件夹、修改文件名或删除文件，则"链接"面板中该图稿缩略图的右侧会显示✖状图标。如果在显示此图标的状态下打印或导出文档，则文件可能无法打印或导出。

图2-37

- 嵌入的图稿 ▣：即嵌入到Illustrator文档中的图稿。执行"文件>置入"命令向Illustrator文档中置入图稿时，如果勾选"置入"对话框中的"链接"选项，如图2-38所示，可将图稿链接到文档，如图2-39所示，此时图稿仍与文档保持独立，文档占用的存储空间较小。如果要将图稿嵌入到Illustrator文档中，可以使用选择工具 ▶ 选择对象，然后单击工具选项栏中的"嵌入"按钮，如图2-40所示。

图2-38

图2-39

图2-40

- 修改的图稿 ⚠：已修改文件是指其在磁盘上的版本比其在文档中的版本更新的文件。例如，当有人用其他程序修改已置入 Illustrator 中的图形时，就会发生这种情况。

- 重新链接 ⇔：选择图稿，单击该按钮，可以在打开的对话框中重新链接图稿。

- 转至链接 ⇨：在"链接"面板中选择一个链接图稿，单击转至链接按钮 ⇨，该图稿便会显示在文档窗口的中央，并处于选择状态。

- 更新链接 ↻：如果链接图稿的源文件被修改，可单击该按钮，将图稿更新到最新状态。

- 编辑原稿 ✎：选择一个链接图稿，单击该按钮，可以打开制作源文件的程序，并载入源文件，此时可对文件进行修改，完成修改并保存后，链接到Illustrator中的文件也会自动更新。

> 💡 提示
>
> 双击"链接"面板中的图稿缩略图，可以打开"链接信息"对话框，对话框中显示了当前图稿的名称、存储位置和文件大小等信息。

## 2.4 编辑文档

在Illustrator中创建文档后，用户可以根据需要随时改变文档的参数，也可以修改文档的颜色模式，查看文档信息。

### 2.4.1 修改文档的参数设置

如果要修改画板的大小、颜色、透明度等属性，可以执行"文件>文档设置"命令，打开"文档设置"对话框进行操作，如图2-41所示。

图2-41

- "出血和视图选项"选项组：可以设置当前文档的常规度量单位、出血位置、是否以轮廓模式显示文档中的图像，以及如果打开的文档中包含系统没有的字体时，是否突出显示用于替代的字体和字形。

- "透明度"选项组：可以设置透明度网格的大小和颜色（执行"视图>显示透明度网格"命令，可以在图稿下方显示透明度网格）。如果要在彩纸上打印文档，则勾选"模拟彩纸"选项，可模拟图稿在彩色纸上的打印效果。

- "文字选项"选项组：可以设置语言、引号样式、上标和下标大小以及可导出性。

 实用技巧

**改变Illustrator的默认度量单位**

Illustrator 中默认的度量单位是点（一个点等于0.3528毫米）。在"文档设置"对话框中只能修改当前文档的度量单位。如果要修改默认的度量单位，可执行"编辑>首选项>单位"命令，在打开的对话框中设置"常规"、"描边"和"文字"选项的单位。

**2.4.2** 修改文档的颜色模式

在Illustrator 中创建空白文档时，可供选择的颜色模式为CMYK和RGB，如图2-42所示。如果要修改文档的颜色模式，可以打开"文件>文档颜色

模式"下拉菜单，如图2-43所示，选择其中的一种颜色模式即可。

图2-42

图2-43

相关知识链接

> 如果图稿用于打印或印刷，可以选择CMYK模式；如果用于网络，可以选择RGB模式。关于颜色模式的更多内容，请参阅"1.1.4颜色模式"。

**2.4.3** 查看文档信息

创建或打开一个文件后，执行"窗口>文档信息"命令，打开"文档信息"面板，可以查看当前文档的所有信息，如图2-44所示。单击面板右上角的 按钮，打开面板菜单，选择其中的一个命令，可以查看特定的信息。如果仅想查看与当前选择的对象有关的信息，可以选择"仅所选对象"命令，如图2-45所示。

图2-44

图2-45

执行"帮助>系统信息"命令可以查看系统信息，如当前计算机的操作系统、Illustrator以及插件的各种信息。

# 2.5 保存文件

新建文档或对打开的文件进行编辑之后，可以通过不同的方法保存文件，例如，可以保存修改结果，也可将修改结果另存为一份文档等。

### 2.5.1 用存储命令保存文件

执行"文件>存储"命令，或按下Ctrl+S快捷键，可以保存对当前文件所做的修改，文件将以原有的格式保存。如果当前文件是新建的文档，则执行"存储"命令时会打开"存储为"对话框。

### 2.5.2 用存储为命令保存文件

如果要将文件以另外的格式保存、存储为另外的名称或保存到其他位置，可以执行"文件>存储为"命令，打开"存储为"对话框进行设置，如图2-46所示。

图2-46

● 文件名：用来设置文件的名称。默认情况下显示为当前文件的名称，在此处可以修改文件的名称。

● 保存类型：在该选项的下拉列表中可以选择文件保存的格式。

在"保存类型"下拉列表中选择AI、PDF、EPS和SVG格式时，可保留所有Illustrator数据，这些格式称为本机格式。其他格式称为非本机格式，以其他格式保存文件时，可以供Illustrator以外的程序使用。默认情况下，存储为AI格式。

### 2.5.3 存储副本

使用"文件>存储副本"命令可以保存当前文件的一个同样的副本，副本文件名称的后面会添加"复制"二字。如果不想保存对当前文件所做的修改，可通过该命令保存一个副本文件，再将当前文件关闭。

### 2.5.4 存储为模板文件

执行"文件>存储为模板文件"命令，可以将当前文档保存为一个模板。Illustrator会将文件存储为AIT（Adobe Illustrator模板）格式。以后要使用它时，可以执行"文件>从模板新建"命令，打开"从模板新建"对话框选择该模板。

相关知识链接

模板可以保存文档中设置的字体、段落、样式、符号、画板、裁剪标记和参考线等内容。关于模板的更多内容，请参阅"2.1.2从模板中创建文档"。

### 2.5.5 存储为Microsoft Office 所用格式

使用"文件>存储为Microsoft Office所用格式"命令可以创建一个能在Microsoft Office应用程序中使用的PNG文件。如果要自定PNG设置，如分辨率、透明度和背景颜色等，则应使用"文件>导出"命令来操作。此外，也可以使用"文件>存储为Web所用格式"命令将图稿存储为PNG格式。

功能篇

第3章

绘图工具

# 3.1 绘图模式

默认情况下，在Illustrator中绘图时，后创建的图形总是堆叠在先创建的图形的上层。如果要改变这种堆叠方法，可以单击工具箱底部的按钮（快捷键为Shift+D），如图3-1所示。

● 正常绘图 🔒：默认的绘图模式，新创建的对象位于顶层，如图3-2所示。

图3-1

图3-2

● 背面绘图 🔲：未选择画板的情况下，可在所选图层的底部绘图，如图3-3、图3-4所示。如果选择了画板，则在所选对象下面绘制新对象。

图3-3

图3-4

● 内部绘图 🔲：选择一个图形，如图3-5所示，按下该按钮即可在所选对象的内部绘图，如图

3-6所示。通过这种方式可以创建剪切蒙版，将所选对象外面的新绘制的图形隐藏，只显示位于内部的内容。

图3-5

图3-6

 相关知识链接

剪切蒙版可以遮盖图形。关于剪切蒙版的创建与使用方法，请参阅"9.4 剪切蒙版"。

# 3.2 绘制线段

在Illustrator的工具箱中，直线段工具 ╱、弧形工具 ╱ 和螺旋线工具 ◎ 可以绘制各种类型的线段。

## 3.2.1 绘制直线段

直线段工具 ╱ 用来绘制各种方向的直线。

它的使用方法非常简单，选择该工具后，单击并向所需方向拖动鼠标即可绘制直线，如图3-7所示。

图3-7

如果在画板中单击，则可以打开"直线段工具选项"对话框设置直线的长度和角度，按照设定的长度和角度创建直线，如图3-8、图3-9所示。如果希望以当前的填充颜色对直线填色，可以选择"线段填色"选项。

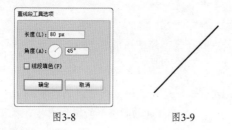

图3-8　　　　　　图3-9

> 提示
>
> 绘制直线时，按住Shift键可创建水平、垂直或对角线方向的直线；按住Alt键，则直线会以单击点为中心向两侧沿伸。

### 3.2.2　绘制弧线

弧形工具 用来绘制弧线。选择该工具后，单击并拖动鼠标即可绘制各种弧度的弧线。在绘制时，按下X键，可切换弧线的方向，如图3-10、图3-11所示；按下C键，可在开放图形与闭合图形之间切换，如图3-12所示；按住Shift键，可以锁定对角线方向；按下↑、↓、←、→键，可以调整弧线的斜率。

图3-10　　　　　图3-11　　　　　图3-12

如果要创建具有精确的长度和弧度的弧线，可以在画板中单击，打开"弧线段工具选项"对话框进行设置，如图3-13所示。

● **X轴长度/Y轴长度**：用来设置弧线的长度和高度。

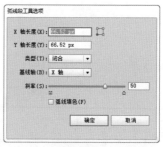

图3-13

● **参考点定位器** ：单击参考点定位器四个方向上的空心方块，可以设置绘制弧线时的参考点。图3-14所示为定位不同的参考点时，在同一位置、沿同一方向绘制的弧线。

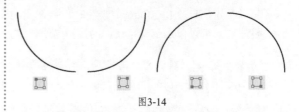

图3-14

● **类型**：用来指定创建的对象为开放式路径还是闭合式路径。

● **基线轴**：用来指定弧线的方向。选择下拉列表中的"X轴"，可以沿水平方向绘制；选择"Y轴"，则沿垂直方向绘制。

● **斜率**：用来指定弧线的斜率方向，可输入数值或移动滑块进行调整。当斜率为0时，创建的是直线。

● **弧线填色**：以当前的填充颜色为弧线所形成的区域填色，如图3-15所示。

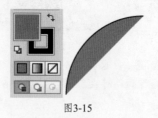

图3-15

### 3.2.3　绘制螺旋线

螺旋线工具 用来绘制螺旋线，如图3-16所示。选择该工具后，单击并拖动鼠标即可绘制螺旋线，在拖动的过程中移动光标可以旋转螺旋线；按下R键，可以调整螺旋线的方向，如图3-17所示；按住Ctrl键可调整螺旋线的紧密程度，如图3-18所示；按下↑键可增加螺旋，按下↓键则减少螺旋。

如果要创建具有精确半径和衰减率的螺旋线，可以在画板中单击，打开"螺旋线"对话框进行设置，如图3-19所示。

图3-16　　　　　图3-17

图3-18　　　　　图3-19

- 半径：用来指定从中心到螺旋线最外侧的点的距离。该值越大，螺旋的范围越大。

- 衰减：用来指定螺旋线的每一螺旋相对于上一螺旋应减少的量，如图3-20、图3-21所示。

- 段数：基本的螺旋线由四条线段组成。"段数"用于指定螺旋线路径段的数量，如图3-22所示。

衰减70%　　　　衰减80%　　　　段数为5

图3-20　　　　图3-21　　　　图3-22

- 样式：用来指定螺旋线的方向。

## 3.3　绘制简单的几何图形

矩形工具▢、圆角矩形工具▢、椭圆工具⬭和多边形工具⬡可以绘制出最基本的几何状图形，星形工具☆可以绘制出不同边数的星形。

### 3.3.1　绘制矩形和正方形

矩形工具▢用来绘制矩形和正方形。选择该工具后，单击并向对角线方向拖动鼠标即可绘制矩形，如图3-23所示。如果要绘制正方形，可按住Shift键拖动鼠标，如图3-24所示；按住Alt键拖动鼠标（光标会变为╬状），可由单击点为中心向外绘制矩形；按住Shift+Alt键，则由单击点为中心向外绘制正方形。如果要更加准确地绘制图形，可以在画板中单击，打开"矩形"对话框设置矩形的宽度和高度，如图3-25所示。

图3-23

**相关知识链接**

在Illustrator中绘图时，很多复杂的图形往往都是由简单的几何图形组合运算而成。关于图形运算方面的内容，请参阅"7.5 组合对象"。

### 3.3.2　绘制圆角矩形

圆角矩形工具▢用来绘制圆角矩形，它的使用方法与矩形工具相同。如果要绘制精确的图形，可以选择该工具，在画板中单击，打开"圆角矩形"对话框设置圆角矩形的大小和圆角半径。图3-26所示为"圆角矩形"对话框，图3-27~图3-29所示为不同圆角半径的图形。

图3-24　　　　　图3-25

"圆角矩形"对话框　　圆角半径为0px

图3-26　　　　　图3-27

圆角半径为10px 　　　圆角半径为60px

图3-28 　　　　　　图3-29

> 提示
>
> 绘制圆角矩形时，按下↑键可增加圆角半径，直至成为圆形；按下↓键可减少圆角半径，直至成为矩形；按住←键可创建方形圆角；按住→键可创建最圆的圆角。

### 3.3.3 绘制圆形和椭圆形

椭圆工具 ⬭ 用来绘制椭圆形和圆形。选择该工具，单击并向对角线方向拖动鼠标即可绘制椭圆形，如图3-30所示；按住Shift键拖动，可以绘制圆形，如图3-31所示。按住Alt键拖动，可以单击点为中心点向外绘制椭圆形；按住Shift+Alt键，则以单击点为中心点向外绘制圆形。如果要指定椭圆的宽度和高度，可以在画板中单击，打开"椭圆"对话框来设置，如图3-32所示。当"宽度"和"高度"值相同时，创建的是圆形。

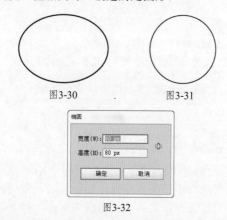

图3-30 　　　　　　图3-31

图3-32

### 3.3.4 绘制多边形

多边形工具 ⬡ 用来绘制多边形。选择该工具后，单击并拖动鼠标即可创建多边形；在拖动的过程中移动光标可以旋转多边形；按下↑键可增加多边形的边数；按下↓键则减少边数；如果要锁定水平方向，则可按住Shift键来操作。如果要创建具有精确的半径和边数的多边形，可以在画板中单击，打开"多边形"对话框进行设置，如图3-33所

示，图3-34~图3-36所示为不同边数的图形。

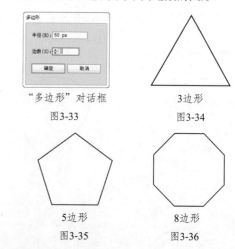

"多边形"对话框 　　　　　3边形

图3-33 　　　　　　　　图3-34

5边形 　　　　　　　　8边形

图3-35 　　　　　　　　图3-36

### 3.3.5 绘制星形

星形工具 ☆ 用来绘制各种星形。选择该工具后，单击并拖动鼠标即可创建星形；在拖动的过程中移动光标可以旋转星形；按下↑键可增加星形的角点数；按下↓键则减少角点数；按下Alt键，可以调整星形拐角的角度，如图3-37~图3-40所示。如果要锁定水平方向，则可按住Shift键操作。

5角星形 　　　　　　　8角星形

图3-37 　　　　　　　图3-38

按住Alt键创建的5角星 　　按住Alt键创建的8角星

图3-39 　　　　　　　图3-40

如果要创建具有精确的半径和角点数的星形，可以在画板中单击，打开"星形"对话框进行设置，如图3-41所示。"半径1"用来指定从星形中心到星形最内点的距离；"半径2"用来指定从星形中心到星形最外点的距离；"角点数"用来指定星形具有的点数。

图3-41

# 3.4 绘制网格和光晕图形

矩形网格工具▦用来绘制网格状矩形，极坐标网格工具⊛用来绘制同心圆和带有分隔线的同心圆，光晕工具◎可以绘制出类似于相机镜头光晕效果的图形。

## 3.4.1 绘制矩形网格

使用矩形网格工具▦在画板中单击并拖动鼠标即可创建矩形网格。按住Shift键可以创建正方形网格；按住Alt键，将以单击点为中心向外绘制网格；按下F键，网格中的水平分隔线间距可由下而上以10%的倍数递增；按下V键，水平分隔线的间距可由上而下以10%的倍数递增；按下X键，垂直分隔线的间距可由左向右以10%的倍数递增；按下C键，垂直分隔线的间距可由右向左以10%的倍数递增；按下↑键，可以增加水平分隔线的数量；按下↓键，则减少水平分隔线的数量；按下→键，可以增加垂直分隔线的数量；按下←键，可以减少垂直分隔线的数量。图3-42所示为按下各种按键创建的网格。

按下←键

图3-42

### 矩形网格工具选项

如果要按照指定数目的分隔线来创建矩形网格，可以使用矩形网格工具▦在画板中单击，打开"矩形网格工具选项"对话框进行设置，如图3-43所示。

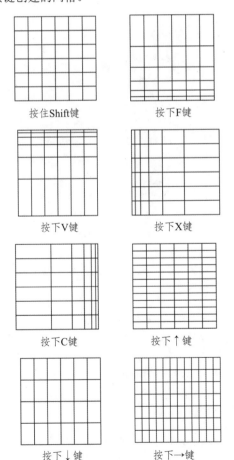

按住Shift键　　　　按下F键

按下V键　　　　按下X键

按下C键　　　　按下↑键

按下↓键　　　　按下→键

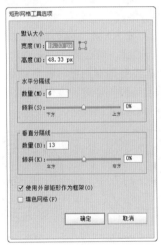

图3-43

- "默认大小"选项组：用来指定整个网格的宽度和高度。单击参考点定位器上的空心方块，可以定义绘制网格时起始点的位置。

- "水平分隔线"选项组：用来指定在网格顶部和底部之间出现的水平分隔线的数量。"倾斜"值决定了水平分隔线倾向网格顶部或底部的程度。该值为0%时，水平分隔线的间距相同；该值大于0%时，网格的间距由上到下逐渐变窄；该值小于0%时，网格的间距由下到上逐渐变窄。

- "垂直分隔线"选项组：用来指定在网格左侧

和右侧之间出现的分隔线的数量。"倾斜"值决定了垂直分隔线倾向于左侧或右侧的方式。该值为0%时，垂直分隔线的间距相同；该值大于0%时，网格的间距由左到右逐渐变窄；该值小于0%时，网格的间距由右到左逐渐变窄。

- 使用外部矩形作为框架：以单独的矩形对象替换顶部、底部、左侧和右侧线段。

- 填色网格：以当前填充颜色为网格填色。

## 3.4.2 绘制极坐标网格

使用极坐标网格工具 ⚙ 在画板上单击并拖动鼠标即可绘制出极坐标网格。在绘制时可通过快捷键改变网格的样式。例如，按住Shift键，可绘制圆形网格；按住Alt键，将以单击点为中心向外绘制极坐标网格；按下↑键，可增加同心圆的数量；按下↓键，则减少同心圆的数量；按下→键，可增加分隔线的数量；按下←键，则减少分隔线的数量；按下X键，同心圆会逐渐向网格中心聚拢；按下C键，同心圆会逐渐向边缘扩散；按下V键，分隔线会逐渐向顺时针方向聚拢；按下F键，分隔线会逐渐向逆时针方向聚拢。图3-44所示为按下各种按键创建的网格。

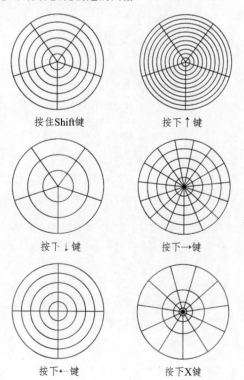

按住Shift键　　　　按下↑键

按下↓键　　　　按下→键

按下←键　　　　按下X键

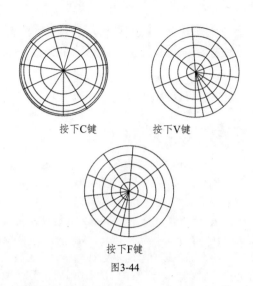

按下C键　　　　按下V键

按下F键
图3-44

### 极坐标网格工具选项

如果要创建具有指定大小和指定数目分隔线的同心圆，可以使用极坐标网格工具 ⚙ 在画板中单击，打开"极坐标网格工具选项"对话框进行设置，如图3-45所示。

图3-45

- "默认大小"选项组：用来指定整个网格的宽度和高度。

- "同心圆分隔线"选项组：用来指定网格中同心圆分隔线的数量。"倾斜"值决定了同心圆倾向于网格内侧或外侧的方式。该值为0%时，同心圆之间的距离相同；该值大于0%时，同心圆向边缘聚拢；该值小于0%时，同心圆向中心聚拢。

- "径向分隔线"选项组：用来指定径向分隔线的数量。"倾斜"值决定了径向分隔线倾向于网格逆时针或顺时针的方式。该值为0%时，分隔线的间距相同；该值大于0%时，分隔线会逐渐向逆时针方向聚拢；该值小于0%时，分隔线会逐渐向顺时针方向聚拢。

● 从椭圆形创建复合路径：将同心圆转换为独立的复合路径并每隔一个圆填色，如图3-46所示。

● 填色网格：以当前的填充颜色填充网格，如图3-47所示。

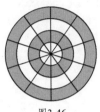 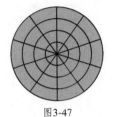

图3-46　　　　　　图3-47

### 3.4.3　实例演练：绘制光晕图形

❶按下Ctrl+O快捷键，打开光盘中的素材文件。

❷选择光晕工具 ，在画板中单击，放置光晕中央手柄，如图3-48所示；拖动鼠标设置光晕的大小并旋转射线（按下↑或↓键可添加或减少射线），如图3-49所示；放开鼠标按键，在画面的另一处再次单击并拖动鼠标，添加光环并放置末端手柄（按下↑或↓键可添加或减少光环）；最后放开鼠标按键，即可创建光晕，如图3-50所示。

图3-48

图3-49

❸保持光晕对象的选取状态。将光标放在光晕上，当光标变为 状时，从中央手柄（或末端手柄）拖动一个端点，可以修改光晕的长度和方向，如图3-51所示。

图3-50

❹按下Ctrl+J快捷键复制光晕图形，连按两下Ctrl+F快捷键将图形粘贴到前面，增加光晕效果的强度，如图3-52所示。

图3-51

图3-52

> **提示**
>
> 选择光晕对象，执行"对象>扩展"命令，可以将它扩展为普通的图形，这些图形如同混合元素一样可以编辑。

**修改光晕参数**

光晕是具有明亮的中心、光晕和射线及光环的矢量对象，如图3-53所示。它包含中央手柄和末端手柄，中央手柄是光晕的明亮中心，光晕路径从该点开始。通过手柄可以定位光晕及其光环。

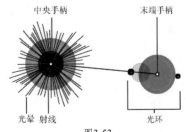

图3-53

创建光晕图形后，使用选择工具 ▶ 将它选择，双击光晕工具 ◎ ，可以打开"光晕工具选项"对话框修改光晕参数，如图3-54所示。

图3-54

● "居中"选项组：用来指定光晕中心的整体直径、不透明度和亮度。

● "光晕"选项组："增大"选项可以指定光

晕整体大小的百分比。"模糊度"选项可以设置光晕的模糊程度（0%为锐利，100%为模糊）。

● "射线"选项组：如果希望光晕包含射线，可以选择"射线"选项，然后在该选项组中指定射线的数量、最长的射线和射线的模糊度（0%为锐利，100%为模糊）。

● "环形"选项组：如果希望光晕包含光环，可以选择"环形"选项，并指定光晕中心点（中心手柄）与最远的光环中心点（末端手柄）之间的路径距离、光环数量、最大的光环，以及光环的方向或角度。

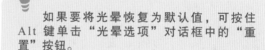

提示

如果要将光晕恢复为默认值，可按住Alt键单击"光晕选项"对话框中的"重置"按钮。

# 3.5 选择对象

在Illustrator中只有准确选择对象，才能对其进行编辑处理。Illustrator针对不同类型的对象，提供了多种选择方法，这其中既有工具和面板，也有各种命令。

## 3.5.1 实例演练：用选择工具选择对象

❶按下Ctrl+O快捷键，打开光盘中的素材文件。选择工具箱中的选择工具 ▶ ，将光标放在对象上方（光标会变为 ▶. 状），如图3-55所示，单击鼠标即可将其选择，所选对象周围会出现一个定界框，如图3-56所示。

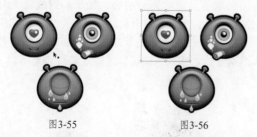

图3-55　　　　　　　图3-56

❷按住Shift键单击各个对象，可以选择多个对象，如图3-57所示。如果要取消一个或多个对象的选择，可以按住Shift键单击它们。在画板的空白处单击，则可取消所有对象的选择。

相关知识链接

定界框标识了对象的范围，拖动定界框上的控制点可以对图形进行旋转、缩放等操作。相关内容请参阅"7.1.9 实例演练：通过定界框变换对象"。

❸单击并拖出一个矩形选框，可以选择矩形框内的所有对象，如图3-58所示。按住 Shift 键拖动鼠标也可以添加或取消选择多个对象。如果要取消选择，可以在画板中的空白区域单击，或者执行"选择>取消选择"命令。

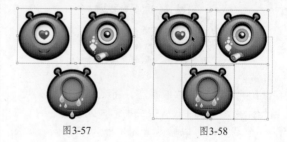

图3-57　　　　　　　图3-58

**读懂选择工具的光标语言**

　　将选择工具 ▶ 放在未选中的对象或编组对象上，光标会变为 ▶ 状。将选择工具 ▶ 放到选中的对象或组上时，光标会变为 ▶ 状。将选择工具 ▶ 放到未选中的对象的锚点上时，光标会变为 ▶ 状。选择对象后，按住Alt键（光标会变为 ▶ 状）拖动鼠标可以复制对象。

光标放在未选中的对象上　　光标放在选中的对象上

光标放在未选中的锚点上

### 3.5.2 实例演练：用魔棒工具选择对象

　　魔棒工具 ✦ 可以同时选择文档中具有相同或相似填充属性的所有对象。

❶按下Ctrl+O快捷键，打开光盘中的素材文件。

❷选择魔棒工具 ✦。将光标放在一个渐变图形上，如图3-59所示，单击即可选择该图形以及填充了相同渐变颜色的其他图形，如图3-60所示。

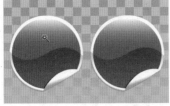

图3-59

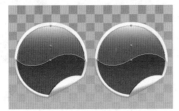

图3-60

❸按住Shift键单击另一个对象，可以将与其具有相同填充属性的所有对象添加到选择范围中，如图3-61、图3-62所示。如果要从所选对象中取消选择某些对象，可以按住Alt键单击这些对象。

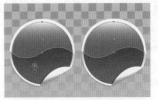

图3-61

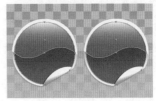

图3-62

**"魔棒"面板**

　　"魔棒"面板可以定义魔棒工具 ✦ 的选择范围，如图3-63所示。

图3-63

● 填充颜色：选择具有相同填充颜色的对象。该选项右侧的"容差"值决定了符合被选取条件的对象与当前单击的对象的相似程度。RGB模式文档的容差值介于 0 到 255 像素之间，CMYK 模式文档的容差值介于 0 到 100 像素之间。容差值越小，所选的对象与单击的对象就越相似，容差值越大，可以选择到范围更广的对象。其他选项中的容差值的作用也是如此。

● 描边颜色：选择具有相同描边颜色的对象。容差值的范围介于0到100像素之间。

● 描边粗细：选择具有相同描边粗细的对象。容差值的范围介于0到1 000,点之间。

● 不透明度：选择具有相同不透明度的对象。容差值的范围介于0%到100%之间。

● 混合模式：选择具有相同混合模式的对象。

**实用技巧**

**使用命令选择具有相同属性的对象**

除魔棒工具外，使用"选择>相同"下拉菜单中的命令也可以选择文档中具有相同属性的所有对象。

### 3.5.3 实例演练：用编组选择工具选择编组对象

在Illustrator中，我们可以将多个对象合并到一个组中，以便同时对它们进行移动或变换操作。编组对象需要使用专门的编组选择工具 ▷+ 来进行选取。

❶按下Ctrl+O快捷键，打开光盘中的素材文件，如图3-64所示。使用选择工具 ▷ 单击编组对象中的任意一个对象，都可以选择整个组，如图3-65所示。

图3-64　　　　　　图3-65

❷使用编组选择工具 ▷+ 单击组中的一个对象，即可选择该对象，如图3-66所示。再次单击，可以选择对象所在的组，如图3-67所示。如果该组属于嵌套结构的组，则每多单击一次鼠标，便可以多选择一个组。

图3-66　　　　　　图3-67

**相关知识链接**

关于编组的创建方法，请参阅"3.6编组"。

### 3.5.4 实例演练：用"图层"面板选择对象

"图层"面板用于管理文档中的所有图形，通过该面板还可以快速、准确地选择对象。例如，当小图形被大图形遮盖而难于选择时，就可以通过"图层"面板来选择对象。

❶按下Ctrl+O快捷键，打开光盘中的素材文件，如图3-68所示。执行"窗口>图层"命令，打开"图层"面板，如图3-69所示。

图3-68　　　　　　图3-69

❷在一个图形的对象选择列（ ○ 状图标处）单击，即可选择该图形，同时 ○ 图标会变为 ◎□ 状，如图3-70所示。如果要添加选择其他对象，可按住 Shift键单击其他选择列，如图3-71所示。

图3-70

图3-71

❸在图层或组的选择列单击，可以选择图层或组中的所有对象，如图3-72所示。

图3-72

相关知识链接

关于"图层"面板的使用方法，请参阅"9.1.1"图层"面板"。

## 3.5.5 按照堆叠顺序选择对象

在Illustrator中，图形是按照绘制的先后顺序堆叠排列的。选择一个对象后，如图3-73所示，如果想要选择它上方距离最近的对象，可以执行"选择>上方的下一个对象"命令，如图3-74所示。要选择它下方距离最近的对象，可以执行"选择>下方的下一个对象"命令，如图3-75所示。

图3-73          图3-74

图3-75

## 3.5.6 选择特定类型的对象

"选择>对象"下拉菜单中包含各种选择命令，如图3-76所示，它们可以选择文档中特定类型的对象。

- 同一图层上的所有对象：选择一个对象后，执行该命令可以选择与当前对象位于同一图层上

所有的对象。例如，图3-77所示为当前选择的对象，图3-78、图3-79所示为执行该命令后选择的对象。

图3-76

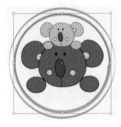          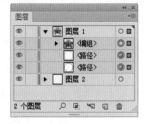

图3-77          图3-78

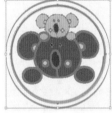

图3-79

- 方向手柄：选择当前对象中所有锚点的方向手柄。例如，图3-80所示为使用直接选择工具选择的路径，图3-81所示为执行该命令后选择的手柄。

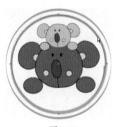          

图3-80          图3-81

- 没有对齐像素网格：可以选择没有对齐到像素网格的对象。

- 毛刷画笔描边：可以选择添加了毛刷画笔描边的对象。

● 画笔描边：可以选择所有添加了画笔描边的对象。例如，图3-82所示为添加了画笔描边的图形，图3-83所示为执行该命令后选择的对象。

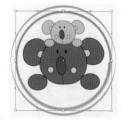

图3-82　　　　　　　图3-83

● 剪切蒙版：可以选择所有的剪切蒙版图形。

● 游离点：可以选择文档中的游离点，即零散的、多余的锚点。

● 所有文本对象：可以选择文档中的所有文本对象。

● 点状文字对象：可以选择所有点状文字。

● 区域文字对象：可以选择所有区域文字。

**相关知识链接**

直接选择工具 ⬛ 和套索工具 ⬛ 用来选择锚点。关于这两个工具的使用方法，请参阅"4.4.1 实例演练：选择与移动锚点"。

编辑图形时，如果经常要选择某些对象或者某些锚点，可以先将它们选择，再执行"选择>存储所选对象"命令，打开"存储所选对象"对话框，输入一个名称，将这些对象或锚点的选中状态保存。以后需要选择这些对象时，在"选择"菜单的底部单击所选对象的名称即可将其选择。如果要对所选对象进行删除或重命名，可以执行"选择>编辑所选对象"命令。

### 3.5.7 全选、反选和重新选择

如果要选择文档中的所有对象，可以执行"选择>全部"命令或按下Ctrl+A快捷键，如图3-84所示。选择一个或多个对象后，如图3-85所示，如果要选择所有未被选中的对象，而取消原有的选择，可以执行"选择>反向"命令，如图3-86所示。如果要重复上次使用的选择命令，可以执行"选择>重新选择"命令。

图3-84

图3-85

图3-86

## 3.6 编组

编组是指将若干个对象合并到一个组中，这样就可以同时对它们进行移动或变换操作。而组中的各个对象也可以单独处理。

### 3.6.1 编组

打开一个文件，如图3-87所示，选择画面中的两个套娃，执行"对象>编组"命令或按下Ctrl+G

快捷键，即可将它们编为一组，如图3-88所示，组在"图层"面板中显示为"<编组>"，如图3-89所示。组还可以是嵌套结构，即组可以被编组到其他对象或组之中，形成更大的组。

图3-87　　　　　　　图3-88

图3-89

在隔离模式下，"图层"面板中仅显示隔离子图层或组中的对象，如图3-92所示。退出隔离模式后，其他图层和组将重新显示在面板中，如图3-93所示。

图3-92　　　　　　　图3-93

**提示**

编组有时会改变对象的堆叠顺序，例如，选择位于不同图层中的对象并将其编组，则这些对象将被编入所选对象所在的最上面的图层。

## 3.6.2　在隔离模式下编辑组

使用选择工具 双击编组的对象，如图3-90所示，即可进入隔离模式。在隔离状态下，当前对象（称为"隔离对象"）以全色显示，其他内容则变淡，如图3-91所示。此时我们可轻松选择和编辑组中的对象，而不受其他图形的干扰。如果要退出隔离模式，可以单击文档窗口左上角的 按钮。

 **实用技巧**

**隔离子图层**

选择"图层"面板中的子图层，执行面板菜单中的"进入隔离模式"命令，即可隔离子图层。关于图层的操作方法，请参阅"9.1 图层"。

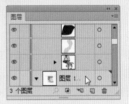

选择子图层

隔离子图层

图3-90　　　　　　　图3-91

## 3.6.3　取消编组

如果要取消编组，可以选择组对象，然后执行"对象>取消编组"命令或按下Shift+Ctrl+G快捷键。对于嵌套结构的组，则需要多次执行该命令才能取消所有的组。

# 3.7　移动、对齐与分布

在Illustrator中绘图时，可以通过复制和粘贴的方法创建对象的多个副本，让对象按照一定的规则对齐和分布，也可以调整对象的堆叠顺序，从而改变图稿的显示效果。

**3.7.1** 实例演练：移动、复制与删除

❶按下Ctrl+O快捷键，打开光盘中的素材文件，如图3-94所示。使用选择工具 ▶ 单击并按住鼠标按键拖动对象即可移动对象，如图3-95所示。

图3-94

图3-95

❷按住Shift键拖动鼠标，可以沿水平或垂直方向移动。按住Alt键（光标变为 ▶ 状）拖动对象可以复制对象，如图3-96所示。

图3-96

❸如果要进行精确移动，可在选择对象后，双击选择工具 ▶，打开"移动"对话框设置移动距离和角度，如图3-97所示。

❹如果要删除对象，可将其选择，然后执行"编辑>清除"命令或按下Delete键进行删除。

 实用技巧

**轻微移动**

　　选择对象后，按下键盘中的←、↑、↓、→键可以向相应的方向轻移对象。如果同时按Shift 键和方向键，则可以使对象按"键盘增量"首选项所设定值的10倍移动。

图3-97

**3.7.2** 实例演练：在多个文档间移动对象

❶按下Ctrl+O快捷键，弹出"打开"对话框，按住Ctrl键单击光盘中的两个素材文件，如图3-98所示，按下回车键将其打开，如图3-99所示。

图3-98

图3-99

❷使用选择工具 ▶ 单击一个图形，然后按住鼠标按钮，将光标移动到另一个文档的标题栏上，如图3-100所示；停留片刻，切换到该文档中，将光标移动到画板中，然后再放开鼠标按键，即可将图形移入该文档，如图3-101所示。

图3-100

图3-101

> 提示

　　选择一个或多个对象，按下Ctrl+C快捷键复制，切换到另一个文档中，按下Ctrl+V快捷键，可以将对象粘贴到该文档中。

## 3.7.3 实例演练：相对于其他对象粘贴对象

❶按下Ctrl+O快捷键，打开光盘中的素材文件。选择工具 ▶ 选择对象，如图3-102所示，执行"编辑>复制"命令或按下Ctrl+C快捷键进行复制。

❷执行"编辑>贴在前面"命令，可以将复制的对象粘贴到原对象的前面，并且与原对象重合，我们可以用选择工具 ▶ 将其移开，如图3-103所示。

图3-102　　　　　　　　　图3-103

❸选择另一个图形，如图3-104所示，执行"编辑

>贴在前面"命令，可以将复制的对象粘贴到所选对象的上面。它与被复制的对象仍处于相同位置，如图3-105所示。

图3-104　　　　　　　　　图3-105

❹如果要将对象粘贴到原对象的后面，可以执行"编辑>贴在后面"命令。执行该命令时，如果没有选择任何对象，粘贴的对象将位于被复制的对象的下面；如果执行该命令前选择了对象，则粘贴的对象将位于被选择的对象的下面。

> 提示

　　如果文档中有多个画板，则执行"编辑>在所有画板上粘贴"命令，可以将对象粘贴到所有画板上。

## 3.7.4 实例演练：用"图层"面板调整堆叠顺序

❶按下Ctrl+O快捷键，打开光盘中的素材文件，如图3-106所示。执行"窗口>图层"命令，打开"图层"面板，如图3-107所示。面板中显示了对象的堆叠结构，它与画板中对象的堆叠顺序是一致的。

 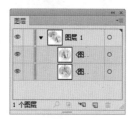

图3-106　　　　　　　　　图3-107

❷在"图层"面板中，将光标放在图层上方，单击并向上方或下方拖动，即可调整图形的堆叠顺序，如图3-108~图3-110所示。

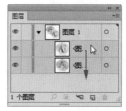 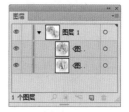

图3-108　　　　　　　　　图3-109

图3-110

### 3.7.5 用命令调整对象的堆叠顺序

默认状态下，在Illustrator中新创建的对象总是位于先前创建的对象的上面。如果要调整对象的堆叠顺序，可以选择对象，如图3-111所示，然后执行"对象>排列"下拉菜单中的命令，如图3-112所示。

图3-111

图3-112

- 置于顶层：将对象移至当前图层或当前组中所有对象的顶层，如图3-113所示。

- 前移一层：将对象的堆叠顺序向前移动一个位置，如图3-114所示。

图3-113            图3-114

- 后移一层：将对象的堆叠顺序向后移动一个位置。

- 置于底层：将对象移至当前图层或当前组中所有对象的底层。

- 发送至当前图层：将对象移动到指定的图层中。例如，图3-115所示为当前选择的对象在"图层"面板中的位置；单击"图层2"，选择该图层，如图3-116所示；执行"发送至当前图层"命令，可以将该图形调整到"图层2"中，如图3-117所示。

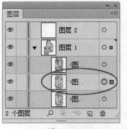    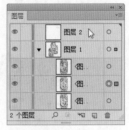

图3-115            图3-116

图3-117

相关知识链接

对象的堆叠顺序取决于我们使用的绘图模式。在正常绘图模式下创建新图层时，新图层将放置在当前图层的正上方，且任何新对象都在现用图层的上方绘制出来。但是在背面绘图模式下创建新图层时，新图层将放置在当前图层的正下方，且任何新对象都在选定对象的下方绘制出来。关于绘图模式的具体内容，请参阅"3.1绘图模式"。

### 3.7.6 对齐图形

使用"对齐"面板和控制面板中的对齐选项，可以沿指定的轴对齐或分布所选对象，如图3-118、图3-119所示。

如果要对齐两个或多个图形，可将它们选择，然后单击"对齐"面板中的对齐按钮。这些按钮分别是：水平左对齐、水平居中对齐、水平右对

齐 ■、垂直顶对齐 ■、垂直居中对齐 ■、垂直底对齐 ■。图3-120所示为图形的对齐效果。

布，可将它们选择，然后单击"对齐"面板中的分布按钮。这些按钮分别是：垂直顶分布 ■、垂直居中分布 ■、垂直底分布 ■、水平左分布 ■、水平居中分布 ■和水平右分布 ■。图3-121所示为图形的分布效果。

图3-118

需要分布的图形

图3-119

选择图形　　　　　水平左对齐

垂直顶分布　　　垂直居中分布　　　垂直底分布

水平左分布　　　水平居中分布　　　水平右分布

图3-121

水平居中对齐　　　　水平右对齐

提示

选择多个锚点后，也可以单击"对齐"面板中的按钮，对所选锚点进行对齐与分布操作。

垂直顶对齐　　　　垂直居中对齐

**3.7.8 按照设定的距离分布**

选择多个对象，如图3-122所示，然后单击其中的一个图形，如图3-123所示，在"分布间距"选项中输入数值，如图3-124所示，之后再单击垂直分布间距按钮 ■或水平分布间距按钮 ■，便可让所选图形按照设定的数值均匀分布，如图3-125、图3-126所示。

垂直底对齐

图3-120

**3.7.7 分布图形**

如果要让3个或更多的对象按照一定的规则分

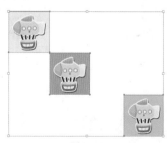

图3-122

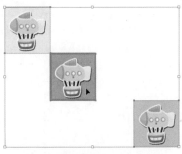

图3-123

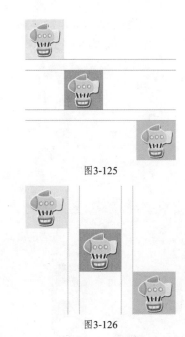

图3-125

图3-124

图3-126

# 3.8 辅助绘图工具

Illustrator中的标尺、参考线和网格等都属于辅助工具，它们不能编辑对象，但却可以帮助我们更好地完成图形的编辑工作。

## 3.8.1 实例演练：标尺

标尺可以帮助我们在窗口中精确放置对象和度量对象。

❶按下Ctrl+O快捷键，打开光盘中的素材文件，如图3-127所示。执行"视图>显示标尺"命令或按下Ctrl+R快捷键，窗口顶部和左侧会出现标尺，如图3-128所示。

❷在每个标尺上显示 0 的位置为标尺原点。将光标放在窗口的左上角，单击并拖到鼠标，画面中会显示出一个十字线，如图3-129所示，放开鼠标后，该处便成为原点的新位置，如图3-130所示。

图3-129 　　　　　　　　图3-130

❸如果要将原点恢复到默认的位置，可以在窗口的左上角（水平标尺与垂直标尺交界处的空白位置）双击，如图3-131所示。在标尺上单击右键可以打开一个下拉菜单，选择其中的命令可修改标尺的度量单位，如图3-132所示。如果要隐藏标尺，可以执行"视图>隐藏标尺"命令或按下Ctrl+R快捷键。

图3-127

图3-128

提示

显示标尺后，移动光标时，标尺内的标记会显示光标的精确位置。

图3-131　　　　　　　　图3-132

## 3.8.2　实例演练：参考线

参考线可以帮助我们对齐文本和图形对象。参考线打印不出来。

❶按下Ctrl+O快捷键，打开光盘中的素材文件，如图3-133所示。按下Ctrl+R快捷键显示标尺，如图3-134所示。

图3-133

3-134

❷将光标放在水平标尺上，单击并向下拖动鼠标，可以拖曳出水平参考线，如图3-135所示。在垂直标尺上可以拖曳出垂直参考线，如图3-136所示。

图3-135

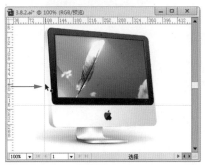

图3-136

❸单击并拖动参考线，可以移动参考线，如图3-137所示。如果不想移动参考线，可执行"视图>参考线>锁定参考线"命令，将参考线锁定。再次执行该命令，可解除锁定。如果要删除参考线，可单击参考线，将其选择，然后按下Delete键，如图3-138所示。如果要删除所有参考线，则可执行"视图>参考线>清除参考线"命令。

图3-137

图3-138

**实用技巧**

**将矢量图形转换为参考线**

选择矢量对象，执行"视图>参考线>建立参考线"命令，即可将其转换为参考线。如果要重新转换为图形对象，可以选择参考线，然后执行"视图>参考线>释放参考线"命令。

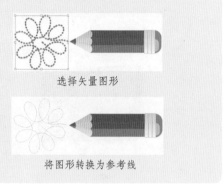

选择矢量图形

将图形转换为参考线

### 3.8.3 实例演练：智能参考线

智能参考线是一种特殊的参考线，它只在需要时自动出现，可以帮助我们相对于其他对象创建、对齐、编辑和变换当前对象。

❶按下Ctrl+O快捷键，打开光盘中的素材文件，如图3-139所示。执行"视图>智能参考线"命令，启用智能参考线。

图3-139

❷使用选择工具 ▶ 单击并拖动对象时，即可出现智能参考线，此时可以使光标对齐到参考线或现有的路径上，如图3-140所示。

图3-140

❸将光标放在定界框外，单击并拖动鼠标旋转对象，此时可以显示旋转角度，如图3-141所示。拖动定界框上的控制点缩放对象，则可以显示图形的长度和宽度值，如图3-142所示。如果要隐藏智能参考线，可以执行"视图>智能参考线"命令。

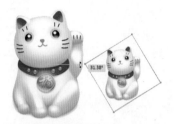

图3-141

图3-142

 **相关知识链接**

使用钢笔或形状工具创建对象时，智能参考线可以相对于现有对象来放置新对象的锚点。关于钢笔工具的使用方法，请参阅"4.3 用钢笔工具绘图"。

### 3.8.4 实例演练：网格和透明度网格

网格是打印不出来的辅助对象，在对称布置对象时非常有用。透明度网格可以帮助我们查看图稿中是否包含透明区域，以及透明区域的透明程度，以便于打印和存储透明图稿时，设置选项来保留透明区域。

❶按下Ctrl+O快捷键，打开光盘中的素材文件，如图3-143所示。执行"视图>显示网格"命令，可以在图稿的后面显示网格，如图3-144所示。

图3-143

❷执行"视图>对齐网格"命令，启用对齐功能。使用选择工具 ▶ 在图形上单击并拖动鼠标移动对象，如图3-145所示，可以看到，对象会自动对齐到网格上。执行"视图>隐藏网格"命令隐藏网格。

图3-144

图3-145

❸保持图形的选取状态。执行"窗口>透明度"命令，打开"透明度"面板，将图形的不透明度设置为50%，如图3-146、图3-147所示。

图3-146

图3-147

❹执行"视图>显示透明度网格"命令，在图稿背后显示透明度网格，此时我们可以清楚地观察图形的透明效果，如图3-148所示。如果要隐藏透明度网格，可以执行"视图>隐藏透明度网格"命令。

执行"编辑>首选项>参考线和网格"命令，可以指定网格线间距、网格样式、网格颜色，或者指定网格是出现在图稿前面还是后面。

图3-148

### 3.8.5 实例演练：度量工具

❶按下Ctrl+O快捷键，打开光盘中的素材文件，如图3-149所示。执行"窗口>信息"命令，打开"信息"面板。

图3-149

❷选择度量工具 📏 ，将光标放在测量位置的起点处，如图3-150所示，单击并拖动鼠标至终点处，如图3-151所示。"信息"面板会显示 $X$ 和 $Y$ 轴的水平和垂直距离、绝对水平和垂直距离、总距离以及测量的角度，如图3-152所示。如果按住Shift键拖动鼠标，则可将工具限制为45°角的倍数。

图3-150

图3-151

57

图3-152

## 3.8.6 "信息"面板

"信息"面板除了能够显示度量信息外，还可以显示光标的坐标，以及与所选对象有关的各种有用信息。执行"窗口>信息"命令，打开"信息"面板。单击面板左上角的 状图标，可以显示全部选项。

● 　如果选择了对象，如图3-153所示，且当前使用的是选择工具 ，面板中的X和Y代表了所选对象的坐标，宽和高代表了对象的宽度和高度，如图3-154所示。如果没有选择任何对象，则X和Y代表了光标的精确位置。

图3-153

图3-154

● 　使用钢笔工具 、渐变工具 或移动所选对象时，面板中除了显示坐标外，还会显示对象的移动距离（D）和角度（ ），如图3-155所示。

图3-155

● 　使用比例缩放工具 缩放对象时，放开鼠标按键后，面板中会显示宽度和高度 的变化百分比，以及新的宽度和高度，如图3-156所示。

● 　使用旋转工具 或镜像工具 时，面板中会显示对象中心的坐标和旋转角度 或镜像角度 ，如图3-157所示。

● 　使用倾斜工具 时，可以显示对象中心的坐标、倾斜轴的角度 和倾斜量 ，如图3-158所示。

图3-156

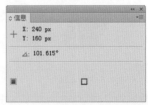

图3-157

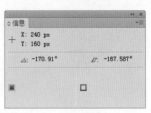

图3-158

● 　使用画笔工具 时，可以显示X和Y坐标，以及当前画笔的名称，如图3-159所示。

● 　在面板菜单中选择"显示选项"后，可以显示所选对象的填充和描边颜色的值（□为填充颜色值，■为描边颜色值），以及应用于所选对象的图案、渐变或色调的名称，如图3-160所示。

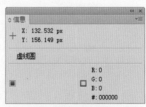

图3-159

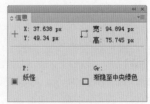

图3-160

## 3.8.7 对齐点功能

执行"视图>对齐点"命令，可以启用点对齐功能。此后在移动对象时，可以将对象对齐到锚点和参考线上。

## 4.1 关于路径和锚点

矢量图是由称作矢量的数学对象定义的直线和曲线构成的，锚点和路径是其最基本的元素。了解锚点和路径的特征可以为学习Illustrator打下良好的基础。

### 4.1.1 路径

在Illustrator中，钢笔工具 、矩形工具 、圆角矩形工具 、椭圆工具 、多边形工具 、星形工具 、直线段工具 、弧形工具 、螺旋线工具 、矩形网格工具 、极坐标网格工具 、画笔工具 、铅笔工具 都可以绘制路径。路径可以是闭合的，如图4-1所示；也可以是开放的，如图4-2所示。

图4-1          图4-2

让路径的轮廓可见称为描边，如图4-3所示。描边可以具有宽度（粗细）、颜色和虚线样式。在路径区域内部填充颜色、渐变或图案称作填色，如图4-4所示。创建路径后，可以随时修改它的描边和填色内容。

图4-3          图4-4

相关知识链接

关于描边和填色的详细内容，请参阅"5.1 填色与描边"。

### 4.1.2 锚点

每一段路径的起点和终点都通过锚点（类似于固定导线的销钉）标记，如图4-5所示。锚点分为两种，一种是平滑点，另外一种是角点。连接平滑点可以形成平滑的曲线，如图4-6所示；角点可以连接成直线和转角曲线，如图4-7、图4-8所示。

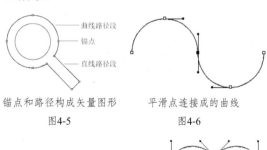

曲线路径段
锚点
直线路径段

锚点和路径构成矢量图形          平滑点连接成的曲线
图4-5                          图4-6

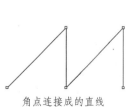

角点连接成的直线          角点连接成的转角曲线
图4-7                    图4-8

### 4.1.3 方向线和方向点

在Illustrator中绘制的曲线也称作贝塞尔曲线（Bézier曲线），它是由法国工程师皮埃尔·贝塞尔（Pierre Bézier）于1962年开发的。这种曲线的锚点上有一到两根方向线，方向线的端点处是方向点（也称手柄），如图4-9所示。拖动方向点可以调整方向线的角度，从而影响曲线的形状。

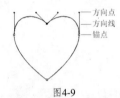

图4-9

当我们选择曲线路径段或曲线上的锚点时，锚点上就会出现方向线和方向点。平滑点始终有两条方向线，如图4-10所示，移动平滑点上的方向线可同时调整该点两侧的曲线段，以保持该锚点处的连续曲线，如图4-11所示。

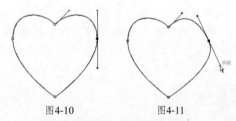

图4-10　　　　　　　　图4-11

角点可以有两条、一条或者没有方向线，具体取决于它分别连接两条、一条还是没有连接曲线段，例如，图4-12所示的角点有两条方向线。角点方向线通过使用不同角度来保持拐角。当移动角点上的方向线时，只调整该方向线同侧的曲线，如图4-13所示。

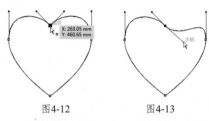

图4-12　　　　　　　　图4-13

方向线的角度决定了曲线的斜度，如图4-14、图4-15所示，方向线的长度决定了曲线的高度或深度，如图4-16所示。

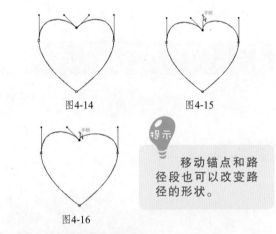

图4-14　　　　　　　　图4-15

图4-16

**提示**

移动锚点和路径段也可以改变路径的形状。

**知识拓展**

**贝塞尔曲线**

贝塞尔曲线是电脑图形学领域重要的参数曲线，它的出现奠定了矢量图形学的基础。贝塞尔曲线具有精确和易于修改的特点，被广泛地应用在计算机图形领域，常用的图形图像软件，如Photoshop、CorelDRAW、FreeHand、Flash、3ds Max等都有可以绘制贝塞尔曲线的工具。

## 4.2 用铅笔工具绘图

铅笔工具✐用来绘制比较随意的、具有手绘外观的路径。它也可以编辑现有的路径。

### 4.2.1 实例演练：用铅笔工具绘制路径

❶按下Ctrl+O快捷键，打开光盘中的素材文件，如图4-17所示。选择铅笔工具✐，在窗口中单击并拖动鼠标即可绘制开放式路径，如图4-18所示。绘制的路径采用当前的描边和填色属性，并处于选中状态。

图4-17　　　　　　　　图4-18

❷如果要绘制闭合式路径，可在使用铅笔工具✐绘

制路径的过程中，按住Alt键，光标变为✎状，如图4-19所示，放开鼠标按键，再放开Alt键，路径的两个端点会连接在一起，如图4-20所示。

图4-19　　　　　　　　图4-20

## 4.2.2 实例演练：用铅笔工具编辑路径

❶打开光盘中的素材文件，如图4-21所示。使用直接选择工具 ▷ 在一条开放式路径上单击，将其选择，如图4-22所示。

图4-21　　　　　　图4-22

❷将铅笔工具 ✎ 放在路径的端点上，当铅笔笔尖旁边的小"×"号标记消失时，表示已非常靠近端点，如图4-23所示，此时单击并拖动鼠标可以延长路径，如图4-24所示。

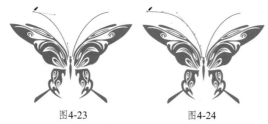

图4-23　　　　　　图4-24

❸将铅笔工具 ✎ 放在路径上，当光标中的小"×"号标记消失时，如图4-25所示，单击并拖动鼠标可以改变路径的形状，如图4-26、图4-27所示。

图4-25　　　　　　图4-26

图4-27

## 4.2.3 设置铅笔工具选项

　　双击铅笔工具 ✎，打开"铅笔工具选项"对话框，如图4-28所示，在对话框中可以设置铅笔工具绘图时锚点的数量、路径的长度和复杂程度等。

图4-28

● 保真度：控制必须将鼠标移动多大距离才会向路径添加新锚点，范围从0.5到20像素。该值越大，路径就越平滑，复杂度就越低；该值越小，绘制的路径越接近于鼠标运行的轨迹，但会生成更多的锚点，以及更尖锐的角度。

● 平滑度：控制使用工具时所应用的平滑量，范围从0%到100%。该值越大，路径就越平滑；该值越小，生成的锚点就越多，绘制的路径也更加不规则。

- 填充新铅笔描边：对新绘制的路径应用填色。

- 保持选定：绘制完路径时，路径自动处于选定状态。

- 编辑所选路径：可以使用铅笔工具修改所选路

径。取消选择时，铅笔工具不能修改路径。

- 范围/像素：用来决定鼠标与现有路径必须达到多近的距离，才能使用铅笔工具编辑路径。该选项仅在选择了"编辑所选路径"选项时才可用。

## 4.3  用钢笔工具绘图

钢笔工具 ✐ 可以绘制直线和任意形状的曲线，它是Illustrator中最重要的绘图工具。钢笔工具 ✐ 的使用方法要比铅笔工具 ✐ 和其他绘图工具复杂，需要多加练习才能熟练掌握。

### 4.3.1 实例演练：绘制直线

❶选择钢笔工具 ✐，在画板中单击（不要拖动鼠标），定义第一个锚点，如图4-29所示，在其他位置继续单击即可创建直线，如图4-30、图4-31所示。按住Shift键单击，可以将直线的角度限制为45°的倍数。

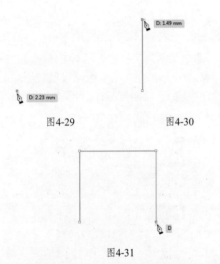

图4-29　　　　图4-30

图4-31

❷如果要封闭路径，可以将钢笔工具 ✐ 放在第一个锚点上，工具旁会出现一个小圆圈 ✐，如图4-32所示，此时单击鼠标即可封闭路径，如图4-33所示。如果单击并拖动鼠标，则可以封闭路径并生成曲线，如图4-34所示。

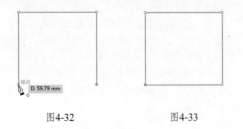

图4-32　　　　图4-33

❸如果要保持路径开放并结束绘制，可以按住Ctrl键（切换为直接选择工具 ▷）在远离所有对象的位置单击。也可以单击工具箱中的其他工具来结束绘制。

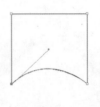

图4-34

 **实用技巧**

**定位锚点的同时移动锚点**

使用钢笔工具 ✐ 在画板上单击创建锚点后，保持鼠标按键的按下状态，按住键盘中的空格键，然后拖动鼠标，即可重新定位锚点的位置。

### 4.3.2 实例演练：绘制曲线

使用钢笔工具 ✐ 绘制曲线时，需要在曲线改变方向的位置添加一个锚点，然后拖动方向点，方向线的长度和斜度决定了曲线的形状。

❶使用钢笔工具 ✐ 在画板中单击并拖动鼠标，定义第一个锚点，同时拉出方向线，如图4-35所示。如果按住Shift键，则可将方向线的角度限制为45°的倍数。

❷将光标放在其他位置，如果要创建"C"形曲线，可向前一条方向线的相反方向拖动鼠标，如图4-36所示；如果要创建"S"形曲线，可按照与前一条方向线相同的方向拖动鼠标，如图4-37所示。

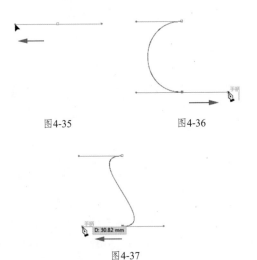

图4-35    图4-36

图4-37

❸继续在不同的位置单击并拖动鼠标可以创建一系列平滑的曲线。绘制曲线时，应使用尽可能少的锚点来创建曲线，以便更容易编辑曲线，并且系统可更快速显示和打印它们。过多的锚点会在曲线中造成不必要的突起。

## 4.3.3 实例演练：绘制转角曲线

❶按下Ctrl+N快捷键，打开"新建文档"对话框，创建一个A4大小的文档，如图4-38所示。执行"视图>显示网格"命令，显示网格，如图4-39所示。执行"视图>智能参考线"命令，启用智能参考线。单击工具箱底部的□按钮，将填充颜色设置为无，如图4-40所示。

图4-38

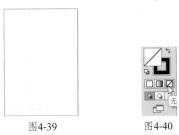

图4-39    图4-40

❷选择钢笔工具 ✐，将光标放在网格点上，单击并拖动鼠标创建第一个平滑点，如图4-41所示；在另外一处位置按住Shift键单击并向下拖动鼠标创建第二个平滑点，如图4-42所示；在如图4-43所示的位置单击，创建一个角点。

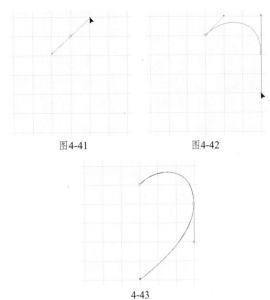

图4-41    图4-42

4-43

❸在左侧对称的位置单击并向上拖动鼠标，创建平滑点，如图4-44所示；将光标放在路径起始处的锚点上，如图4-45所示，单击并向斜上方拖动鼠标，封闭路径，如图4-46所示。

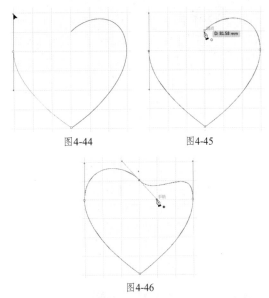

图4-44    图4-45

图4-46

❹将光标放在位于下方的方向点上，按住Alt 键（切换为转换锚点工具 ▷）向上拖动方向点，如图4-47所示。按住Ctrl键在画板外侧的空白处单击，完成心形的绘制，如图4-48所示。

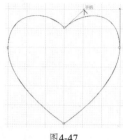

图4-47

图4-48

图4-53

图4-54

### 4.3.4 实例演练：在曲线后面绘制直线

❶用钢笔工具在画板中单击并拖动鼠标，定义第一个锚点，如图4-49所示，将光标放在右侧位置，单击并拖动鼠标绘制一条曲线，如图4-50所示。

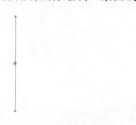

图4-49

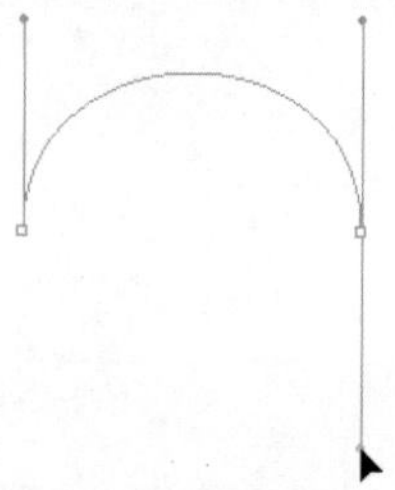

图4-50

❷将钢笔工具 � 定位在路径的端点上，如果放置的位置正确，钢笔工具旁会出现一个转换点图标 �，如图4-51所示，单击锚点，将该平滑点转换为角点，如图4-52所示。

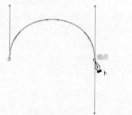

图4-51

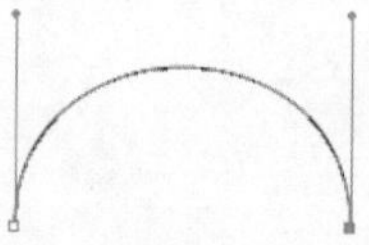

图4-52

❸在其他位置单击（不要拖动鼠标），即可在曲线后面绘制直线，如图4-53所示。在路径起始处的锚点上单击，封闭路径使之成为扇面图形，如图4-54所示。

### 4.3.5 实例演练：在直线后面绘制曲线

❶使用钢笔工具 � 绘制一段直线，如图4-55所示。将光标放在最后一个锚点上（光标会变为 � 状），如图4-56所示。

图4-55

图4-56

❷单击并拖动鼠标，拖出一条方向线，它决定了下一条曲线段的斜度，如图4-57所示。

图4-57

❸在其他位置单击或单击并拖动鼠标，即可在直线后面绘制曲线，如图4-58、图4-59所示。

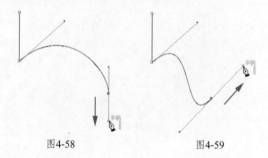

图4-58

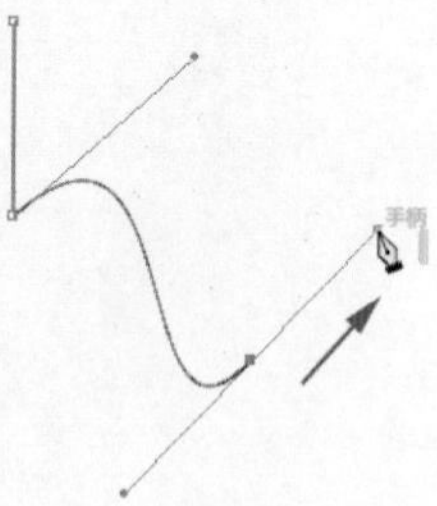

图4-59

## 4.4 编辑路径和锚点

在Illustrator中绘图时，用户可以根据需要随时修改矢量对象，如锚点、路径、矢量形状等。

## 4.4.1 实例演练：选择与移动锚点

❶打开光盘中的素材文件。选择直接选择工具 ▶，将光标放在路径上，检测到锚点时会显示一个较大的方块，且光标变为 ▶。状，如图4-60所示，此时单击即可选择该锚点，选中的锚点显示为实心方块，未选中的锚点显示为空心方块，如图4-61所示。

图4-60　　　　　　图4-61

❷按住Shift键单击其他锚点，可以选择多个锚点，如图4-62所示。按住Shift键单击被选中的锚点，则会取消对该锚点的选择。在锚点上单击将其选择后，按住鼠标按键不放并拖动鼠标，即可移动锚点，如图4-63所示。

图4-62　　　　　　图4-63

❸使用直接选择工具 ▶ 在锚点周围单击并拖出一个矩形选框，如图4-64所示，可以选择矩形框内的所有锚点，如图4-65所示。

图4-64　　　　　　图4-65

❹如果要选择一个非矩形区域内的多个锚点，可以使用套索工具 ▶。围绕锚点单击并拖动鼠标绘制一个选区，将选区内的锚点选中，如图4-66、图4-67所示。

图4-66　　　　　　图4-67

❺如果要添加选择锚点，可按住Shift键在其他锚点上绘制选区（光标变为 ▶+ 状），如图4-68、图4-69所示。如果要取消一部分锚点的选择，可按住Alt键在被选择的锚点上绘制选区（光标变为 ▶- 状）。如果要取消所有锚点的选择，可在远离对象的位置单击。

图4-68　　　　　　图4-69

💡提示

如果路径进行了填充，使用直接选择工具 ▶ 在路径内部单击，可以选中所有锚点。选择锚点或路径后，按下→、←、↑、↓键可以轻移所选对象；如果同时按下方向键和Shift键，则会以原来的10倍距离轻移对象；按下Delete键，可删除所选锚点或路径。

## 4.4.2 实例演练：用整形工具移动锚点

❶打开光盘中的素材文件。使用直接选择工具 ▶ 选择锚点，如图4-70所示。选择整形工具 ⟍，在锚点上单击并拖动鼠标即可调整锚点的位置，如图4-71所示。

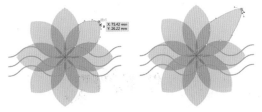

图4-70　　　　　　图4-71

❷调整曲线路径时，整形工具 与直接选择工具 有很大的区别。例如，用直接选择工具 移动曲线的端点时，只影响该锚点一侧的路径段，如图4-72所示。而用选择工具 选择图形，如图4-73所示，然后再用整形工具 移动锚点，则可以拉伸整条曲线，如图4-74、图4-75所示。

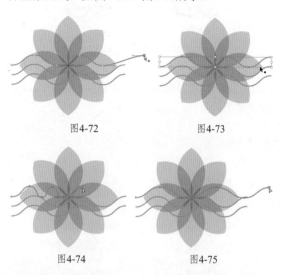

图4-72                图4-73

图4-74                图4-75

### 4.4.3 实例演练：选择与移动路径段

❶打开光盘中的素材文件。选择直接选择工具 ，将光标放在路径上，光标会变为 状，如图4-76所示，单击即可路径段，如图4-77所示。按住Shift键单击其他路径段可以选择多个路径段，按住Shift键单击被选中的路径段，则会取消对它的选择。

图4-76

图4-77

❷使用直接选择工具 单击路径段后，按住鼠标按键不放，同时拖动鼠标，即可移动路径段，如图4-78所示。

图4-78

❸选择套索工具 ，在路径段的周围拖动鼠标绘制选区，可以选择路径段，如图4-79所示。按住Shift键可以添加或者从选择范围内减去路径段。

图4-79

### 4.4.4 实例演练：调整方向线和方向点

❶打开光盘中的素材文件。使用直接选择工具 单击路径，如图4-80所示。单击曲线上的锚点，将其选择，如图4-81所示。

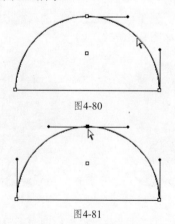

图4-80

图4-81

❷将光标放在方向点上，单击并拖动鼠标调整方向线的方向和长度。当方向线较短时，曲线的弧度较小，如图4-82所示；方向线越长，曲线的弧度越

大，如图4-83所示。

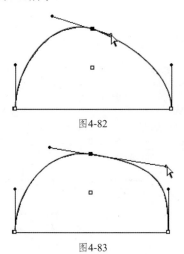

图4-82

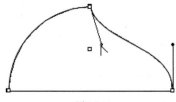

图4-83

❸从上面两图中可以看到（如图4-82、图4-83所示），使用直接选择工具 ⬚ 移动平滑点中的一条方向线，可同时调整该点两侧的路径段。选择转换锚点工具 ⬚，移动平滑点中的一条方向线，则只调整与该方向线同侧的路径段，如图4-84所示。

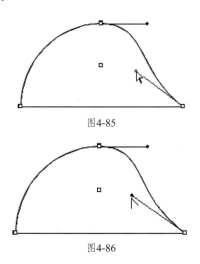

图4-84

❹使用直接选择工具 ⬚ 和转换锚点工具 ⬚ 移动角点的方向线，如图4-85、图4-86所示。可以看到，这两个工具都只影响与该方向线同侧的路径段。

图4-85

图4-86

### 实用技巧

**调整锚点和控制手柄的大小**

执行"编辑>首选项>选择和锚点显示"命令，在打开的"首选项"对话框中可以调整锚点和控制手柄的大小。

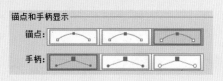

### 实用技巧

**显示和隐藏方向线**

当编辑锚点和路径时，有时可能需要查看方向线，而其他时候方向线又可能会妨碍我们的工作，在这种情况下可以通过控制面板显示或隐藏锚点的方向线。使用直接选择工具 ⬚ 选择锚点，单击控制面板中的显示多个选定锚点的手柄按钮 ⬚，即可同时显示这些锚点的方向线。单击隐藏多个选定锚点的手柄按钮 ⬚，则隐藏它们的方向线。该方法只用于控制多个锚点，对于单个锚点，则总是显示方向线。

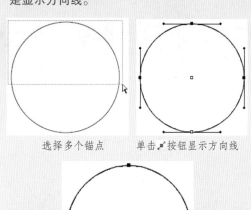

选择多个锚点　　单击 ⬚ 按钮显示方向线

单击 ⬚ 按钮隐藏方向线

## 4.4.5 实例演练：转换平滑点与角点

❶打开光盘中的素材文件，如图4-87所示。使用直接选择工具 ▶ 单击路径，如图4-88所示。

❷选择转换锚点工具 ▶，将光标放在角点上，如图4-89所示，单击并向外拖出方向线，即可将其转换为平滑点，如图4-90所示。

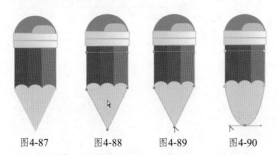

图4-87　　　图4-88　　　图4-89　　　图4-90

❸按住Ctrl键切换为直接选择工具 ▶，在平滑点上单击，选择锚点，如图4-91所示。放开Ctrl键，恢复为转换锚点工具 ▶，在所选平滑点上单击，即可将其转换成没有方向线的角点，如图4-92、图4-93所示。

❹如果要将平滑点转换成具有独立方向线的角点，可单击并拖动任意方向点，如图4-94所示。

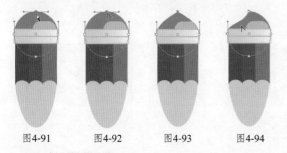

图4-91　　　图4-92　　　图4-93　　　图4-94

> 💡提示
>
> 　　控制面板中包含可以转换锚点的选项。如果要将一个或多个角点转换为平滑点，可以选择这些锚点，然后单击控制面板中的将所选锚点转换为平滑按钮 ▔。如果要将一个或多个平滑点转换为角点，可以选择这些锚点，然后单击控制面板中的将所选锚点转换为尖角按钮 ▶。使用控制面板中的锚点转换选项前，应选择相关的锚点，而不是选择整个对象。如果选择了多个对象，则其中的某个对象必须是仅部分被选择。当选择全部对象时，控制面板选项将影响整个对象。

### 实用技巧

### 使用钢笔工具转换锚点类型

　　使用钢笔工具 ✎ 绘制路径的过程中，将光标放在最后一个锚点上，光标会变为 ▶ 状。如果该锚点是平滑点，单击鼠标可以将其转换为角点，单击并拖动鼠标，则可改变曲线的形状；如果该锚点是角点，则单击并拖动鼠标可拖出一个方向线，该方向线的方向决定了下一段路径的走向。

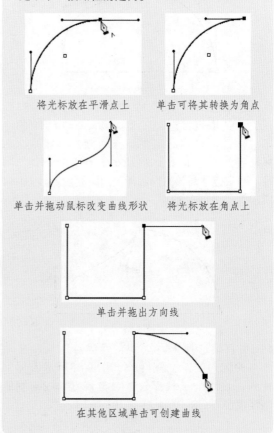

将光标放在平滑点上　　单击可将其转换为角点

单击并拖动鼠标改变曲线形状　　将光标放在角点上

单击并拖出方向线

在其他区域单击可创建曲线

## 4.4.6 实例演练：添加与删除锚点

　　添加锚点可以增强对路径的控制，也可以扩展开放式路径。但最好不要添加多余的点。点数较少的路径更加平滑，也易于编辑、显示和打印。删除不必要的点可以降低路径的复杂性。

❶打开光盘中的素材文件，如图4-95所示。使用直接选择工具 ▶ 选择路径，如图4-96所示。

❷执行"对象>路径>添加锚点"命令，可以在每两个锚点的中间添加一个新的锚点，如图4-97所示。

❸使用添加锚点工具 在路径上单击，可以添加一个锚点，如图4-98所示。使用删除锚点工具 在锚点上单击，则可删除锚点，如图4-99、图4-100所示。

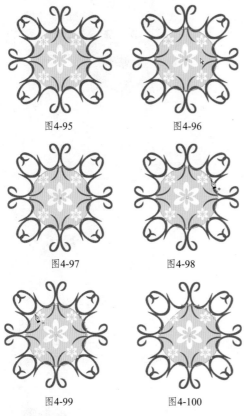

图4-95          图4-96

图4-97          图4-98

图4-99          图4-100

 实用技巧

**使用钢笔工具添加和删除锚点**

选择路径后，将钢笔工具 放在路径上方时，它会自动变成添加锚点工具 ，此时单击即可在路径上添加锚点。将钢笔工具 放在锚点上方时，它又会变成删除锚点工具 ，此时单击锚点则可删除锚点。如果要停用该功能，可以执行"编辑>首选项>常规"命令，打开"首选项"对话框，选择"停用自动添加/删除"选项。

提示

使用直接选择工具 选择锚点或路径段后，按下Delete键可将其删除，如果是闭合式路径，删除锚点后会变为开放式路径。再次按下Delete键，可删除路径的其余部分。执行"编辑>剪切"和"编辑>清除"命令删除锚点，会删除该锚点以及连接到该锚点的路径段。

**4.4.7** 均匀分布锚点

如果要让多个锚点均匀分布，可以将它们选择（这些锚点可分别属于不同的路径），如图4-101所示，执行"对象>路径>平均"命令，打开"平均"对话框进行设置，如图4-102所示。

图4-101          图4-102

● 水平：可将选择的锚点沿同一水平轴均匀分布，如图4-103所示。

● 垂直：可将选择的锚点沿同一垂直轴均匀分布，如图4-104所示。

图4-103          图4-104

● 两者兼有：可将选择的锚点沿同一水平轴和垂直轴均匀分布，即锚点集中于一点，如图4-105所示。

图4-105

**4.4.8** 清理游离点

游离点是与图形无关的单独的锚点。例如，没有彻底删除图形时，就会残留游离点，它会妨碎我们绘制和编辑图形。执行"选择>对象>游离点"命令，可以选择游离点，选择后，可按下键盘上的 Delete 键将其删除。

### 4.4.9 平滑路径

选择对象，如图4-106所示，使用平滑工具，在路径上单击并拖动鼠标即可进行平滑处理，如图4-107所示。反复拖动鼠标可以使路径变得更加平滑，如图4-108所示。如果要修改平滑量，可以双击平滑工具，打开"平滑工具选项"对话框进行设置，如图4-109所示。

图4-106　　　　图4-107

图4-108　　　　图4-109

- 保真度：用来控制必须将鼠标移动多大距离，Illustrator 才会向路径添加新的锚点。例如，保真度值为2.5，表示小于2.5像素的工具移动将不生成锚点。保真度的范围可介于0.5至20像素之间，该值越大，路径越平滑，复杂程度越小。

- 平滑度：用来控制使用工具时Illustrator应用的平滑量。平滑度的值介于0%至100%之间，该值越大，路径越平滑。

### 4.4.10 简化路径

简化路径可以删除额外的锚点，并且尽量保持路径的外形。删除不需要的锚点可简化图稿，减小文件大小，使显示和打印速度更快，曲线也会更加易于编辑。

选择路径，如图4-110所示，执行"对象>路径>简化"命令，打开"简化"对话框，如图4-111所示。

图4-110

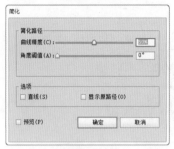

图4-111

- 曲线精度：用来设置简化后的路径与原始路径的接近程度。该值越大，简化后的路径与原始路径的形状越接近，但锚点数量较多，如图4-112所示；该值越小，锚点的数量越少，路径的简化程度越高，如图4-113所示。

图4-112　　　　图4-113

- 角度阈值：用来控制角的平滑度。如果角点的角度小于角度阈值，将不会改变角点；如果角点的角度大于该值，则会被简化掉。

- 直线：在对象的原始锚点间创建直线。如果角点的角度大于"角度阈值"中设置的值，将删除角点，如图4-114所示。

- 显示原路径：在简化的路径背后显示原始路径，以方便我们进行对比，如图4-115所示。

- 预览：选择该选项，可以在文档窗口中预览路径的简化结果。

图4-114

图4-115

## 4.4.11 偏移路径

偏移路径是指从所选路径中复制出一条新的路径。当要创建同心圆或制作相互之间保持固定间距的多个对象副本时，偏移对象特别有用。

选择一条路径，如图4-116所示，执行"对象>路径>偏移路径"命令，打开"偏移路径"对话框，如图4-117所示。

图4-116

图4-117

- 位移：用来设置新路径的偏移距离。该值为正值时，新生成的路径向外扩展；该值为负值时，新路径向内收缩。
- 连接：用来设置拐角处的连接方式，包括"斜接"、"圆角"和"斜角"，如图4-118~图4-120所示。

斜接
图4-118

圆角
图4-119

斜角
图4-120

- 斜接限制：用来控制角度的变化范围，该值越大，角度变化越大。

## 4.4.12 实例演练：连接路径

❶打开光盘中的素材文件。将钢笔工具放在开放式路径的一个端点上，光标会变为状，如图4-121所示，单击鼠标，然后再将光标放在另一个端点上，光标会变为状，如图4-122所示，此时单击即可将两个锚点连接，从而封闭路径，如图4-123所示。

❷将钢笔工具放在一条开放式路径的端点上，如图4-124所示，单击鼠标，然后再将光标放在另一条开放式路径的端点上，光标会变为状，如图4-125所示，此时单击鼠标可它们连接成为一条路径，如图4-126所示。

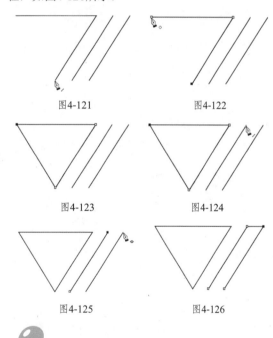
图4-121　　图4-122
图4-123　　图4-124
图4-125　　图4-126

**提示**

使用直接选择工具选择路径的两个端点（可以是一条路径的端点，也可以是两条路径的端点），单击控制面板中的连接所选终点按钮即可连接端点。此外，执行"对象>路径>连接"命令，也可以连接所选端点。

## 4.4.13 实例演练：用剪刀工具裁剪路径

❶打开光盘中的素材文件，如图4-127所示。使用

直接选择工具 ▸ 选择路径，如图4-128所示。

❷使用剪刀工具 ✂ 在路径上单击可以剪断路径，如图4-129所示。用直接选择工具 ▸ 将锚点移开，可观察到路径的断开效果，如图4-130所示。

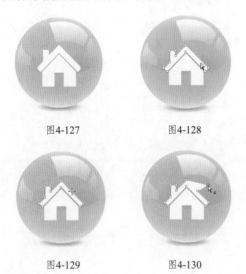

图4-127　　　　　　图4-128

图4-129　　　　　　图4-130

 实用技巧

**在所选锚点处剪断路径**

　　使用直接选择工具 ▸ 选择锚点，单击控制面板中的 ✄ 按钮，可在当前锚点处剪断路径，原锚点会变为两个，其中的一个位于另一个的正上方。

### 4.4.14　实例演练：用刻刀工具裁切路径

❶打开光盘中的素材文件，如图4-131所示。

❷使用刻刀工具 ✐ 在图形上单击并拖动鼠标，可以将图形裁切开，如图4-132所示。如果是开放式的路径，经过裁切后会成为闭合式路径。用编组选择工具 ▸ 将图形移开，如图4-133所示。

图4-131　　图4-132　　图4-133

 实用技巧

**用图形分割图形**

　　使用刻刀工具 ✐ 分割图形时，光标移动的路线决定了分割形状，因此，很难精确地控制分割结果。在此情况下，可以创建一条路径或者一个图形，将它选择并放在要分割的对象上面，然后执行"对象>路径>分割下方对象"命令，用所选对象分割它下面的对象。

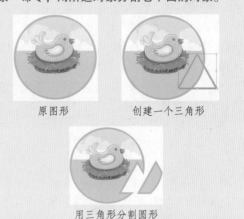

原图形　　　　　　创建一个三角形

用三角形分割圆形

### 4.4.15　实例演练：用路径橡皮擦工具擦除路径

❶打开光盘中的素材文件，如图4-134所示。使用选择工具 ▸ 选择一个图形，如图4-135所示。

❷选择路径橡皮擦工具 ✐，在路径上涂抹即可擦除路径，如图4-136、图4-137所示。

图4-134　　　　　　图4-135

图4-136　　　　　　图4-137

闭合的路径经过擦除后会变为开放式路径。图形中的路径经过多次擦除后，剩余的部分会变成各自独立的路径。如果要将擦除的部分限定为一个路径段，可以先选择该路径段，再使用路径橡皮擦工具擦除。

## 4.4.16 实例演练：用橡皮擦工具擦除路径

橡皮擦工具 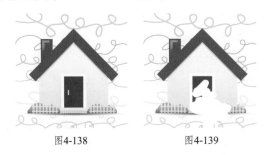 可以擦除图形的任何区域，不管它们是否属于同一对象或是否在同一图层。该工具可以擦除的对象包括路径、复合路径、实时上色组内的路径和剪贴路径。

❶打开光盘中的素材文件，如图4-138所示。

❷使用橡皮擦工具 在图形上涂抹可擦除对象，如图4-139所示。按住 Shift 键操作，可以将擦除方向限制为水平、垂直或对角线方向。

图4-138　　　　图4-139

❸按住Alt 键单击并拖动鼠标可绘制出一个矩形区域，并擦除该区域内的图形，如图4-140所示。

图4-140

## 4.4.17 将图形分割为网格

打开一个文件，如图4-141所示。选择图形，执行"对象>路径>分割为网格"命令，打开"分割为网格"对话框设置矩形网格的大小和间距，可以将图形分割为网格，如图4-142、图4-143所示。

图4-141

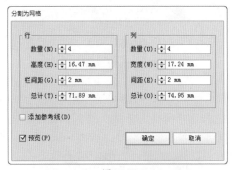

图4-142

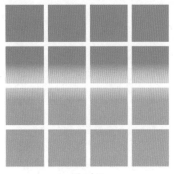

图4-143

# 4.5 透视图

在Illustrator中，用户可以在透视模式下绘制图稿，通过透视网格的限定，可在平面上呈现立体场景，就像我们肉眼所见的那样自然。例如，道路或铁轨看上去像在视线中相交或消失一般。

### 4.5.1 认识透视网格

选择透视网格工具 ▦，或执行"视图>透视网格>显示网格"命令，即可显示透视网格，如图4-144所示。与此同时，画板左上角还会出现一个平面切换构件，如图4-145所示。我们要在哪个透视平面绘图，需要先单击该构件上面的一个网格平面。如果要隐藏透视网格，可以执行"视图>透视网格>隐藏网格"命令。

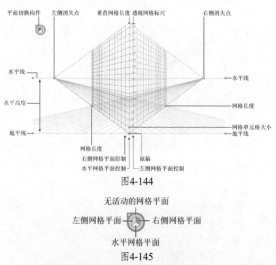

图4-144

图4-145

选择透视网格工具 ▦，透视网格中会出现圆点和菱形方块状的控制点，如图4-146所示，拖动控制点可以移动网格，如图4-147所示。

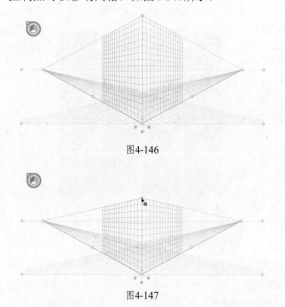

图4-146

图4-147

使用键盘快捷键 1（左平面）、2（水平面）和 3（右平面）可以切换活动平面。此外，平面切换构件可以放在屏幕四个角中的任意一角。如果

要修改它的位置，可双击透视网格工具 ▦，在打开的对话框中设定。

Illustrator还提供了预设的一点、两点和三点透视，如图4-148~图4-150所示。执行"视图>透视网格"下拉菜单中的命令可以显示这几种透视网格。

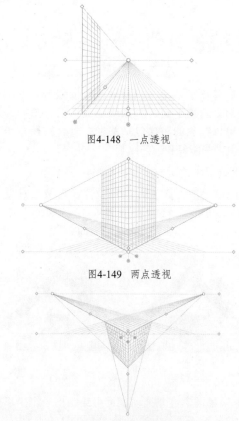

图4-148　一点透视

图4-149　两点透视

图4-150　三点透视

### 4.5.2 实例演练：在透视中绘制对象

❶按下Ctrl+N快捷键，新建一个空白文档。执行"视图>透视网格>显示网格"命令，在画板中显示透视网格，如图4-151所示。

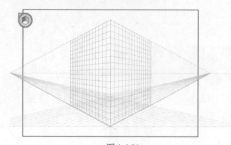

图4-151

②执行"窗口>色板库>渐变>明亮"命令，打开该渐变库。选择黄绿色渐变，如图4-152所示。按下X键，将描边设置为当前状态，单击工具箱底部的⊠按钮，设置描边颜色为无，如图4-153所示。

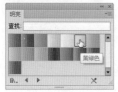

图4-152　　　　　　图4-153

③执行"视图>智能参考线"命令，启用智能参考线，以便使对象能更好地对齐到网格上。选择矩形工具 ▭，在画板中创建矩形，它会自动对齐到透视网格的网格线上，如图4-154所示。

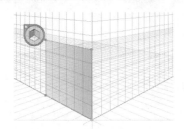

图4-154

④单击右侧网格平面，如图4-155所示，再创建一个矩形，如图4-156所示。

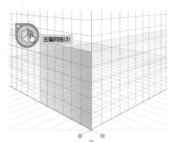

图4-155

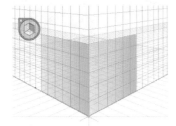

图4-156

⑤单击水平网格平面，如图4-157所示，在顶部创建矩形，组成一个立方体，如图4-158所示。执行"视图>透视网格>隐藏网格"命令隐藏网格，效果如图4-159所示。

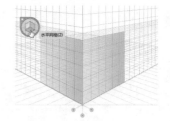

图4-157

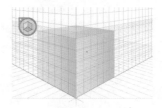

图4-158

图4-159

⑥执行"窗口>渐变"命令，打开"渐变"面板。使用选择工具 ▸ 单击右侧的矩形，设置它的渐变角度为180°，如图4-160所示。选择顶部的矩形，设置它的渐变角度为-90°，如图4-161所示。

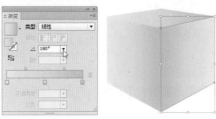

图4-160

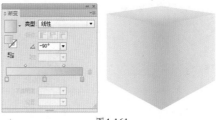

图4-161

　　如果已经创建了对象，可将其选择，然后执行"对象>透视>附加到现用平面"命令，将对象附加到透视网格上。

### 4.5.3 实例演练：在透视中引进对象

❶打开光盘中的素材文件，如图4-162所示。执行"视图>透视网格>显示网格"命令，显示透视网格。单击左侧网格平面，如图4-163所示。

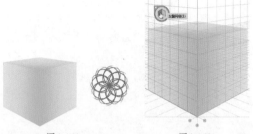

图4-162　　　　　　图4-163

❷使用透视选区工具 ▶ 单击花纹图形，如图4-164所示，按住Alt键拖动它，将其复制到立方体左侧面的矩形上，对象的外观和大小会发生改变，如图4-165所示。

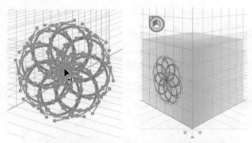

图4-164　　　　　　图4-165

❸单击右侧网格平面，如图4-166所示，使用透视选区工具 ▶ 按住Alt键单击并拖动花纹图形，在立方体右侧面上复制一个花纹，如图4-167所示。

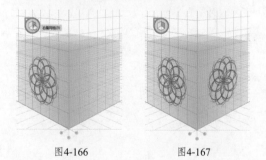

图4-166　　　　　　图4-167

❹单击水平网格平面，如图4-168所示，采用同样的方法在立方体顶部复制一个花纹，如图4-169所示。

❺使用选择工具 ▶ 按住Alt+Shift键拖动定界框上的控制点，将花纹放大，如图4-170所示。按下Shift+Ctrl+I快捷键隐藏透视网格，效果如图4-171所示。

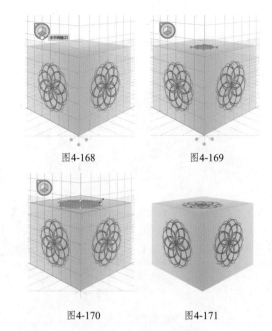

图4-168　　　　　　图4-169

图4-170　　　　　　图4-171

#### 相关知识链接

定界框是图形的边界框，定界框上的控制点可以调整图形大小，也可旋转和扭曲图形。关于定界框的更多内容，请参阅"7.1.9 实例演练：通过定界框变换对象"。

### 4.5.4 实例演练：在透视中变换对象

❶打开光盘中的素材文件，如图4-172所示。按下Shift+Ctrl+I快捷键显示透视网格。单击右侧网格平面，如图4-173所示，使用透视选区工具 ▶ 将图形拖动到透视网格中，如图4-174所示。

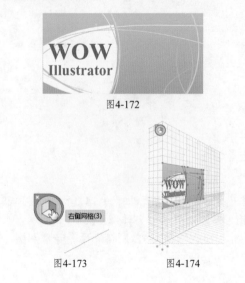

图4-172

图4-173　　　　　　图4-174

❷将光标放在图形右下角的控制点上，如图4-175所示，按住Shift键拖动鼠标，将图形等比放大，如图4-176所示。

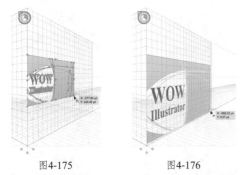

图4-175　　　　　　　图4-176

❸使用编组选择工具 在文字上双击，选择文字，如图4-177所示。选择透视选区工具 ，单击并拖动文字可以移动它的位置，如图4-178所示。所有操作都会在透视状态下完成。

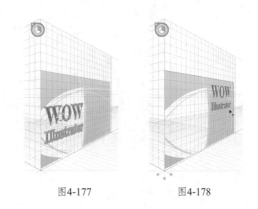

图4-177　　　　　　图4-178

### 4.5.5　使用透视释放对象

如果要释放带透视视图的对象，可以执行"对象>透视>通过透视释放"命令，所选对象就会从相关的透视平面中释放，并可作为正常图稿使用。该命令不会影响对象外观。

提示

如果要在透视中绘制或加入与现有对象具有相同高度或深度的对象，可在透视中选择现有对象，然后执行"对象>透视>移动平面以匹配对象"命令，使相应的网格达到所需高度和深度，然后便可在透视中绘制或添加对象。

## 4.6　图像描摹

图像描摹功能可以基于打开或置入到Illustrator中的位图图像生成矢量图形，并且我们还可以控制细节级别和填色方式。

### 4.6.1　实例演练：描摹位图图像

❶打开光盘中的位图素材文件，如图4-179所示。使用选择工具 选择图像。

图4-179

❷单击"控制"面板中的"图像描摹"按钮，或执行"对象>图像描摹>建立"命令，可按照预设的要求自动描摹图像，如图4-180所示。在描摹的过程中，会弹出一个对话框显示描摹进度。

图4-180

❸保持对象的选择状态，在控制面板中单击"预设"选项右侧的 按钮，在下拉列表中可以选择其他描摹样式，从而修改描摹结果，如图4-181、图4-182所示。

图4-181 　　　　　图4-182

如果要在描摹对象的同时转换描摹对象，可以执行"对象>图像描摹>建立并扩展"命令。需要注意的是，转换为路径后，将不能再调整描摹选项。

## 4.6.2 "图像描摹"面板

执行"窗口>图像描摹"命令，打开"图像描摹"面板，如图4-183所示。"图像描摹"面板用于控制描摹样式、描摹程度和视图效果。

图4-183

● 预设：可以使用预设的样式描摹图像。这些样式包括"默认"、"简单描摹"、"6色"、"16色"等，如图4-184所示。单击该选项右侧的 按钮，可以将当前的设置选项保存为一个描摹预设。以后要使用该预设描摹对象时，可在"预设"下拉列表中进行选择。

默认

高保真度照片

低保真度照片　　　　3色

6色　　　　　16色

灰阶　　　　　黑白徽标

素描图稿　　　　剪影

线稿图　　　　技术绘图

图4-184

● 视图：描摹对象由原始图像（位图图像）和描摹结果（矢量图稿）两个部分组成。默认情况下，我们只能看描摹结果。如果想要查看矢量轮廓或源图像，可以选择对象，然后在该选项的下拉列表中选择相应的选项，效果如图4-185所示。

描摹结果

描摹结果（带轮廓）

轮廓

轮廓（带源图像）

图像

图4-185

- 模式：可以指定描摹结果的颜色状态，包括"彩色"、"灰度"和"黑白"。

- 阈值：指定从原始图像生成黑白描摹结果的值，所有比该值亮的像素会转换为白色，比该值暗的像素转换为黑色。该选项仅在"模式"设置为"黑白"时可用。

- 调板：指定用于从原始图像生成彩色或灰度描摹的调板。该选项仅在"模式"设置为"彩色"或"灰度"时可用。

- 颜色：设置在颜色或灰度描摹结果中使用的最大颜色数。该选项仅在"模式"设置为"彩色"或"灰度"且"调板"设置为"自动"时可用。

### 4.6.3 扩展描摹对象

选择实时描摹的对象，如图4-186所示，单击控制面板中的"扩展"按钮，可以将它转换为矢量图形。图4-187所示为扩展后选择的部分路径段。如果想要在描摹对象的同时自动扩展对象，可以执行"对象>图像描摹>建立并扩展"命令。

图4-186

图4-187

### 4.6.4 释放描摹对象

描摹图像后，如果希望放弃描摹但保留置入的原始图像，可以选择描摹的对象，然后执行"对象>图像描摹>释放"命令。

功能篇

第 5 章

颜色与绘画

## 5.1 填色与描边

填色是指在开放或闭合的路径内部填充颜色、渐变或图案。描边是指将路径设置为可见的轮廓。创建路径或形状等矢量对象后，可以随时修改它的填色和描边内容。

### 5.1.1 填色与描边的设定

在Illustrator中选择一个对象时，它的填色和描边属性会同时出现在工具箱和控制面板中，如图5-1所示。此外，工具箱中还包含一组填色和描边控制按钮，如图5-2所示。

图5-1

图5-2

- 填色▢：如果要修改填色内容，可单击该按钮，如图5-3所示，将填色设置为当前编辑状态，再使用"色板"、"颜色"或其他面板操作，如图5-4、图5-5所示。

图5-3

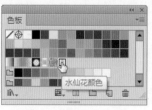

图5-4

图5-5

- 描边▢：如果要修改描边内容，可单击该按钮，将描边设置为当前编辑状态，如图5-6所示，再使用"色板"等面板操作，如图5-7、图5-8所示。

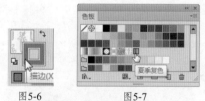

图5-6          图5-7

图5-8

- 互换填色和描边↰：单击该按钮（快捷键为Shift+X），可互换对象的填色和描边内容，如图5-9所示。

- 默认填色和描边▣：单击该按钮，可以将所选对象恢复为默认的填色和描边，即白色填色，黑色描边，如图5-10所示。

图5-9

图5-10

- 颜色□：单击该按钮，可以使用上次选择的纯色进行填色或描边。

- 渐变□：单击该按钮，可以使用上次选择的渐变进行填色或描边。

- 无□：单击该按钮，可删除所选对象的填色或描边。

## 5.1.2 "描边"面板

　　"描边"面板用来控制描边粗细、描边对齐方式、斜接限制及线条连接和线条端点的样式。此外，还可以将线条设置为虚线，控制虚线的次序及添加箭头等，如图5-11所示。

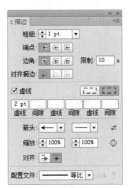

图5-11

- 粗细：用来设置描边线条的宽度，该值越大，描边越粗。

- 端点：可以设置开放式路径两个端点的形状，如图5-12所示。按下平头端点按钮，路径会在终端锚点处结束，如果要准确对齐路径，该选项非常有用；按下圆头端点按钮，路径末端呈半圆形圆滑效果；按下方头端点按钮，会向外延长到描边"粗细"值一半的距离结束描边。

按下平头端点按钮

按下圆头端点按钮

按下方头端点按钮

图5-12

- 边角：用来设置直线路径中边角处的连接方式，包括斜接连接、圆角连接、斜角连接，如图5-13所示。

斜接连接

圆角连接

斜角连接

图5-13

- 限制：用来设置斜角的大小，取值范围为1~500。

- 对齐描边：如果对象是封闭的路径，可按下相应的按钮来设置描边与路径对齐的方式，包括使描边居中对齐、使描边内侧对齐、使描边外侧对齐，如图5-14所示。

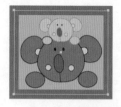
使描边居中对齐

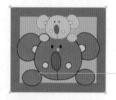
使描边内侧对齐

使描边外侧对齐

图5-14

● 虚线：选择图形，勾选"虚线"选项，在下面的"虚线"文本框中设置虚线线段的长度，在"间隙"文本框中设置虚线线段的间距，即可用虚线描边路径，如图5-15、图5-16所示。按下 ▢▢ 按钮，可以保留虚线和间隙的精确长度，如图5-17所示；按下 ▢▢ 按钮，可以使虚线与边角和路径终端对齐，并调整到适合的长度（如图5-16所示）。

图5-15

图5-16

图5-17

● 在"箭头"选项中可以为路径的起点和终点添加箭头，如图5-18、图5-19所示。单击 ⇄ 按钮，可互换起点和终端箭头。如果要删除箭头，可在"箭头"下拉列表中选择"无"选项。

● 在"缩放"选项中可以调整箭头的缩放比例，按下 ▨ 按钮，可同时调整起点和终点箭头的缩放比例。

● 按下 ▸ 按钮，箭头会超过路径的末端，如图5-20所示；按下 ▸ 按钮，可以将箭头放置于路径的终点处（如图5-19所示）。

图5-18

图5-19

图5-20

● 配置文件：选择一个配置文件，可以让描边的宽度发生变化。单击 ◁▷ 按钮，可进行纵向翻转；单击 ▨ 按钮，可进行横向翻转。

### 实用技巧

#### 创建不同样式的虚线

创建虚线描边后，在"端点"选项中可修改虚线端点的外观。例如，按下 ▢ 按钮，可以创建具有方形端点的虚线；按下 ▢ 按钮，可以创建具有圆形端点的虚线；按下 ▢ 按钮，可以扩展虚线的端点。

方形端点

圆形端点

扩展虚线的端点

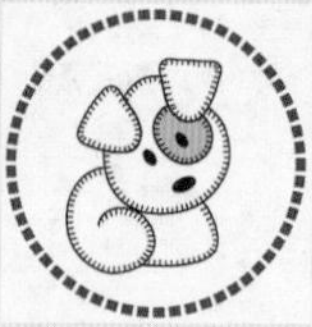

### 5.1.3 实例演练：用吸管工具拾取填色和描边

❶按下Ctrl+O快捷键，打开光盘中的素材文件，如图5-21所示。使用选择工具 ▶ 选择一个对象，如图5-22所示。

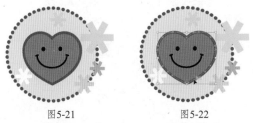

图5-21　　　　　图5-22

❷选择吸管工具 ✐ ，在另外一个对象上单击，如图5-23所示，即可拾取该对象的填色和描边属性并应用到所选对象上，如图5-24所示。

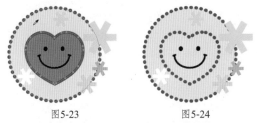

图5-23　　　　　图5-24

❸按住Ctrl键在画板外侧单击，取消选择。使用吸管工具 ✐ 在一个对象上单击，可拾取它的填色和描边属性，如图5-25所示，按住Alt键单击另一个对象，可以将拾取的属性应用到该对象中，如图5-26所示。

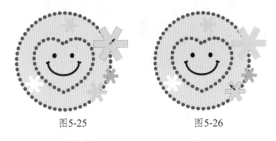

图5-25　　　　　图5-26

### 5.1.4 实例演练：用宽度工具调整描边宽度

❶打开光盘中的素材文件，如图5-27所示。选择宽度工具 ✎ ，将光标放在路径上，如图5-28所示，单击并拖动鼠标即可调整描边宽度，让其呈现粗细变化，如图5-29、图5-30所示。

❷拖动路径外侧的宽度点可以调整路径的宽窄，如图5-31所示。

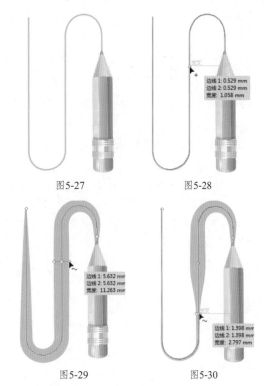

图5-27　　　　　图5-28

图5-29　　　　　图5-30

❸将光标放在路径上的宽度点上，如图5-32所示，单击并拖动鼠标可将其移动，如图5-33所示。单击一个宽度点，按下Delete键可将其删除，如图5-34所示。

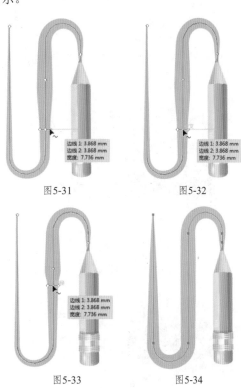

图5-31　　　　　图5-32

图5-33　　　　　图5-34

图5-35          图5-36

**提示**

　　按住Shift键单击多个宽度点，可将它们同时选择。按住Alt键拖动宽度点，可进行复制操作。

### 5.1.5 轮廓化描边

　　选择设置了描边的对象，如图5-35所示，执行"对象>路径>轮廓化描边"命令，可以将描边转换为闭合式路径，如图5-36所示。生成的路径会与原填色对象编组在一起，我们可以用编组选择工具  将其选择，再修改它的描边和填色内容，如图5-37所示。

图5-37

## 5.2 颜色设置工具

　　Illustrator提供了"拾色器"、"色板"面板、"颜色"面板、"颜色参考"面板、"Kuler"面板等众多颜色设置工具。用户可以根据绘图需要，使用其中的一种或多种工具设置填色和描边颜色。

### 5.2.1 实例演练：拾色器

❶双击工具箱或"颜色"面板中的填色或描边图标，如图5-38所示，可以打开"拾色器"，如图5-39所示。拖动色谱滑块可以调整颜色范围，如图5-40所示。

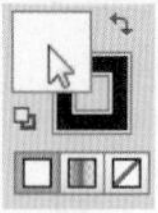

图5-38

图5-39

图5-40

❷如果要修改颜色的饱和度，可单击S（饱和度）单选钮，然后拖动色谱滑块进行调整，如图5-41所示。如果要修改颜色的明度，可单击B（亮度）单选钮，再拖动色谱滑块进行调整，如图5-42所示。

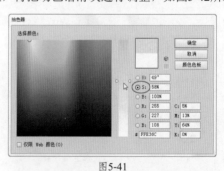

图5-41

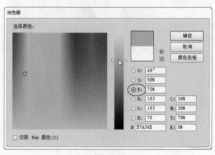

图5-42

❸单击"颜色色板"按钮，可查看颜色色板，如图5-43所示。拖动色谱滑块调整颜色范围，然后可以

在"颜色色板"列表内选择需要的颜色，如图5-44所示。如果要将对话框切换回色谱显示方式，可单击"颜色模型"按钮。

提示

　　在各个颜色模型的文本框中输入颜色值，可以精确定义颜色。在"#"文本框中，还可以输入一个十六进制值来定义颜色，例如，000000 为黑色，ffffff 为白色，ff0000 为红色。

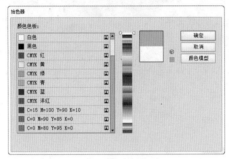

图5-43

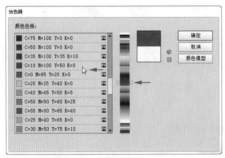

图5-44

❹对话框右上角有两个颜色块，上面的颜色块中显示的是当前设置的颜色，下面的颜色块中显示的是调整前的颜色，如图5-45所示。单击"确定"按钮关闭对话框，即可修改颜色，如图5-46所示。如果要放弃修改，可单击下方的颜色块，或单击"取消"按钮。

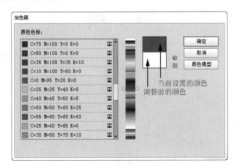

图5-45

图5-46

知识拓展

**溢色和非Web安全颜色**

　　如果当前设置的颜色无法使用CMYK油墨打印输出，就会在当前颜色右侧显示溢色警告 ⚠。它下面的颜色块是系统提供的与当前颜色最为接近的CMYK颜色，即可以打印的颜色，单击警告图标或颜色块，可以用颜色块中的颜色替换当前颜色。

　　Web 安全颜色是浏览器使用的216 种颜色，如果当前选择的颜色不能在网上准确显示，则会出现非Web安全色警告 ⬡。它下面的颜色块是系统提供的与当前颜色最为接近的Web安全颜色，单击警告图标或颜色块，可以用颜色块中的颜色替换当前颜色。也可以选择"拾色器"对话框中的"仅限Web颜色"选项，让色域中只显示Web安全色。

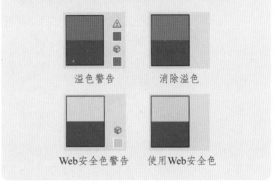

溢色警告　　　　消除溢色

Web安全色警告　使用Web安全色

## 5.2.2　实例演练："色板"面板

　　"色板"面板中包含了Illustrator预置的颜色（称为"色板"）、渐变和图案。它还可以保存用户自定义的颜色、渐变和图案。

❶打开光盘中的素材文件，如图5-47所示。使用选择工具 ▶ 选择对象，如图5-48所示。

图5-47　　　　　　图5-48

❷单击"色板"面板中的一个色板，即可将其应用到所选对象的填色（或描边）中，如图5-49、图5-50所示。

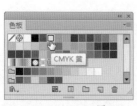

图5-49　　　　　　图5-50

❸使用选择工具 ▶ 选择另一个对象，如图5-51所示。单击"色板"面板底部的 ⬚ 按钮，弹出"新建色板"对话框，输入色板的名称，如图5-52所示，单击"确定"按钮，可将所选对象的填色保存到面板中，如图5-53所示。

图5-51

图5-52

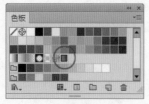

图5-53

❹为了方便用户，Illustrator还提供了大量的色板库、渐变库和图案库。单击"色板"面板底部的色板库菜单按钮 ⅢⅤ，在打开的下拉菜单中选择一个色板库，如图5-54所示，它就会出现在一个新的色板库面板中，如图5-55所示。单击该面板底部的 ◀ 按钮和 ▶ 按钮，可切换到相邻的色板库，如图5-56所示。

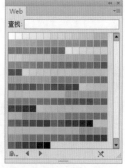

图5-54　　　　　　图5-55

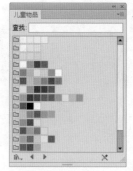

图5-56

实用技巧

**将文档中的颜色添加到"色板"面板**

　　如果要将文档中所有的颜色都添加到"色板"面板，首先要确保未选择任何内容，然后从"色板"面板菜单中选择"添加使用的颜色"命令。如果要将某些对象的颜色添加到"色板"面板，可以选择这些对象，再从"色板"面板菜单中选择"添加选中的颜色"命令。

保存文档中所有颜色

只保存所选的对象的颜色

## "色板"面板选项

在"色板"面板中，不同的图标代表了不同的色板，如图5-57所示。

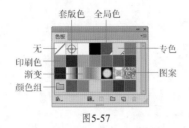

图5-57

- 无 ✐：单击该图标，可以删除所选对象的填色和描边。

- 套版色 ⊕：利用它填色或描边的对象可以从PostScript打印机进行分色打印。例如，套准标记使用"套版色"，这样印版可在印刷机上精确对齐。套版色色板是内置色板，不能删除。

- 印刷色：印刷色是使用四种标准的印刷色油墨组合成的颜色，这四种油墨为青色、洋红色、黄色和黑色。默认情况下，Illustrator会将新创建的色板定义为印刷色。

- 专色：专色是预先混合的用于代替或补充CMYK四色油墨的特殊油墨，如金属色油墨、荧光色油墨、霓虹色油墨等。

- 全局色：编辑全局色时，图稿中所有使用该颜色的对象都会自动更新。

- 渐变：渐变是两个颜色、多个颜色或多个色调之间的渐变混合。渐变色可以指定为 CMYK印刷色、RGB颜色或专色。

- 图案：图案是带有实色填色或不带填色的重复（拼贴）路径、复合路径和文本。

- 颜色组：颜色组是一组颜色，它可以包含印刷色、专色和全局印刷色，但不能包含图案、渐变、无或套版色色板。我们可以使用"颜色参考"面板或"重新着色图稿"对话框创建基于颜色协调的颜色组。如果要将现有色板放入到某个颜色组中，可以在"色板"面板中选择这些色板（按住Ctrl键单击色板）并单击新建颜色组按钮 ▢。

- 色板库菜单 ▣▾：单击该按钮，可以在打开的下拉菜单中选择一个色板库。

- 色板类型菜单 ▦▾：单击该按钮，在打开的下拉菜单中选择一个命令，可以在"色板"面板中单独显示颜色、渐变、图案、颜色组色板或显示所有色板，如图5-58、图5-59所示。

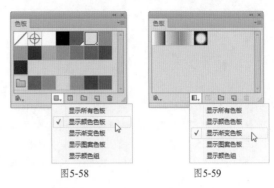

图5-58　　　　　图5-59

- 色板选项 ▤：单击该按钮，可以打开"色板"选项对话框。

- 新建颜色组 ▢：选择色板后，单击该按钮，可以打开"新建颜色组"对话框，输入颜色组的名称，然后单击"确定"按钮，便可以创建一个颜色组。

- 新建色板 ▥：单击该按钮，可以打开"新建色板"对话框，在对话框中输入颜色的名称，选择颜色的类型，设置颜色模式后，可以创建一个新的色板。

- 删除色板 🗑：可删除当前选择的色板。

### 实用技巧

**导入另一个文档中的色板**

如果要导入另一个文档中的所有色板，可以执行"窗口>色板库>其他库"命令，在打开的对话框中选择要从中导入色板的文件，然后单击"打开"按钮。导入的色板会显示在色板库面板（而不是"色板"面板）中。如果只想导入一个文档中的部分色板，可以打开该文档，选择包含色板颜色的对象，将其复制并粘贴到所需文档中即可，通过这种方式导入的色板会出现在"色板"面板中。

### 5.2.3 实例演练："颜色"面板

❶打开光盘中的素材文件，如图5-60所示。使用选择工具 ▶ 选择图形，如图5-61所示。

图5-60          图5-61

❷打开"颜色"面板。单击填色图标，拖动颜色滑块或在滑块右侧的文本框中输入颜色值，即可调整颜色，如图5-62所示。单击描边图标，再拖动颜色滑块或输入颜色值，可以调整描边颜色，如图5-63所示。

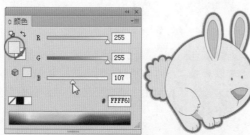 

图5-62

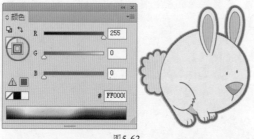

图5-63

❸将光标放在色谱上（光标变为 ✎ 状），单击并拖动鼠标可以拾取色谱中的颜色，如图5-64所示。如果要删除填色或描边颜色，可以单击面板左下角的 ⊘ 图标，如图5-65所示。

图5-64          图5-65

 实用技巧

**调整颜色的明度**

按住 Shift键拖动颜色滑块，可以移动与之关联的其他滑块（HSB 滑块除外），通过这种方式可以调整颜色的明度，得到更深或更浅的颜色。如果选择了一个全局色或专色，则直接拖动滑块便可以调整它的明度。

调出一种颜色          按住Shift键拖动滑块

相关知识链接

单击"颜色"面板右上角的 ▼≡ 按钮，在打开的面板菜单中可以选择一个颜色模式，包括灰度、RGB、HSB、CMYK、Web安全和RGB等，从而使用不同的颜色模型来定义颜色。关于这几种颜色模式的区别，请参阅"1.1.4 颜色模式"。

### 5.2.4 "颜色参考"面板

当我们使用"拾色器"、"色板"面板、"颜色"面板调出一种颜色后，"颜色参考"面板会自动生成与之协调的颜色方案，可作为我们激发颜色灵感的工具。

● 协调规则：图5-66所示为当前设置的颜色，打开"颜色参考"面板，单击 ▾ 按钮打开下拉菜单可以选择一个颜色协调规则。例如，选择"单色"选项，可生成包含所有相同色相，但饱和度级别不同的颜色组，如图5-67所示。

图5-66

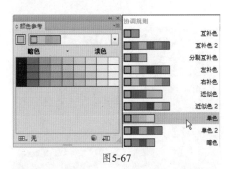

图5-67

- 将颜色组限制为某一色板库中的颜色 ▦▾：如果要将颜色限定于某一色板库，可以单击该按钮，从打开的下拉列表中选择一个色板库，如图5-68、图5-69所示。

图5-68　　　　　图5-69

- 编辑颜色 ⊙：单击该按钮，可以打开"重新着色图稿"对话框。在对话框中可以对颜色进行更多的控制。

- 将颜色保存到"色板"面板 ⬚ᄆ：单击该按钮，可以将当前的颜色组或选定的颜色存储为"色板"面板中的颜色组。

## 5.2.5 "Kuler"面板

执行"窗口>Kuler"命令，打开"Kuler"面板，如图5-70所示。

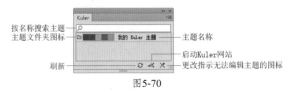

按名称搜索主题 — 主题文件夹图标 — 　　 — 主题名称
　　　　　　　　　　　　　 — 启动Kuler网站
刷新 — 　　　　　　　　 — 更改指示无法编辑主题的图标

图5-70

- 按名称搜索主题：在文本框中输入主题名称、标签或创建者，按下回车键后可在线查找相应的主题。

- 主题文件夹图标：显示了颜色主题文件夹中包含的色板。

- 主题名称：显示了颜色主题的名称。

- 刷新 ⟳：单击 ⟳ 按钮，可刷新Kuler社区中的颜色主题。

- 启动Kuler网站 ⬚⫨：单击 ⬚⫨ 按钮，可登录Kuler网站。

相关知识链接

　　登录Kuler 网站需要网络连接。从Kuler网站下载颜色主题需要Adobe ID。关于Adobe ID 的注册方法，请参阅"1.3.2　实例演练：下载及安装Illustrator CC"。

## 5.2.6 实例演练：创建自定义的颜色主题

Kuler网站为快速创建新主题提供了极为高效的工具。用户可以选择不同的颜色规则，然后使用色轮、亮度以及不同颜色模式的滑块来建立颜色。

❶单击"Kuler"面板底部的 ⬚⫨ 按钮，登录Kuler 网站，如图5-71所示。在窗口左侧的"色彩规则"下拉列表中选择一个颜色规则，如图5-72所示。

图5-71

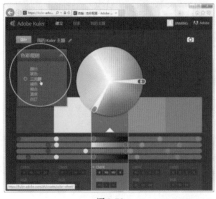

图5-72

❷单击一种颜色，将其设置为基色，如图5-73所
示。拖动基色颜色条上的滑块调整颜色，如图5-74
所示，也可以在CMYK文本框中输入数值，精确
定义颜色。调整基色时，另外4个关联颜色会基于
颜色规则所设定的方式自动生成颜色。

图5-73

图5-74

❸直接拖动色轮上的滑块，可更加灵活地定义基色
并同时调整颜色，如图5-75所示。单击窗口左上角
的"储存"按钮，将当前颜色组保存起来，如图
5-76所示。

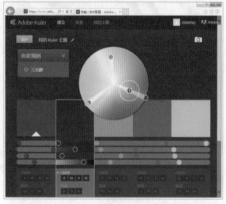

图5-75

图5-76

知 识 拓 展

**从Kuler网站下载颜色主题**

　　单击"Kuler"面板底部的刷新按钮↻，即
可将在Kuler网站上创建的色板组下载下来，由
于"Kuler"面板中的色板是只读的，虽然
在绘图时可以直接使用，但要想修改其中的
某些颜色，则要将其添加到"色板"面板
中，在该面板中进行修改。操作方法很简
单，只需单击色板组，打开面板菜单选择
"添加到色板"命令即可。

**5.2.7** 实例演练：全局色

　　全局色是一种特殊的颜色，将它应用到对象
后，如果修改全局色，图稿中所有使用该颜色的
对象都会自动更新为与之相同的颜色。

❶打开光盘中的素材文件，如图5-77所示。单击
"色板"面板中的 按钮，打开"新建色板"对
话框，调整颜色并勾选"全局色"选项，如图5-78
所示。单击"确定"按钮关闭对话框，创建一个
全局色色板，如图5-79所示。

❷使用选择工具 选择图形，单击新建的色板，
将全局色应用到图形中，如图5-80、图5-81所示。
在画板外侧单击，取消选择。

图5-77

图5-78

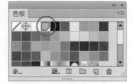

图5-79

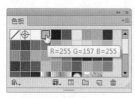

图5-80

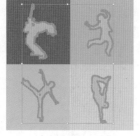

图5-81

❸双击全局色，如图5-82所示，打开"色板选项"对话框修改颜色，如图5-83所示。文档中填充了全局色的4个图形都会改变颜色，如图5-84所示。

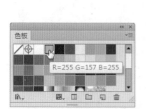

图5-82　　　　　图5-83

图5-84

## 5.2.8　实例演练：重新着色图稿

　　"重新着色图稿"命令可以创建和编辑颜色组，以及重新指定或减少图稿中的颜色。

❶打开光盘中的素材文件，如图5-85所示。使用选择工具 ▶ 选择花纹图形，如图5-86所示。

图5-85

图5-86

❷执行"编辑>编辑颜色>重新着色图稿"命令，打开"重新着色图稿"对话框。对话框中包括"编辑"、"指定"和"颜色组"三个单独的选项卡。单击"指定"选项卡，如图5-87所示，单击窗口顶部的 ▼ 按钮，打开下拉列表选择"五色组合"选项，如图5-88所示。

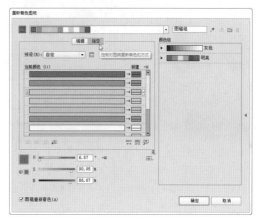

图5-87

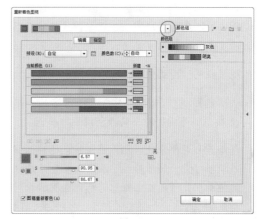

图5-88

③单击"确定"按钮关闭对话框,即可按照所选的五种颜色修改图稿颜色,如图5-89所示。

> 执行"编辑>编辑颜色>使用预设值重新着色"命令,可以指定一个预设颜色作业,包括使用的颜色数目和该作业的最佳设置。

图5-89

### "编辑"选项卡

在"重新着色图稿"对话框中,"编辑"选项卡可以创建新的颜色组或编辑现有的颜色组,或者使用颜色协调规则菜单和色轮对颜色协调进行试验,如图5-90所示。色轮可以显示颜色在颜色协调中是如何关联的,同时还可以通过颜色条查看和处理各个颜色值。此外,还可以调整亮度、添加和删除颜色、存储颜色组以及预览当前所选图稿上的颜色。

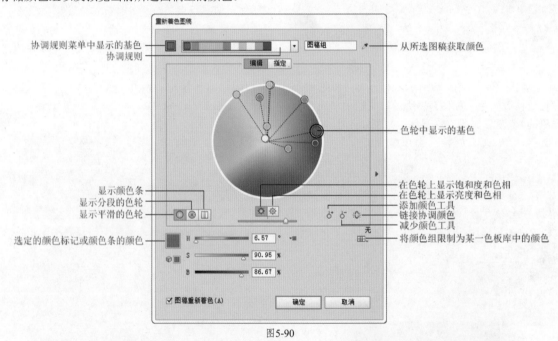

图5-90

- 协调规则:单击 按钮,可以打开下拉列表选择一个颜色协调规则,基于当前选择的颜色自动生成一个颜色方案。

- 现用颜色:图稿中正在使用的颜色。

- 从所选图稿获取颜色 :选择对象后,单击 按钮,可以将对象的颜色设置为基色。

- 色轮:如果要修改色相,可围绕色轮移动标记或调整H值,如图5-91所示;如果要修改颜色的饱和度,可以在色轮上将标记向里和向外移动或调整S值,如图5-92所示;如果要修改颜色的明度,可调整B值。

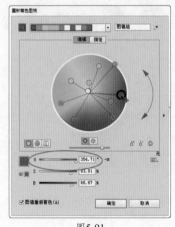

图5-91

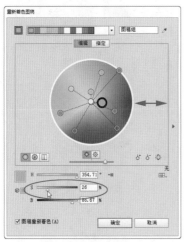

图5-92

- 颜色模型：拖动HSB颜色模型中的滑块可调整颜色。

- 显示平滑的色轮 ◉：在平滑的圆形中显示色相、饱和度和亮度，如图5-93所示。圆形中的色轮上绘制了当前颜色组中的每种颜色，通过该色轮可以从多种高精度的颜色中进行选择，但是由于每个像素了代表不同的颜色，因此，很难查看单个的颜色。

- 显示分段的色轮 ✿：将颜色显示为一组分段的颜色片，如图5-94所示。在该色轮中可以轻松查看单个颜色，但是它所提供的可选择颜色没有连续色轮中提供的多。

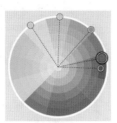

图5-93 　　　　　　图5-94

- 显示颜色条 ▥：仅显示颜色组中的颜色，并且这些颜色显示为可以单独选择和编辑的实色颜色条，如图5-95所示。

图5-95

- 添加颜色工具 ✚/减少颜色工具 ✎：使用平滑的色轮和分段的色轮时，如果要将颜色添加到颜色组，可单击 ✚ 按钮，然后在色轮上单击要添加的颜色，如图5-96、图5-97所示。如果在现有颜色标记所在的行上单击，则新的标记将随此标记一起移动；如果要删除颜色，可单击 ✎ 按钮，然后单击要删除的颜色标记。需要注意的是，基色标记不能删除。

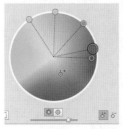

图5-96 　　　　　　图5-97

- 在色轮上显示饱和度和色相 ✿：如果要查看色轮上的色相和饱和度，而不是色相和亮度，可单击该按钮，如图5-98所示。

- 在色轮上显示亮度和色相 ✿：单击该按钮，可以在色轮上查看亮度和色相，如图5-99所示。

图5-98 　　　　　　图5-99

- 链接协调颜色 ✿：在处理色轮中的颜色时，选定的颜色协调规则会继续控制为该组生成的颜色。如果要解除颜色协调规则并自由编辑颜色，可单击该按钮。

- 将颜色组限制为某一色板库中的颜色 ▦：如果要将颜色限定于某一色板库，可单击该按钮，并从列表中选择该色板库。

- 图稿重新着色：选择该选项后，可以预览对当前选择的对象进行的颜色调整。

"指定"选项卡

在"重新着色图稿"对话框中，"指定"选项卡可以查看和控制颜色组中的颜色如何替换图稿中的颜色。图5-100所示为一个小蜜蜂图形，将它选择后，打开"重新着色图稿"对话框，在"指定"选项卡中，可以设置用哪些颜色来替换图稿中的颜色，如图5-101所示。

图5-100

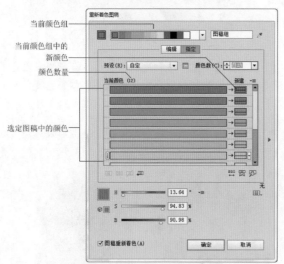

图5-101

- 预设：可以指定一个预设颜色作业，包括使用的颜色数目和该作业的最佳设置。如果选择一个预设，然后更改其他选项，则此预设将更改为自定义的预设。

- 颜色数：可以设置颜色数量，将当前颜色减少到指定的数目，如图5-102所示。

图5-102

- 将颜色合并到一行中▥▥▥：按住 Shift键单击多个颜色，将它们选择，如图5-103所示，单击该按钮，可将所选颜色合并到一行中，如图5-104所示。

图5-103

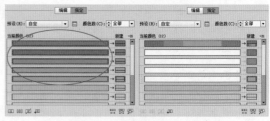

图5-104

- 将颜色分离到不同的行中▥▥▥：如果要将多个颜色分离到单独的行中，可选择它们，如图5-105所示，然后单击▥▥▥按钮，如图5-106所示。

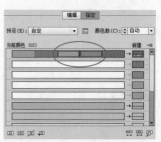

图5-105

图5-106

- 排除选定的颜色以便不会将它们重新着色▨：如果要将单个当前颜色排除在重新指定的操作之外，可以选择这一颜色，如图5-107所示，然后单击▨按钮，如图5-108所示。

图5-107

图5-108

- 新建行 ▥：单击该按钮，可以向"当前颜色"列添加一行，如图5-109所示。

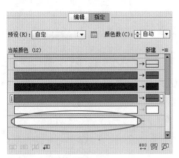

图5-109

- 随机更改颜色顺序 ⇄：单击该按钮，可随机更改当前颜色组的顺序，以便快速考查使用当前颜色组对图稿进行重新着色的不同方式，如图5-110所示。

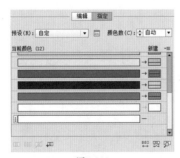

图5-110

- 随机更改饱和度和亮度 ▥：单击该按钮，可在保留色相的同时随机更改当前颜色组的亮度

和饱和度，如图5-111所示。

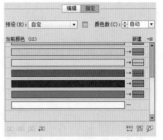

图5-111

- 单击上面的颜色以在图稿中查找它们 ▱：为所选对象重新着色时，新颜色将替换原始的颜色。如果要在指定新颜色时查看原始颜色在图稿中的显示位置，可以单击该按钮，然后单击"当前颜色"列中的颜色，如图5-112所示，使用该颜色的图稿会以全色形式显示在文档窗口中，如图5-113所示。

图5-112　　　　　　　图5-113

- 重新指定颜色：如果要将当前颜色指定为不同的颜色，可以在"当前颜色"列中将其向上或向下拖动至靠近所需的新颜色；如果一个行包含多种颜色，要移动这些颜色，可单击该行左侧的选择器条 ▯，并将其向上或向下拖动；如果要为当前颜色的其他行指定新颜色，可以在"新建"列中将新颜色向上或向下拖动；如果要将某个当前颜色行排除在重新指定操作之外，可单击列之间的箭头 →。如果要重新包括该行，则单击虚线。

## "颜色组"列表

　　单击"重新着色图稿"对话框右侧的 ▶ 按钮，可以显示"颜色组"列表列，如图5-114所示，它给出了文档中存储的颜色组，这些颜色组也在"色板"面板中显示，如图5-115所示。当处于"重新着色图稿"对话框中时，可以使用"颜色组"列表编辑、删除和创建新的颜色组。我们所做的修改会反映在"色板"面板中。选定的颜色组会指示当前编辑的颜色组。可以选择并编辑颜色组或使用它对选定的图稿重新着色。存储某个颜色组也会将该颜色组添加到此列表。

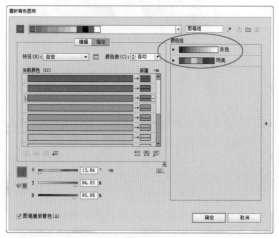

图5-114

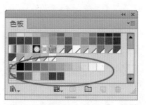

图5-115

● 将更改保存到颜色组 ：如果要编辑当前颜色组，可以在列表中单击该颜色组，将其选择，再切换到"编辑"选项卡中对颜色组做出修改，然后单击该按钮。

● 新建颜色组 ：如果要将新颜色组添加到"颜色组"列表，可创建或编辑颜色组，然后在"协调规则"菜单右侧的"名称"框中输入一个名称并单击该按钮。

● 删除颜色组 ，选择颜色组后，单击该按钮可将其删除。

# 5.3　实时上色组

　　实时上色是一种创建彩色图画的直观方法，通过采用这种方法，我们可以任意对图稿进行着色，就像对画布或纸上的绘画进行着色一样。

## 5.3.1　实例演练：为图稿实时上色

❶打开光盘中的素材文件，如图5-116所示。按下Ctrl+A快捷键选择全部图形，执行"对象>实时上色>建立"命令，建立实时上色组，如图5-117所示。按住Ctrl键在画板外单击，取消选择。

图5-116　　　　图5-117

💡提示

　　实时上色组中可以上色的部分称为边缘和表面。边缘是一条路径与其他路径交叉后，处于交点之间的路径。表面则是一条边缘或多条边缘所围成的区域。我们可以为边缘描边、为表面填色。

❷在"颜色"面板中调整颜色，如图5-118所示。选择实时上色工具 。将光标放在对象上，当检测到表面时会显示红色的边框，如图5-119所示，工具上面还会出现当前设定的颜色（如果是图案或颜色色板，可以按下←键或→键切换到相邻的颜色），单击鼠标即可填充颜色，如图5-120所示。为其他图形填充相同的颜色，如图5-121所示。

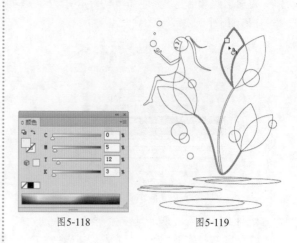

图5-118　　　　　　图5-119

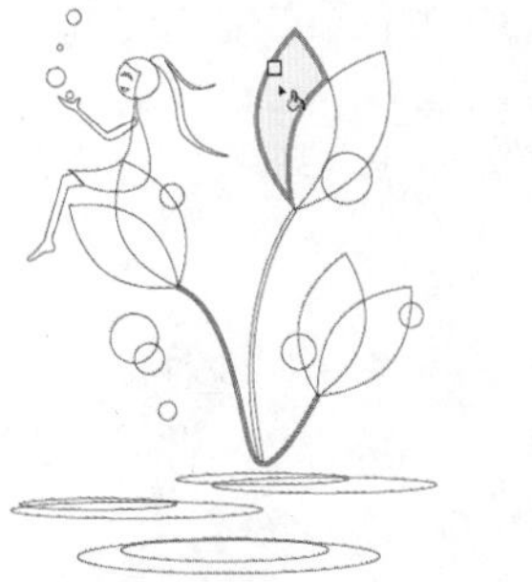
图5-120

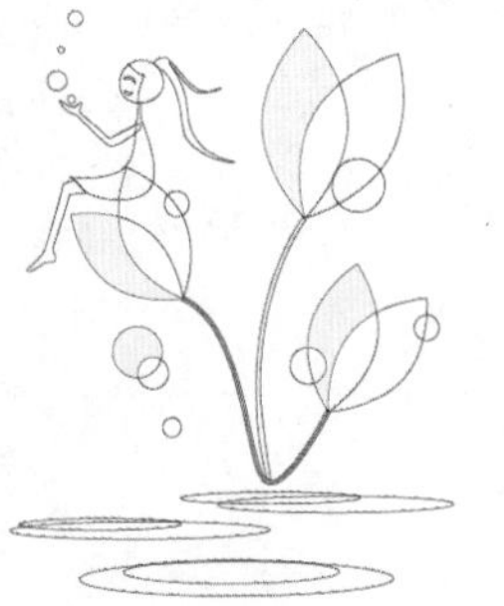
图5-121

❸在“颜色”面板中调整颜色，继续为图形填色，如图5-122~图5-124所示。

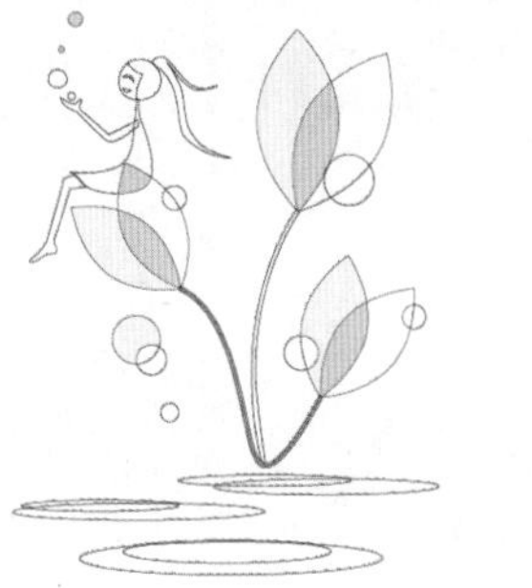
图5-122

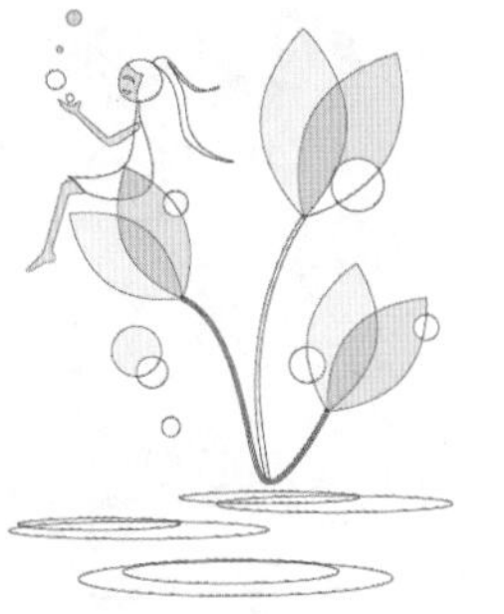
图5-123

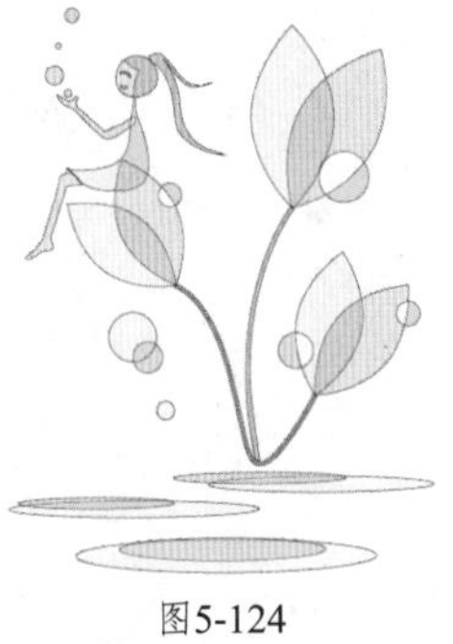
图5-124

❹使用实时上色选择工具单击边缘，将其选择（按住Shift键单击可以选择多个边缘），如图5-125所示，在“颜色”面板中可以修改边缘的颜色，在控制面板中还可以修改边缘宽度，如图5-126、图5-127所示。

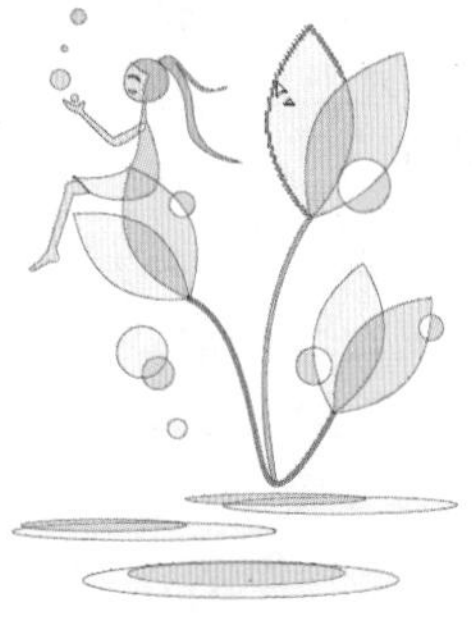
图5-125

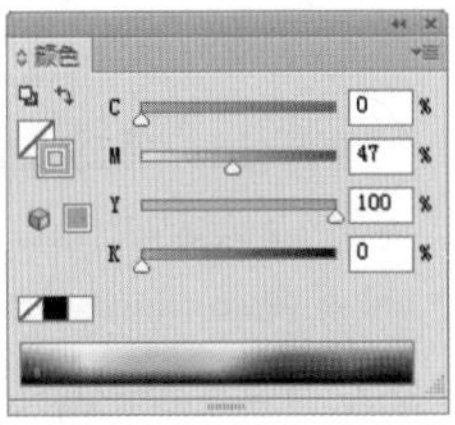

图5-126

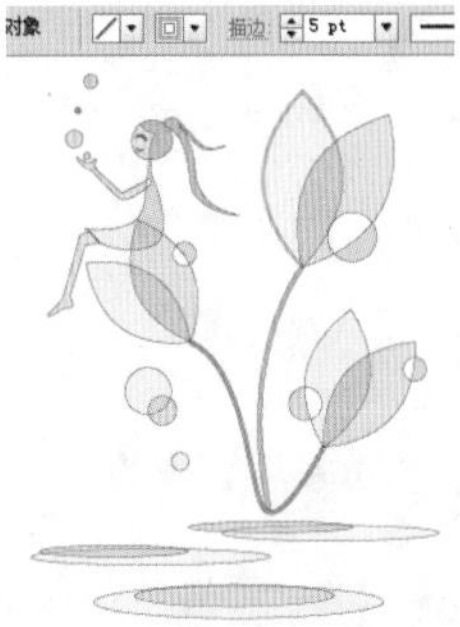

图5-127

❺使用选择工具单击实时上色组，如图5-128所示，单击工具箱中的按钮，删除描边，如图5-129、图5-130所示。

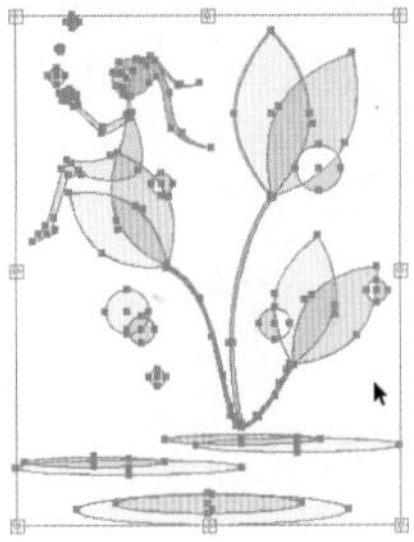
图5-128

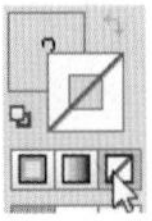
图5-129

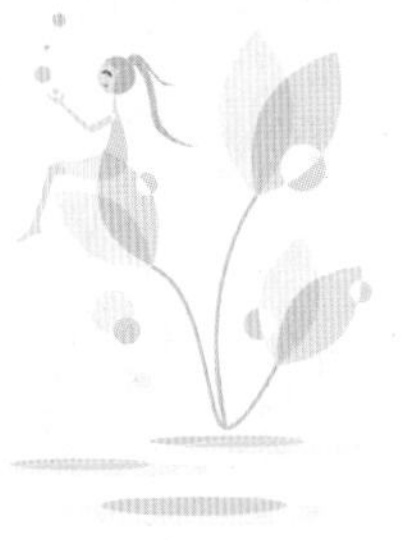
图5-130

## 5.3.2 实例演练：在实时上色组中添加路径

创建实时上色组后，可以向其中添加路径，生成新表面和边缘。

❶打开光盘中的素材文件，如图5-131所示。使用选择工具选择文字，如图5-132所示，执行“对象>实时上色>建立”命令，建立实时上色组。

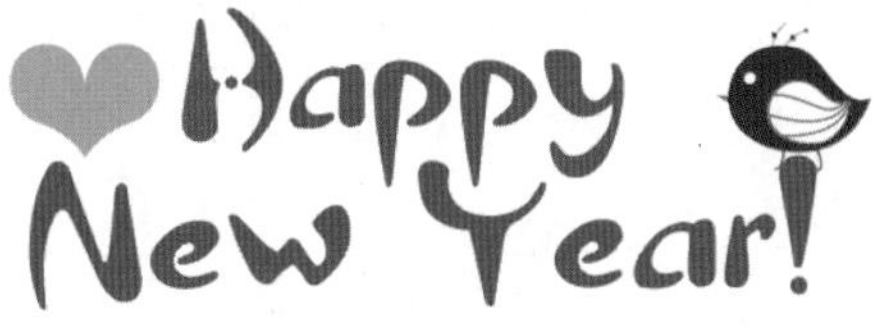

图5-131

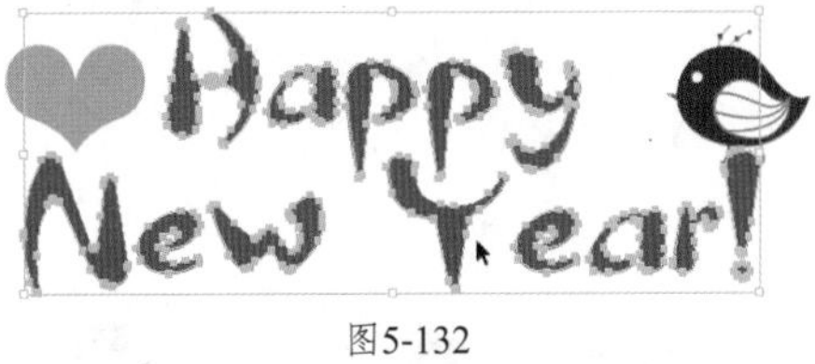

图5-132

❷使用直线段工具绘制一条直线路径，如图5-133所示。按住Ctrl+Shift键单击文字，将它与直线一同选择，如图5-134所示。

图5-133

图5-134

❸执行"对象>实时上色>合并"命令或单击控制面板中的"合并实时上色"按钮，即可将路径合并到实时上色组中，如图5-135所示。合并路径后，可以使用实时上色工具 🖱 为新创建的表面填色，如图5-136所示。

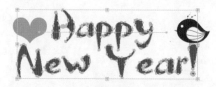

图5-135

图5-136

### 5.3.3　实例演练：编辑实时上色组

　　将对象转换为实时上色组后，每条路径都可以编辑。移动或调整路径的形状时，Illustrator会自动将颜色应用于由编辑后的路径所形成的新区域。

❶打开光盘中的素材文件，如图5-137所示。使用直接选择工具 ▶ 单击直线路径，将其选择，如图5-138所示。

图5-137

图5-138

❷移动路径的端点，填色区域也会随之改变，如图5-139所示。使用转换锚点工具 ▷ 在锚点上单击并拖动鼠标，将直线转换为曲线，填色区域的边界也会呈现为弧形，如图5-140所示。

图5-139

图5-140

💡提示

　　实时上色选择工具 🖱 可以选择实时上色组中的各个表面和边缘；直接选择工具 ▶ 可以选择实时上色组内的路径；选择工具 ▶ 可以选择整个实时上色组。

### 5.3.4　封闭实时上色组中的间隙

　　如果实时上色对象的路径间有空隙，没有封闭成完整的图形，如图5-141所示，则为图形实时上色时，颜色会出现渗透，如图5-142所示。

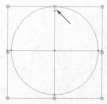　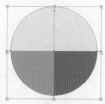

图5-141　　　　　　图5-142

　　执行"视图>显示实时上色间隙"命令，可以突出显示实时上色组中的间隙。如果要封闭间隙，可以选择实时上色组，执行"对象>实时上色>间隙选项"命令，打开"实时上色工具选项"对话框进行设置，如图5-143所示。

● 间隙检测：让Illustrator自动识别实时上色路径中的间隙，并防止颜色通过这些间隙渗漏到外部。在处理较大且非常复杂的实时上色组时，可能会使Illustrator的运行速度变慢。在这种情况下，可以选择"用路径封闭间隙"选项，帮助加快Illustrator的运行。

图5-143

- 上色停止在：设置颜色不能渗入的间隙的大小。例如，图5-144为选择"大间隙"选项后进行填色的效果，此时虽然路径顶部仍存在缺口，但Illustrator会视其为封闭状态。

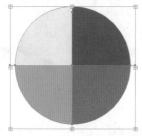

图5-144

- 自定：指定一个自定的"上色停止在"间隙大小。

- 间隙预览颜色：设置预览间隙时间隙显示的颜色。

- 用路径封闭间隙：在实时上色组中插入未上色的路径以封闭间隙（而不是只防止颜色通过这些间隙渗漏到外部）。由于这些路径没有上色，因此，即使已封闭了间隙，也可能会仍然存在间隙。

- 预览：将当前检测到的间隙显示为彩色线条，所用颜色根据选择的预览颜色而定。

### 5.3.5 扩展和释放实时上色组

选择实时上色组，如图5-145所示，执行"对象>实时上色>扩展"命令，可以将实时上色组扩展为由单独的填色和描边路径组成的对象。它与实时上色组的视觉效果相似，我们可以使用编组选择工具 来分别选择和修改其中的路径。如果执行"对象>实时上色>释放"命令，则可释放实时上色组，将其变为一条或多条普通的路径，这些路径具有 0.5 pt宽的黑色描边，但没有填色，如图5-146所示。

图5-145　　　图5-146

**知识拓展**

**实时上色限制**

填色和上色属性附属于实时上色组的表面和边缘，而不属于定义这些表面和边缘的实际路径，因此，某些功能和命令对实时上色组中的路径或者作用方式有所不同，或者是不适用。

不适用于实时上色组的功能包括：渐变网格、图表、"符号"面板中的符号、光晕、"描边"面板中的"对齐描边"选项、魔棒工具；不适用于实时上色组的对象命令包括："轮廓化描边"、"扩展"、"混合"、"切片"、"剪切蒙版>建立"、"创建渐变网格"等。

## 5.4 画笔

画笔描边可以为路径添加不同风格的外观，模拟类似毛笔、钢笔、油画笔等笔触效果。用户既可以使用画笔工具绘制路径并同时应用画笔描边，也可以选择现有的路径，为其添加画笔描边。

### 5.4.1 "画笔"面板

"画笔"面板用于创建和管理画笔，如图5-147所示。

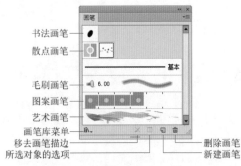

书法画笔
散点画笔
毛刷画笔
图案画笔
艺术画笔
画笔库菜单
移去画笔描边
所选对象的选项
删除画笔
新建画笔

图5-147

- 画笔类型：Illustrator中的画笔分为5类，分别是书法画笔、散点画笔、毛刷画笔、艺术画笔和图案画笔，如图5-148所示。书法画笔可模拟传统的毛笔创建书法效果的描边；散点画笔可以将一个对象（如一只瓢虫或一片树叶）沿着路径分布；毛刷画笔可创建具有自然笔触的描边；图案画笔可以将图案沿路径重复拼贴；艺术画笔可以沿着路径的长度均匀拉伸画笔或对象的形状，模拟水彩、毛笔、炭笔等效果。

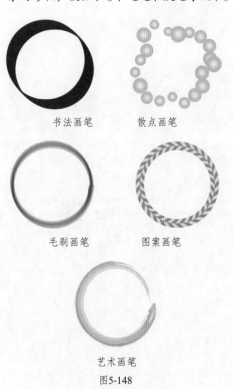

书法画笔　　　　散点画笔

毛刷画笔　　　　图案画笔

艺术画笔

图5-148

- 画笔库菜单 ：单击该按钮，可以打开下拉列表选择Illustrator预设的画笔库。

- 移去画笔描边 ：选择一个对象，单击该按钮可删除应用于对象的画笔描边。

- 所选对象的选项 ：单击该按钮可以打开"画笔选项"对话框。

- 新建画笔 ：单击该按钮，可以打开"新建画笔"对话框，选择新建的画笔的类型。如果将面板中的一个画笔拖至该按钮上，则可复制画笔。

- 删除画笔 ：选择"画笔"面板中的画笔，单击该按钮可将其删除。

**知 识 拓 展**

**散点画笔与图案画笔的区别**

通常情况下，散点画笔和图案画笔可以达到相同的效果。它们之间的区别在于，散点画笔会沿路径散布，而图案画笔则会完全依循路径。例如，在曲线路径上，散点画笔的箭头会保持直线方向，图案画笔的箭头会沿曲线弯曲。

散点画笔　　　　图案画

**实用技巧**

**查看画笔的名称**

默认情况下，"画笔"面板中的画笔以缩览图的形式出现，不显示名称。如果要查看画笔名称，可以将光标放在画笔样本上。如果要同时查看所有画笔的名称和缩览图，可以打开"画笔"面板菜单，选择"列表视图"命令。如果只想让面板中显示某一种类型的画笔，可以在面板菜单中选择该画笔。

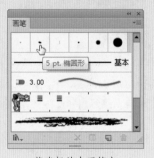

将光标放在画笔上

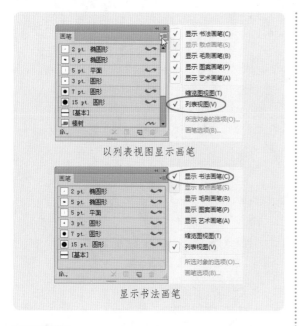

以列表视图显示画笔

显示书法画笔

## 5.4.2 实例演练：应用画笔描边

画笔描边可以应用于由任何绘图工具包括钢笔工具、铅笔工具或基本的形状工具所创建的线条。

❶打开光盘中的素材文件，如图5-149所示。使用钢笔工具 ✍ 绘制文字"2015"，设置描边颜色为白色、宽度为1pt，无填色，如图5-150所示。

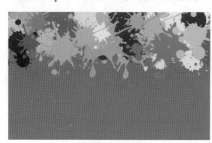

图5-149

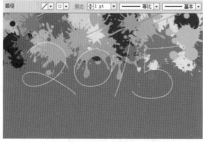

图5-150

❷使用选择工具 ▶ 选择所有文字，如图5-151所示。执行"窗口>画笔库>艺术效果>艺术效果_画笔"命令，打开该面板，单击"调色刀"画笔，用它描边路径，如图5-152、图5-153所示。

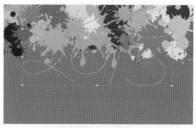

图5-151

图5-152

图5-153

❸单击面板底部的 ◀ 按钮，切换到上一个"画笔"面板中，如图5-154所示。将光标放在画笔上，如图5-155所示，单击并拖动鼠标，将其拖动到画板中，放在文字上方作为墨点，如图5-156所示。

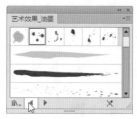

图5-154

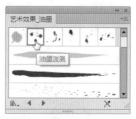

图5-155

图5-156

❹使用编组选择工具 ▷⁺ 单击墨点的边框，如图5-157所示，按下Delete键删除，如图5-158所示。使用选择工具 ▶ 选择墨点，如图5-159所示，设置填色为白色，如图5-160所示。

图5-157

图5-158

图5-159

图5-160

❺采用同样的方法，将其他画笔从面板中拖出，删掉边框，然后设置填色为白色，如图5-161所示。

图5-161

实用技巧

**缩放画笔描边**

　　选择添加了画笔描边的对象，双击比例缩放工具，打开"比例缩放"对话框，设置缩放参数并勾选"比例缩放描边和效果"选项，可以对画笔描边进行缩放。

选择对象

　　设置描边的缩放比例

单独缩放画笔描边

### 5.4.3 实例演练：使用画笔工具

❶打开光盘中的素材文件，如图5-162所示。在"画笔"面板中选择一种画笔，如图5-163所示。设置描边颜色为红色，如图5-164所示。

图5-162

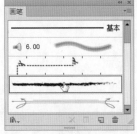
图5-163

图5-164

❷选择画笔工具，单击并拖动鼠标拖出一条虚线，如图5-165所示，放开鼠标后，即可绘制线条并用所选画笔进行描边，如图5-166所示。

图5-165

图5-166

💡提示

　　用画笔工具绘制的线条是路径，Illustrator 会在绘制时自行设置锚点。锚点的数目取决于线条的长度和复杂度，以及"画笔"的容差设定。此外，我们可以使用锚点编辑工具对其进行编辑和修改，也可以在"描边"面板中调整画笔描边的粗细。

❸再绘制一条路径，绘制过程中按住Alt键（光标变为状），如图5-167所示，放开鼠标按键后，可创建闭合式路径，如图5-168所示。

图5-167 图5-168

❹完成绘制后，如果调整线条形状，可以先选择路径，然后将画笔工具 ✏ 放在路径上单击并拖动，直到达到所需的形状为止，如图5-169所示。图5-170所示为绘制的其他路径。

图5-169 图5-170

**读懂选择工具的光标语言**

**画笔工具选项**

双击画笔工具 ✏，可以打开"画笔工具选项"对话框设置画笔工具的各项参数。

● 保真度：用来控制必须将鼠标移动多大距离，Illustrator 才会向路径添加新锚点。例如，保真度值为 2.5，表示小于 2.5 像素的工具移动将不生成锚点。保真度的范围介于 0.5 至 20 像素之间，该值越大，路径越平滑，复杂程度越小。

● 平滑度：用来控制使用工具时 Illustrator 应用的平滑量。范围从 0% 到 100%，百分比越高，路径越平滑。

● 填充新画笔描边：选择该选项后，可将填色应用于路径，即使是开放式路径所形成的区域也会填充颜色。取消选择时，路径内部无填色。

勾选"填充新画笔描边" 选项　　未勾选"填充新画笔描边" 选项

● 保持选定：如果选择该选项，则绘制出一条路径后，它会自动处于选择状态。

● 编辑所选路径：如果选择该选项，则可以使用画笔工具对当前选择的路径进行修改（使用画笔工具绘制的路径或者使用画笔描边的路径）。方法是沿路径拖动鼠标。

● 范围：用来确定鼠标与现有路径在多大距离之内，才能使用画笔工具编辑路径。该选项仅在选择了"编辑所选路径"选项时可用。

## 5.4.4 实例演练：使用斑点画笔工具

斑点画笔工具 ✍ 可以绘制用颜色或图案填充、无描边的形状，并且，还能够与具有相同颜色（无描边）的其他形状进行交叉和合并。

❶打开光盘中的素材文件，如图5-171所示。设置填充颜色为白色，如图5-172所示。

图5-171 图5-172

❷使用斑点画笔工具 ✍ 绘制一个心形，如图5-173所示。在心形内部涂抹，线条重合之处会自动合并，如图5-174所示。

图5-173 图5-174

相关知识链接

"路径查找器"面板也可以将多个图形合并为一个图形，相关操作方法请参阅"7.5.1 '路径查找器'面板"。

提示

如果要将其他文档中的画笔库导入到当前文档中，可以执行"窗口>画笔库>其他库"命令，打开"选择要打开的库"对话框，选择该文件并按下"打开"按钮。

### 5.4.5 使用画笔库

单击"画笔"面板中的画笔库菜单按钮 ，或打开"窗口>画笔库"下拉菜单，可以选择Illustrator提供的画笔库，如图5-175所示。选择一个画笔库后，会打开单独的面板，如图5-176所示。选择其中的一个画笔，如图5-177所示，它会自动添加到"画笔"面板中，如图5-178所示。

### 5.4.6 将画笔描边转换为轮廓

选择使用画笔工具绘制的线条或添加了画笔描边的路径，执行"对象>扩展外观"命令，可以将画笔描边转换为轮廓。Illustrator 会扩展路径中的组件并将它们编入一个组中，可以使用编组选择工具选择其中的组件来进行编辑。

图5-175

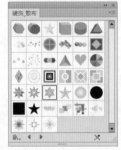
图5-176

图5-177

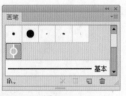
图5-178

实用技巧

**反转描边方向**

选择一条用画笔描边的路径，使用钢笔工具 单击路径的端点，可以反转描边方向。

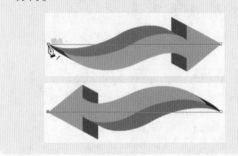

## 5.5 创建与修改画笔

在Illustrator中，用户可以根据自己的需要创建自定义的书法画笔、散布画笔、毛刷画笔、艺术画笔和图案画笔。

### 5.5.1 设置画笔类型

单击"画笔"面板中的新建画笔按钮 ，打开"新建画笔"对话框，选择一个画笔类型选项，如图5-179所示，单击"确定"按钮，即可

打开相应的画笔选项对话框，如图5-180所示，设置参数后，单击"确定"按钮即可创建自定义的画笔，并将其保存在"画笔"面板中，如图5-181所示。

图5-179

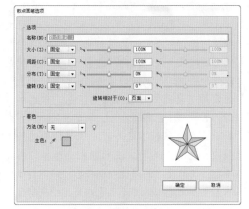

图5-180

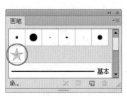

图5-181

**创建画笔时的注意事项**

　　如果要创建散点画笔、艺术画笔和图案画笔，则必须先创建要使用的图形，且图形应遵循下列规则。

●图稿不能包含渐变、混合、其他画笔描边、网格对象、位图图像、图表、置入文件或蒙版。

●对于艺术画笔和图案画笔，图稿中不能包含文字。如果要实现包含文字的画笔描边效果，可将文字转换为轮廓，然后使用该轮廓创建画笔。

●对于图案画笔，最多创建5种图案拼贴（视画笔配置而定），并将拼贴添加到"色板"面板中。

## 5.5.2 创建书法画笔

　　单击"画笔"面板中的新建画笔按钮 🗋，打开"新建画笔"对话框，选择"书法画笔"选项，如图5-182所示，单击"确定"按钮，可以打

开如图5-183所示的对话框设置书法画笔参数。

图5-182

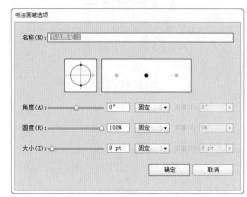

图5-183

● 名称：可输入画笔的名称。

● 画笔形状编辑器：单击并拖动黑色的圆形调杆可以调整画笔的圆度，如图5-184所示。单击并拖动窗口中的箭头可以调整画笔的角度，如图5-185所示。

图5-184　　图5-185

● 画笔效果预览窗：用来观察画笔的调整结果，如图5-186所示。在窗口的三个画笔中，中间显示的是修改前的画笔，左侧的是随机变化最小范围的画笔，右侧的是随机变化最大范围的画笔。

图5-186

● 角度/圆度/大小：用来设置画笔的角度、圆度和直径。在这三个选项右侧的下拉列表中包含"固定"、"随机"和"压力"等选项，它们决定了画笔角度、圆度和直径的变化方式。

### 5.5.3 创建散点画笔

在创建散点画笔时，需要先绘制一个要定义为画笔的图形，如图5-187所示，将它选择后，单击"画笔"面板中的新建画笔按钮 🔲，打开"新建画笔"对话框，选择"散点画笔"选项，单击"确定"按钮，打开如图5-188所示的对话框。

图5-187

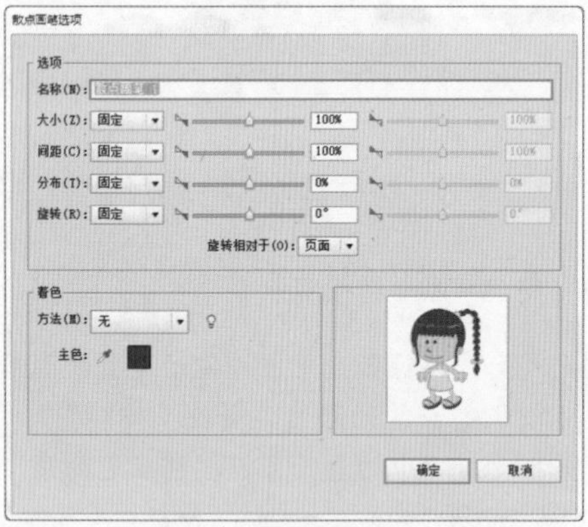

图5-190

图5-188

- 大小/间距/分布：可以设置散点图形的大小、间距，以及图形偏离路径的距离。

- 旋转：用来设置散点图形的旋转角度。

- 旋转相对于：在该选项的下拉列表中选择"页面"，图形会以页面的水平方向为基准旋转，如图5-189所示；选择"路径"，图形会按照路径的走向旋转，如图5-190所示。

图5-189

- 方法：可以设定图形的颜色处理方法，包括"无"、"色调"、"淡色和暗色"、"色相转换"。选择"无"，表示画笔绘制的颜色与样本图形的颜色一致；选择"色调"，原画笔中的黑色部分将被工具箱中的描边颜色替换，灰色部分会变为工具箱中描边颜色的淡色，白色部分不变；选择"淡色和暗色"，表示画笔中除了黑色和白色部分保持不变外，其他部分均使用工具箱中描边颜色不同浓淡的颜色；选择"色相转换"，工具箱中的描边颜色将替换画笔样本图形的主色，画笔中的其他颜色在变化的同时保持彼此之间的色彩关系。该选项可以保证画笔中的黑色、灰色和白色不变。如果想要了解各个选项的具体区别，可单击提示按钮 💡，打开如图5-191所示的对话框进行查看。

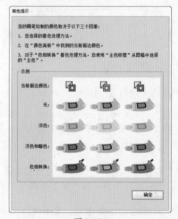

图5-191

- 主色：用来设置图形中最突出的颜色。如果要修改主色，可选择对话框中的 🖌️ 工具，在下角的预览框中单击样本图形，将单击点的颜色定义为主色，如图5-192所示。

图5-192

### 5.5.4 创建毛刷画笔

毛刷画笔可以创建带有毛刷的自然画笔的外观，模拟使用实际画笔和媒体效果（如水滴颜色）的自然和流体画笔描边。图5-193所示为使用毛刷画笔绘制的插图。在"新建画笔"对话框中选择"毛刷画笔"选项，可以打开如图5-194所示的对话框创建毛刷类画笔。

- 形状：可以从十个不同画笔模型中选择画笔形状，这些模型提供了不同的绘制体验和毛刷画笔路径的外观，如图5-195所示。

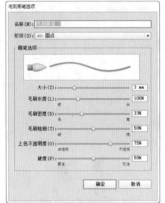

图5-193　　　　　　图5-194

图5-195

- 大小：可设置画笔的直径。如同物理介质画笔，毛刷画笔直径从毛刷的笔端（金属裹边处）开始计算。

- 毛刷长度：毛刷长度是从画笔与笔杆的接触点到毛刷尖的长度。

- 毛刷密度：毛刷密度是在毛刷颈部的指定区域中的毛刷数。

- 毛刷粗细：毛刷粗细可以从精细到粗糙（从1%到100%）。

- 上色不透明度：可以设置所使用的画笔的不透

明度。画笔的不透明度可以从 1%（半透明）到 100%（不透明）。

- 硬度：硬度表示毛刷的坚硬度。如果设置较小的毛刷硬度值，毛刷会很轻便。设置一个较大的值时，它们会变得更加坚韧。

### 5.5.5 创建图案画笔

图案画笔的创建方法比较特殊，它需要使用图案来定义线条转角处的拼贴方式。创建几个图形，如图5-196所示，将它们分别拖动到"色板"面板中定义为图案，如图5-197所示。单击"画笔"面板中的新建画笔按钮，打开"新建画笔"对话框，选择"图案画笔"选项，单击"确定"按钮，可以打开如图5-198所示的对话框。

图5-196　　　　　　图5-197

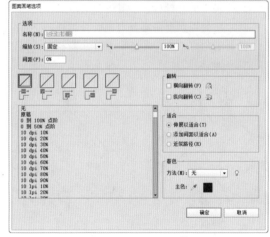

图5-198

- 拼贴按钮：对话框中有5个拼贴选项按钮，依次为边线拼贴、外角拼贴、内角拼贴、起点拼贴和终点拼贴，通过这些按钮可以将图案应用于路径的不同部分。操作方法是：单击一个按钮，然后在下面的图案列表中选择一个图案，该图案就会出现在与其对应的路径上。图5-199所示为在拼贴选项中设置的图案，图5-200所示为使用该画笔描边的路径。

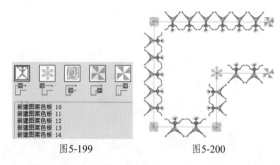

图5-199　　　　　　　图5-200

- 缩放：用来设置图案相对于原始图形的缩放比例。

- 间距：用来设置各个图案之间的间距。

- 横向翻转/纵向翻转：用来改变图案相对于路径的方向。选择"横向翻转"，图案沿路径的水平方向翻转；选择"纵向翻转"，图案沿路径的垂直方向翻转。

- 适合：用来设置图案适合路径的方式。选择"伸展以适合"，可自动拉长或缩短图案以适合路径的长度，如图5-201所示；选择"添加间距以适合"，可增加图案的间距，使其适合路径的长度，以保持图案不变形，如图5-202所示；选择"近似路径"，可以在不改变拼贴的情况下使拼贴适合于最近似的路径，该选项所应用的图案会向路径内侧或外侧移动，以保持拼贴均匀，而不是将中心落在路径上，如图5-203所示。

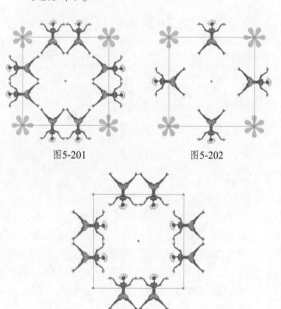

图5-201　　　　　　　图5-202

图5-203

## 5.5.6　创建艺术画笔

打开一个文件，如图5-204所示，选择图形，单击"画笔"面板中的新建画笔按钮，打开"新建画笔"对话框，选择"艺术画笔"选项，单击"确定"按钮，可以打开如图5-205所示的对话框。

图5-204

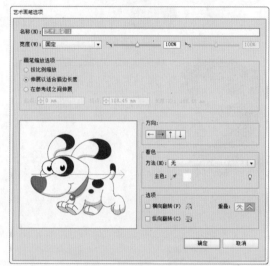

图5-205

- 宽度：用来设置图形的宽度。

- 画笔缩放选项：用来设置画笔图案适合路径的方式。

- 方向：决定了图形相对于线条的方向。单击←按钮，描边端点放在图稿左侧，如图5-206所示；单击→按钮，描边端点放在图稿右侧，如图5-207所示；单击↑按钮，描边端点放在图稿顶部，如图5-208所示；单击↓按钮，描边端点放在图稿底部，如图5-209所示。

图5-206　　　　　　　图5-207

图5-208　　　　　图5-209

- 着色：可以设置描边颜色和着色方法。可使用该下拉列表从不同的着色方法中进行选择，或者选择对话框中的✎工具，在下角的预览框中单击样本图形拾取颜色。

- 横向翻转/纵向翻转：可以改变图形相对于路径的方向。

- 重叠：如果要避免对象边缘的连接和褶皱重叠，可以按下该选项中的按钮。

## 5.5.7　实例演练：修改画笔参数

❶打开光盘中的素材文件，如图5-210所示。打开"画笔"面板，双击一个画笔，如图5-211所示，打开该画笔的选项对话框。

图5-210

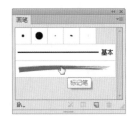

图5-211

❷修改画笔参数，如图5-212所示。单击"确定"按钮关闭对话框，此时会弹出一个提示，如图5-213所示。

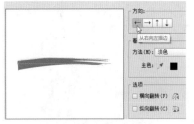

图5-212

图5-213

❸单击"应用于描边"按钮，可更改画笔描边，图形上使用的画笔描边也会同时修改，如图5-214所示。单击"保留描边"按钮，可以保留既有描边不变，并基于当前参数创建一个新画笔，如图5-215所示。

图5-214

图5-215

## 5.5.8　实例演练：修改画笔图形

❶打开光盘中的素材文件，如图5-216所示。将光标放在"画笔"面板中的画笔样本上，如图5-217所示，单击并将其拖动到画板中，如图5-218所示。

图5-216

图5-217

图5-218

❷保持该图形的选取状态。执行"编辑>编辑颜色
>重新着色图稿"命令，打开"重新着色图稿"对
话框，单击"明亮"颜色组，如图5-219所示，用
该颜色组修改图形的颜色，单击"确定"按钮关
闭对话框，如图5-220所示。

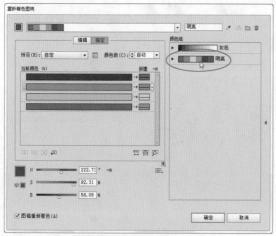

图5-219

图5-220

❸按住Alt键将修改后的画笔图形拖回"画笔"面
板中的原始画笔上，如图5-221所示，弹出一个
提示，单击"应用于描边"按钮确认修改，如图
5-222所示。

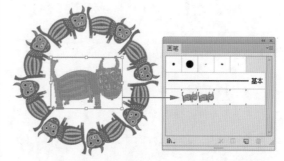

图5-221

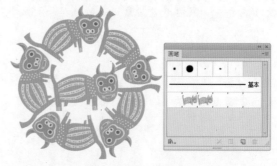

图5-222

### 5.5.9 删除画笔和画笔描边

　　如果要删除"画笔"面板中的画笔，可以按
住Ctrl键单击这些画笔，将它们选择，再将它们
拖到删除画笔按钮 🗑 上。如果要删除当前文档中
所有没有使用的画笔，可以打开"画笔"面板菜
单，选择"选择所有未使用的画笔"命令，再单
击删除画笔按钮 🗑 进行删除。如果要删除一个图
形上应用的画笔描边，可以选择该图形，再单击
"画笔"面板中的移去画笔描边按钮 ✖ 。

## 5.6 图案

　　Illustrator CC在图案创建方面进行了较大的改进，它不仅可以轻松创建无缝拼贴图案，还为用户提供
了大量现成的图案库。

## 5.6.1 实例演练：使用图案和图案库

❶打开光盘中的素材文件。使用选择工具 ▶ 选择图形，如图5-223所示。

图5-223

❷在工具箱中将填色设置为当前编辑状态。单击"色板"面板中的一个图案，如图5-224所示，即可将其应用到所选对象上，如图5-225所示。

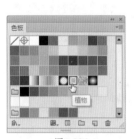

图5-224

图5-225

❸按下X键将描边设置为当前编辑状态。单击"色板"面板中的色板库菜单按钮 ▮ ，在"图案"下拉菜单中可以选择系统预设的图案库，如图5-226所示。选择一个图案库时，会打开一个单独的面板。单击如图5-227所示的图案，将它应用到描边上，如图5-228所示。

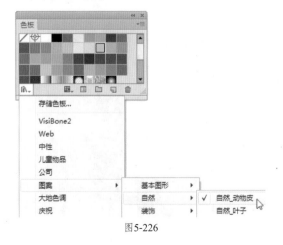

图5-226

图5-227

图5-228

## 5.6.2 实例演练：创建无缝拼贴图案

❶打开光盘中的素材文件，如图5-229所示。使用选择工具 ▶ 选择图形，如图5-230所示。

图5-229

图5-230

❷执行"对象>图案>建立"命令，打开"图案选项"面板，在"拼贴类型"下拉列表中选择"砖形"，如图5-231所示。单击窗口左上角的"完成"按钮，如图5-232所示，将图案保存到"色板"面板中，如图5-233所示。图5-234所示为使用该图案填充的圆形。

图5-231

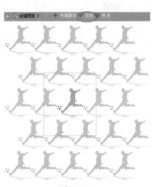

图5-232

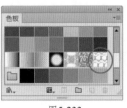

图5-233

图5-234

提示

如果不需要设置图案的宽度、高度、间距等参数，可以将图形拖动到"色板"面板中直接定义为图案。

实用技巧

### 将图形的局部定义为图案

如果要将图形的局部定义为图案，可以使用矩形工具 ▭ 在图形上绘制一个矩形框（无填色、无描边），执行"对象>排列>置为底层"命令，使该矩形调整到最后方，再将图案图形与矩形框同时选择并拖动到"色板"面板中即可。

绘制矩形

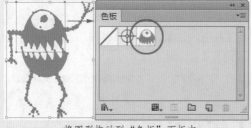

将图形拖动到"色板"面板中

### 5.6.3 "图案选项"面板

"图案选项"面板的出现使图案的创建与编辑变得异常简单，如图5-235所示，即使是复杂的无缝拼贴图案，也可以轻松制作出来。使用"图案选项"面板还可以随时编辑图案，自由尝试各种创意。

● 图案拼贴工具 ▣：选择该工具后，画板中央的基本图案周围会出现定界框，如图5-236所示，此时拖动控制点可以调整拼贴间距，如图5-237所示。

图5-235

图5-236

图5-237

● 名称：用来输入图案的名称。

● 拼贴类型：可以选择图案的拼贴方式，效果如图5-238所示。如果选择"砖形"，还可以在"砖形位移"选项中设置图形的位移距离。

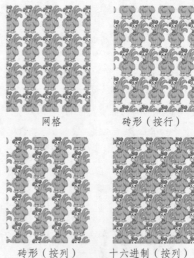

网格　　　　　　砖形（按行）

砖形（按列）　　十六进制（按列）

十六进制（按行）

图5-238

- 宽度/高度：可以设置拼贴图案的宽度和高度。按下 ⚙ 按钮可进行等比缩放。

- 将拼贴调整为图稿大小：勾选该项后，可以将拼贴调整到与所选图形相同的大小。如果要设置拼贴间距的精确数值，可勾选该项，然后在"水平间距"和"垂直间距"选项中输入数值。

- 重叠：如果将"水平间距"和"垂直间距"设置为负值，则图形会产生重叠，按下该选项中的按钮，可以设置重叠方式，包括左侧在前 ◈、右侧在前 ◈、顶部在前 ◈ 和底部在前 ◈，效果如图5-239所示。

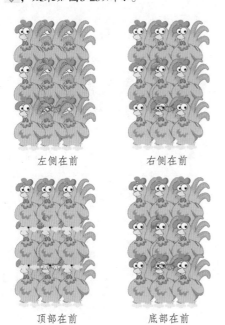

左侧在前　　　　　　右侧在前

顶部在前　　　　　　底部在前

图5-239

- 份数：可以设置拼贴数量，包括3×3、5×5、7×7等选项。

- 副本变暗至：可以设置图案副本的显示程度。

- 显示拼贴边缘：勾选该项，可以显示基本图案的边界框；取消勾选，则隐藏边界框。

## 5.6.4　实例演练：修改图案

❶打开光盘中的素材文件，如图5-240所示。确保图稿中未选择任何对象。在"色板"面板中选择要修改的图案色板，如图5-241所示，将图案色板拖至画板上，如图5-242所示。

图5-240

图5-241

图5-242

❷保持图形的选取状态。执行"效果>风格化>涂抹"命令，设置参数如图5-243所示，效果如图5-244所示。

图5-243

图5-244

❸按住Alt键将修改后的图案拖到"色板"面板中的旧图案色板上，如图5-245所示，填充该图案的图形会自动更新到与之相同的状态，如图5-246所示。

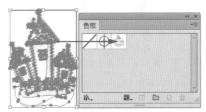

图5-245

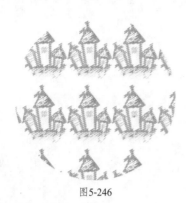

图5-246

Illustrator可以为图形添加投影、发光、变形等特效。关于效果的使用方法请参阅"第8章 效果与外观"。

### 5.6.5 实例演练：变换图案

❶打开光盘中的素材文件。使用选择工具 ▶ 选择填充了图案的图形，如图5-247所示。选择旋转工具 ⟳，在图形上单击并拖动鼠标，可同时旋转图形和填充的图案，如图5-248所示。

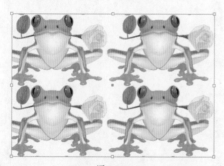

图5-247

图5-248

❷按下Ctrl+Z快捷键撤销操作。在画板中单击，然后按住 ~键拖动鼠标，可单独旋转图案，如图5-249所示。

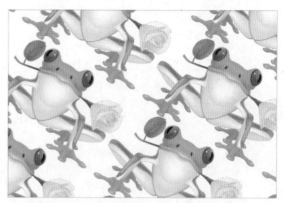

图5-249

❸按下Ctrl+Z快捷键撤销操作。双击旋转工具 ⟳，在打开的对话框中设置参数，勾选"变换图案"选项，如图5-250所示，此时可按照设定的参数旋转图案，如图5-251所示。

图5-250

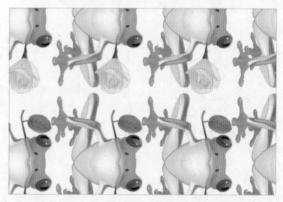

图5-251

以上介绍了3种图案旋转方法。使用Illustrator中的其他变换工具，如选择工具 ▶、镜像工具 ⟷、比例缩放工具 ⬚、倾斜工具 ⬙ 等也可以按照上面的方法对图案进行移动、镜像、缩放、变形等操作。

功能篇

第6章

渐变与渐变网格

## 6.1 渐变

渐变是指两种或者两种以上的颜色之间逐渐混合、逐渐过渡的填色方式。渐变可以存储为色板，以便将其应用于其他对象。

### 6.1.1 "渐变"面板

选择一个图形对象，单击工具箱底部的渐变按钮▣，即可为它填充默认的黑白线性渐变，如图6-1所示，同时还会弹出"渐变"面板，如图6-2所示。

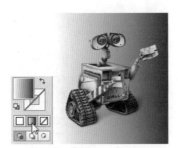

图6-1

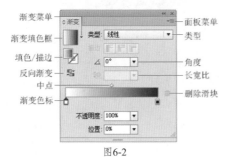

图6-2

- 渐变填色框：显示了当前的渐变颜色。单击它可以用渐变填充当前选择的对象。

- 渐变菜单：单击▾按钮，可以在打开的下拉菜单中选择一个预设的渐变，即"色板"面板中的渐变色板。

- 类型：在该选项的下拉列表中可以设置渐变类型，包括线性渐变（如图6-1所示），"径向"渐变，如图6-3所示。

- 反向渐变 ▦：单击该按钮，可以反转渐变颜色的填充顺序，如图6-4所示。

图6-3

图6-4

- 描边：按下▮按钮，可以在描边中应用渐变，如图6-5所示；按下▮按钮，则沿描边应用渐变，如图6-6所示；按下▮按钮，可跨描边应用渐变，如图6-7所示。

图6-5

图6-6

图6-7

- 角度 ◢：可以设置线性渐变的角度，如图6-8所示。

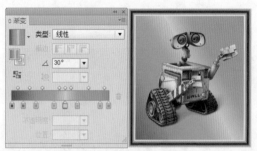
图6-8

- 长宽比 ▣：当填充径向渐变时，在该选项中输入数值可以创建椭圆渐变，如图6-9所示。此外，也可以修改椭圆渐变的角度来使其倾斜。

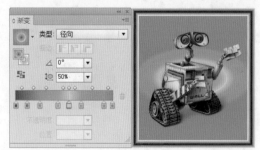
图6-9

- 中点/渐变色标/删除滑块：渐变色标用来设置渐变颜色和颜色的位置。中点用来定义两个滑块中颜色的混合位置。如果要删除滑块，可单

击它，将其选择，然后按下  按钮，或者直接将渐变色标拖动到面板外。

- 不透明度：单击一个渐变色标后，调整不透明度值，可以使颜色呈现透明效果。

- 位置：选择中点或渐变色标后，可以在该文本框中输入0到100之间的数值来定位其位置。

**相关知识链接**

如果要在对象之间创建颜色、不透明度和形状的混合和逐渐变化效果，可以使用"混合"命令或混合工具。相关内容请参阅"7.4 混合对象"。

**6.1.2 实例演练：渐变工具和渐变库**

❶打开光盘中的素材文件，如图6-10所示。使用选择工具 ▶ 选择矩形，如图6-11所示，单击工具箱底部的颜色按钮 ▢，将填色设置为当前编辑状态，如图6-12所示。

图6-10

图6-11

图6-12

❷单击"色板"面板中的渐变色板，可以使用预设的渐变填充图形，如图6-13、图6-14所示。

❸填充渐变后，可以使用渐变工具 ▭ 在画板中单击并拖动鼠标，调整渐变的位置和方向，如图6-15所示。按住Shift键可将渐变设置为水平、垂直和对角线方向。

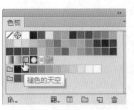

图6-13　　　　　　　　　　　图6-14

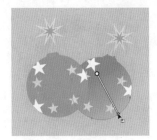

图6-15

❹单击"色板"面板底部的色板库菜单按钮 ，打开下拉菜单，"渐变"下拉菜单中包含了系统提供的各种渐变库，选择一个库文件，如图6-16所示，即可打开单独的面板，如图6-17所示。图6-18所示为使用渐变库填色的图形效果。

图6-16　　　　　　　　　　图6-17

图6-18

实用技巧

### 拉伸"渐变"面板

　　在"渐变"面板中添加多个色标时，色标的间隔会变得非常小，很难选择和添加新的色标。如遇此种情况，可以将光标放在面板右下角，单击并拖动鼠标将面板拉宽。

渐变色标过于紧密

将面板拉宽，增加色标间隔

### 6.1.3 实例演练：修改渐变中的颜色

　　选择填充了渐变的对象后，可以在"渐变"面板中增加和减少渐变颜色的数量、调整颜色的位置，以及修改渐变颜色。

❶打开光盘中的素材文件。使用选择工具 选择填充了渐变的对象，如图6-19所示。

❷单击最左侧的色标，如图6-20所示，在"颜色"面板中调整颜色即可修改渐变开始位置的颜色，如图6-21~图6-23所示。我们也可以将"颜色"面板或"色板"面板中的一种颜色拖到渐变色标上，修改渐变颜色，如图6-24、图6-25所示。

图6-19　　　　　　　　　图6-20

图6-21

图6-22

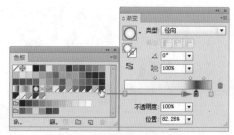

图6-26

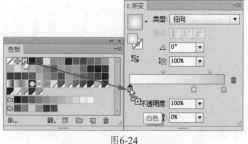

图6-23

图6-27

④拖动渐变色标，可以调整渐变颜色的混合位置，如图6-28、图6-29所示。

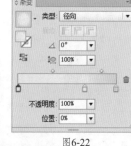

图6-24

图6-28

图6-29

⑤在渐变色条上，每两个渐变滑块的中间都有一个菱形的中点标记，默认情况下，它位于两个滑块的中心，即50％处。移动中点可以改变该点两侧滑块颜色的混合位置，如图6-30、图6-31所示。也可以选择中点，然后在"位置"文本框中输入数值进行精确调整。

图6-25

图6-30

图6-31

提示

　　选择一个渐变色标，按住Alt键单击"色板"面板中的色板，可以将该色板应用到所选色标上。

③将颜色从"色板"面板或"颜色"面板拖到渐变颜色条下方，可以添加新的色标，如图6-26、图6-27所示。此外，在渐变颜色条上单击也可以添加色标。如果要删除色标，可将其拖到面板外。

提示

　　按住Alt键拖动一个色标，可以复制它。按住Alt键将一个色标拖动到另一个色标上，则可以让这两个色标交换位置。

**实用技巧**

**保存渐变**

调整渐变颜色后，单击"色板"面板中的新建色板按钮 💷，打开"新建色板"对话框，输入渐变的名称，然后单击"确定"按钮，即可将渐变保存到"色板"面板中。

### 6.1.4 实例演练：编辑线性渐变

❶打开光盘中的素材文件。使用选择工具 ▲ 选择填充了渐变的对象，如图6-32所示。选择渐变工具 💷，图形上会显示渐变批注者，如图6-33所示。在线性渐变中，渐变颜色条最左侧的颜色为渐变色的起始颜色，最右侧的颜色为渐变色的终止颜色。

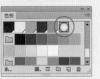

图6-32　　　　　　　图6-33

💡**提示**

执行"视图>显示渐变批注者"命令可以显示渐变批注者。

❷拖动左侧的圆形图标（渐变原点）可以水平移动渐变，如图6-34所示。拖动右侧的圆形图标可以调整渐变的半径，如图6-35所示。

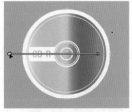

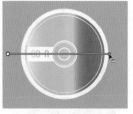

图6-34　　　　　　　图6-35

❸将光标放在右侧的圆形图标外（光标变为 🖑 状），单击并拖动鼠标即可旋转渐变，如图6-36所示。

❹将光标放在渐变批注者下方，可以显示渐变色标，如图6-37所示。将滑块拖动到图形外侧，可将其删除，如图6-38所示。移动滑块，可以调整渐变颜色的混合位置，如图6-39所示。

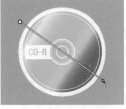
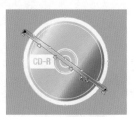

图6-36　　　　　　　图6-37

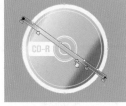

图6-38　　　　　　　图6-39

### 6.1.5 实例演练：编辑径向渐变

❶打开光盘中的素材文件。使用选择工具 ▲ 选择填充了渐变的对象，如图6-40所示。选择渐变工具 💷，图形上会显示渐变批注者。在径向渐变中，最左侧的渐变色标定义了颜色填充的中心点，它呈辐射状向外逐渐过渡到最右侧的渐变色标颜色。拖动左侧的圆形图标可以调整渐变的覆盖范围，如图6-41所示。

图6-40　　　　　　　图6-41

❷拖动中间的圆形图标可以移动渐变，如图6-42所示。在圆形外侧拖动可以旋转渐变，如图6-43所示。

图6-42　　　　　　图6-43

❸将光标放在如图6-44所示的图标上，单击并向下拖动即可调整渐变半径，生成椭圆形渐变，如图6-45所示。

图6-44　　　　　　图6-45

### 6.1.6　跨多个对象应用渐变

选择多个图形，如图6-46所示，单击"色板"面板中预设的渐变，可以为每一个图形都填充相同的渐变，如图6-47、图6-48所示。如果使用渐变工具 ▣ 在这些图形上方单击并拖动鼠标，则可以将这些图形作为一个整体应用渐变，如图6-49所示。

 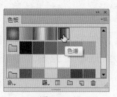

图6-46　　　　　　图6-47

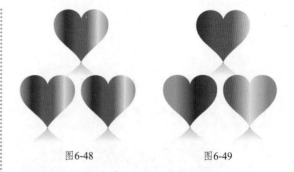

图6-48　　　　　　图6-49

### 6.1.7　将渐变扩展为图形

选择填充了渐变的对象，如图6-50所示，执行"对象>扩展"命令，打开"扩展"对话框，选择"填充"选项，在"指定"文本框中输入图形数值，即可将渐变填充扩展为相应数量的图形，如图6-51、图6-52所示。扩展出的所有图形会自动编为一组，并通过剪切蒙版控制显示区域。

图6-50　　　　　　图6-51

图6-52

## 6.2　创建渐变网格

网格对象是一种多色填充的对象，其上的颜色可以沿不同方向顺畅分布，并且从一点平滑过渡到另一点。移动和编辑网格线上的点，可以更改颜色的变化强度，或者更改对象上的着色区域范围。

## 6.2.1 认识渐变网格

创建网格对象时，会有多条线（称为网格线）交叉穿过对象，如图6-53所示。在网格线的相交处有一种特殊的锚点，称为网格点，它具有锚点的所有属性，只是增加了接受颜色的功能。我们可以添加和删除网格点、编辑网格点、更改与每个网格点相关联的颜色。任意4个网格点之间的区域称为网格面片。网格面片也可以着色。

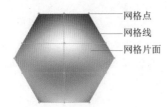

网格点
网格线
网格片面

图6-53

知识拓展

**渐变网格与渐变的区别**

渐变网格与渐变都可以在对象内部创建多种颜色平滑过渡的效果。它们的不同之处在于，渐变网格只能应用于一个图形，但可以在图形内产生多个渐变，让渐变沿不同的方向分布；渐变填充可以应用于一个或多个对象，但渐变的方向只能是单一的。

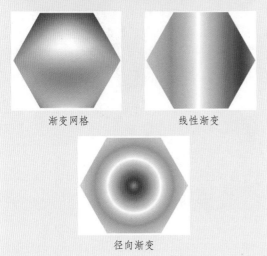

渐变网格　　　　　　　线性渐变

径向渐变

## 6.2.2 实例演练：使用网格工具创建渐变网格

❶打开光盘中的素材文件，如图6-54所示。在"色板"或"颜色"面板中为网格点设置颜色，如图6-55所示。

图6-54　　　　　　　图6-55

❷选择网格工具 ，将光标放在图形上（光标会变为 状），如图6-56所示，单击即可将其转换为一个具有最低网格线数的网格对象，如图6-57所示。

图6-56　　　　　　　图6-57

❸继续单击可添加其他网格点，如图6-58所示。按住 Shift 键单击可添加网格点而不改变当前的填充颜色。在"颜色"面板中调整该网格点的颜色如图6-59、图6-60所示。

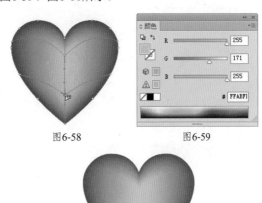

图6-58　　　　　　　图6-59

图6-60

💡提示

基于矢量对象（复合路径和文本对象除外）可以创建网格对象，但不能通过链接的图像创建网格对象。复杂的网格对象会使系统性能大大降低，因此，最好创建若干小且简单的网格对象，而不要创建单个复杂的网格对象。

### 6.2.3 实例演练：使用命令创建渐变网格

❶打开光盘中的素材文件。使用选择工具 ▶ 选择图形，如图6-61所示。

❷执行"对象>创建渐变网格"命令，打开"创建渐变网格"对话框，如图6-62所示。在"行数"和"列数"选项中输入水平方向和垂直方向的网格线的数量，范围为1~50，再从"外观"菜单中选择高光的方向，单击"确定"按钮，即可将对象转换为网格对象。将"外观"设置为"平淡色"时，不会创建高光，如图6-63所示；设置为"至中心"时，可在对象中心创建高光，如图6-64所示；设置为"至边缘"时，可在对象的边缘处创建高光，如图6-65所示。选择后两个选项后，可以在"高光"选项中设置高光的强度。该值为100%时，可以将最大的白色高光应用于对象；该值为0%时，则不会在对象中应用任何白色高光。

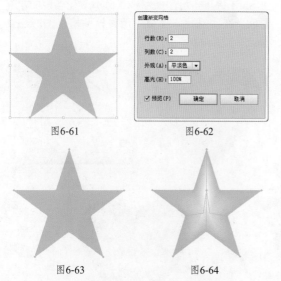

图6-61　　　　　图6-62

图6-63　　　　　图6-64

图6-65

### 6.2.4 将渐变对象转换为网格对象

选择一个渐变填充对象，如图6-66所示，执行"对象>扩展"命令，打开"扩展"对话框，选择"渐变网格"选项，如图6-67所示，单击"确定"按钮，可将对象转换为具有渐变外观的网格对象，如图6-68所示。

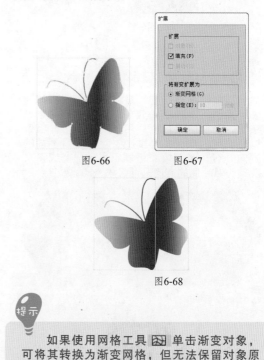

图6-66　　　　　图6-67

图6-68

💡提示

如果使用网格工具 🔲 单击渐变对象，可将其转换为渐变网格，但无法保留对象原有的渐变外观。

## 6.3 编辑渐变网格

渐变网格是Illustrator中最强大的造型工具，它甚至可以表现类似于相片般的写实效果。渐变网格的着色方法比较简单，网格点的编辑方法也与锚点的编辑方法基本相同。

### 6.3.1 实例演练：为网格点着色

❶打开光盘中的素材文件，如图6-69所示。单击工

具箱中的填色按钮 🔲，切换到填色编辑状态，如图6-70所示。

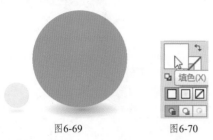

图6-69　　　　　　　　　　图6-70

❷选择网格工具 ，在网格点上单击，将其选择，如图6-71所示，拖动"颜色"面板中的滑块，可以调整网格点的颜色，如图6-72、图6-73所示。

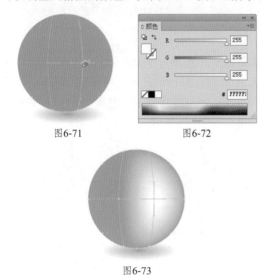

图6-71　　　　　　　　　　图6-72

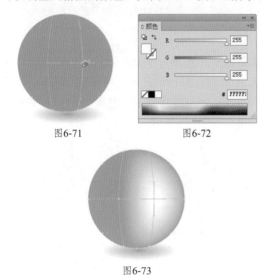

图6-73

❸继续选择网格点，单击"色板"面板中的一个色板，即可为所选网格点着色，如图6-74所示。此外，我们也可以直接将"色板"面板中的色板拖动到一个网格点上来为其着色，如图6-75所示。

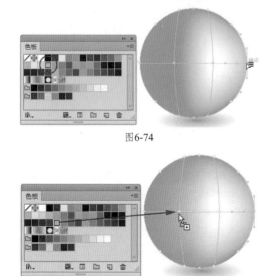

图6-74

图6-75

❹使用网格工具 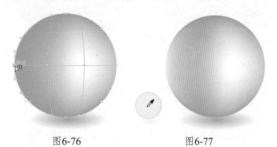 选择一个网格点，如图6-76所示，选择吸管工具 ，将光标放在一个单色填充的对象上，单击鼠标即可拾取该对象的颜色，并将其应用到所选网格点上，如图6-77所示。

图6-76　　　　　　　　　　图6-77

## 6.3.2 实例演练：为网格片面着色

❶打开光盘中的素材文件。使用直接选择工具 在网格片面上单击，将其选择，如图6-78所示。拖动"颜色"面板中的滑块，可以调整所选网格片面的颜色，如图6-79、图6-80所示。

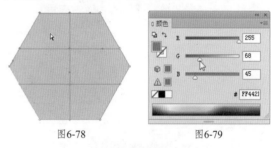

图6-78　　　　　　　　　　图6-79

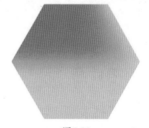

图6-80

❷选择另一处网格片面，单击"色板"面板中的色板，可以为其着色，如图6-81所示。此外，将"色板"面板中的一个色板拖到网格面片上，也可为其着色，如图6-82。

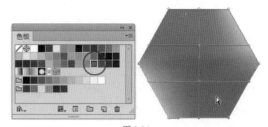

图6-81

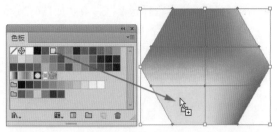

图6-82

图6-85

提示

选择网格片面后，使用吸管工具 在一个单色填充的对象上单击，可拾取该对象的颜色并将其应用到所选网格片面上。

提示

按住 Shift键拖动网格点，可以将它的移动范围限定在网格线上。

知 识 拓 展

**网格点与网格片面着色时的区别**

在网格点上应用颜色时，颜色会以该点为中心向外扩散；在网格片面中应用颜色时，则会以该区域为中心向外扩散。

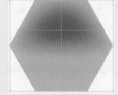为网格点着色

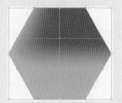为网格片面着色

❷如果要同时选择多个网格点，可以使用直接选择工具 按住Shift键在各个网格点上单击，如图6-86所示，或者使用套索工具 在网格对象上绘制选区，如图6-87所示。

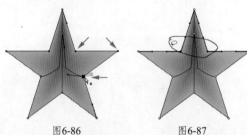

图6-86　　　　　图6-87

❸使用网格工具 或直接选择工具 选择网格点后，会显示方向线，如图6-88所示，此时可以像编辑任何锚点一样，通过移动方向线来修改网格线的形状，从而调整颜色的混合范围，如图6-89所示。如果按住Shift键拖动方向点，则一次可以移动网格点的所有方向线。

### 6.3.3　实例演练：编辑网格点和网格片面

❶打开光盘中的素材文件，如图6-83所示。选择网格工具 ，将光标放在网格点上（光标变为 状），单击即可选择网格点，如图6-84所示。单击并拖动鼠标可以移动网格点，如图6-85所示。

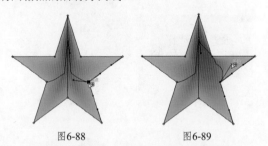

图6-88　　　　　图6-89

❹使用网格工具 在网格线或网格片面上单击，可以添加网格点，如图6-90所示。如果要删除网格点，可按住Alt键（光标会变为 状）单击网格点，由该点连接的网格线也会同时被删除。

❺使用直接选择工具 在网格片面上单击，可以选择网格片面，如图6-91所示。单击并拖动鼠标，可以移动该网格片面，如图6-92所示。

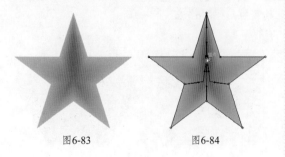

图6-83　　　　　图6-84

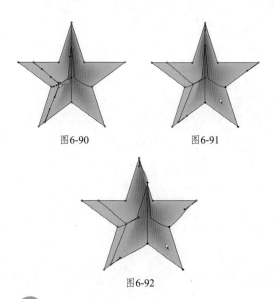

图6-90　　　　　　图6-91

图6-92

### 6.3.4　设置网格的透明度

选择一个或多个网格点或网格面片，如图6-93所示，通过"透明度"面板、控制面板或"外观"面板中的"不透明度"滑块可设置其不透明度，如图6-94、图6-95所示。

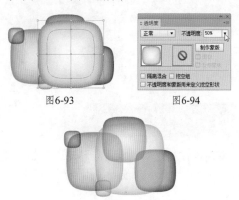

图6-93　　　　　　图6-94

图6-95

**提示**

使用添加锚点工具 在网格线上单击可以添加锚点。使用删除锚点工具 单击网格线上的锚点可删除锚点。

**相关知识链接**

"透明度"面板不仅可以调整图形的透明度，还可以用来创建不透明度蒙版和挖空效果。关于该面板的更多内容，请参阅"9.2不透明度"。

**知识拓展**

#### 网格点与锚点的区别

在网格对象中，网格点的外观为菱形，它具有锚点的所有属性，并且可以接受颜色。网格中也可以出现锚点，其外观为正方形。锚点不能接受颜色，它的用途是可以修改网格线的形状。此外，添加锚点时不会生成网格线，删除锚点时也不会删除网格线。

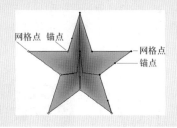

网格点　锚点
网格点
锚点

### 6.3.5　将网格对象转换回路径

选择网格对象，如图6-96所示，执行"对象>路径>偏移路径"命令，打开"偏移路径"对话框，将"位移"值设置为0，如图6-97所示，然后单击"确定"按钮，即可基于网格对象偏移出新的路径。新路径与网格对象重合在一起，可以使用选择工具 将它们分开。图6-98所示为偏移出的路径。

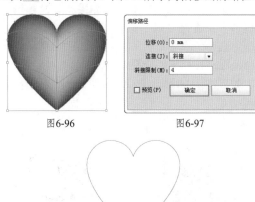

图6-96　　　　　　图6-97

图6-98

**实用技巧**

#### 网格点添加技巧

为网格点着色后，如果使用网格工具 在网格区域单击，新生成的网格点将与上一个网格点使用相同的颜色。如果按住Shift键单击，则可添加网格点，但不改变其填充颜色。

125

# 功能篇

## 7.1 变换操作

变换操作是指对对象进行移动、旋转、镜像、缩放和倾斜等操作。我们可以通过"变换"面板、"对象>变换"命令，或者使用专用的变换工具来进行变换，也可以直接在对象的定界框上完成多种变换。

使用选择工具 ▶ 选择对象时，对象周围会显示定界框，如图7-1所示。定界框四周的小方块是控制点，拖动它们就可以自由移动、旋转、镜像和缩放对象。定界框中心有一个 ■ 状的中心点，在进行旋转和缩放等操作时，对象会以中心点为基准进行变换。图7-2所示为旋转对象时的效果。

**提示**

如果要隐藏定界框，可以执行"视图>隐藏定界框"命令。当定界框被隐藏时，选中的对象就只能通过旋转、缩放等变换工具和变换命令来进行变换操作。执行"视图>显示定界框"命令可以重新显示定界框。

图7-1　　　　　图7-2

使用旋转工具 ◯、镜像工具 ◺、比例缩放工具 ◳、倾斜工具 ◿ 时，在窗口中单击并拖动鼠标，可基于中心点变换对象。如果要让对象围绕其他参考点变换，则可在窗口中任意一点单击，重新定义参考点（◆ 状图标），如图7-3所示，再拖动鼠标进行相应的变换操作，如图7-4所示。此外，如果按住Alt键单击，还会弹出一个对话框，在对话框中可以设置缩放比例、旋转角度等选项，从而实现精确地变换操作。

### 7.1.1 实例演练：使用选择工具移动对象

❶打开光盘中的素材文件，使用选择工具 ▶ 在对象上方单击，如图7-5所示，拖动鼠标即可移动对象，如图7-6所示。按住Shift键可沿水平、垂直或对角线方向移动。

图7-5　　　　　　　图7-6

图7-3　　　　　图7-4

❷如果要精确定义移动距离，可在选择对象以后，双击选择工具 ▶，打开"移动"对话框设置参数，如图7-7、图7-8所示。

图7-7　　　　　　　　　图7-8

 实用技巧

**使用方向键轻移对象**

选择对象后，根据对象移动方向按下相应的←↑↓→键，即可轻微移动对象。如果同时按Shift键和方向键，则可以使对象按"键盘增量"首选项所设定值的10倍移动。如果要修改"键盘增量"首选项的设置，可以执行"编辑>首选项>常规"命令，在打开的对话框中设置。

**7.1.2　实例演练：使用旋转工具旋转对象**

❶打开光盘中的素材文件，如图7-9所示。我们要将右侧的图形素材拖放到左侧的花环上，围绕花环呈放射状排列。

图7-9

❷使用选择工具 选中圣诞树，拖到花环左上方，如图7-10所示。使用旋转工具 向左拖动圣诞树，可基于其中心点朝逆时针方向旋转，如图7-11所示。如果要进行小幅度的旋转，可以在远离对象的位置拖动鼠标。

❸如果要设置精确的旋转角度，可双击旋转工具 ，打开"旋转"对话框输入角度值，然后单击

"确定"按钮，如图7-12、图7-13所示。使用选择工具 将其他图形拖至花环上，再用旋转工具 调整角度，制作出如图7-14所示的效果。

图7-10　　　　　　　　图7-11

图7-12　　　　　　　　图7-13

图7-14

 提示

当旋转角度为正值时，对象沿逆时针方向旋转；为负值时，对象沿顺时针方向旋转。如果单击"对话框"中的"复制"按钮，则可旋转并复制出一个对象。

实用技巧

**重置定界框**

旋转对象后，对象的定界框也会同时旋转。如果要复位定界框，可以执行"对象>变换>重置定界框"命令。

## 7.1.3 实例演练：使用镜像工具制作倒影

❶打开光盘中的素材文件，如图7-15所示。使用选择工具 ▶ 选中人物。选择镜像工具 ⚲，按住Alt键在脚底单击，如图7-16所示，将参考点定位在此处，同时弹出"镜像"对话框。

图7-15　　　　　　　　图7-16

❷选择"水平"选项，单击"复制"按钮复制图像，如图7-17、图7-18所示。

图7-17　　　　　　　　图7-18

❸在控制面板中设置图形的不透明度为40%，如图7-19所示。用同样的方法给楼房图形制作倒影效果，如图7-20所示。

图7-19　　　　　　　　图7-20

💡提示

　　使用镜像工具 ⚲ 直接在所选对象上拖动可翻转对象，操作时按住Shift键，对象会以45°为增量进行旋转。

## 7.1.4 实例演练：使用比例缩放工具缩放对象

❶打开光盘中的素材文件，如图7-21所示。使用选择工具 ▶ 选中小猪，按住Alt键拖动鼠标进行复制，如图7-22所示。

图7-21　　　　　　　　图7-22

❷双击比例缩放工具 ⬚，打开"比例缩放"对话框。选择"等比"选项，在"比例缩放"选项内输入数值，进行等比缩放，如图7-23、图7-24所示。使用选择工具 ▶ 按住Alt键拖动小猪，复制到右侧眼镜上，如图7-25所示。

图7-23　　　　　　　　图7-24

图7-25

💡提示

　　在"比例缩放"对话框中设置参数时，如果选择"不等比"选项，可以分别指定"水平"和"垂直"缩放比例，进行不等比缩放。如果要进行自由缩放，可以使用比例缩放工具 ⬚ 直接在所选对象上拖动鼠标。在离对象较远的位置拖动，可进行小幅度的缩放。

## 7.1.5 实例演练：使用倾斜工具表现透视效果

❶打开光盘中的素材文件，如图7-26所示。使用选择工具 ▶ 选中花纹图案，拖放到手提袋上面，将光标放在定界框的一角，按住Shift键拖动鼠标，调整图案大小，使其适合手袋，如图7-27所示。

图7-26

图7-27

❷选择倾斜工具 ⏷，单击并拖动鼠标倾斜对象，根据手袋垂直边线的角度调整图案的倾斜方向，如图7-28所示。按下Ctrl+[ 快捷键将图案移至手袋绳后面，如图7-29所示。

图7-28

图7-29

💡提示

使用倾斜工具 ⏷ 时，如果要沿对象的垂直轴倾斜对象，可以向上或向下拖动鼠标（按住 Shift 键可保持其原始宽度）；如果要沿对象的水平轴倾斜对象，可向左或向右拖动鼠标（按住 Shift 键可保持其原始高度）。

❸如果要按照指定的方向和角度倾斜对象，可在选中对象后，双击倾斜工具 ⏷，打开"倾斜"对话框。首先选择沿哪条轴（"水平"、"垂直"或

指定轴的"角度"）倾斜对象，然后在"倾斜角度"选项内输入倾斜的角度，如图7-30所示，单击"确定"按钮，如图7-31所示。如果单击"复制"按钮，则可以复制对象，并倾斜复制后得到的对象。

图7-30　　　　　　　图7-31

## 7.1.6 实例演练：使用再次变换制作图案

在对图形进行变换操作后，保持对象的选择状态，按下Ctrl+D快捷键可以再次应用相同的变换，在Illustrator中常用这种方法制作各种花纹图案。

❶打开光盘中的素材文件，如图7-32所示，我们要在该素材的基础上制作一个不干胶贴纸，图中的红线为参考线。选择极坐标网格工具 ⊛，在画面中单击，弹出"极坐标网格工具选项"对话框，设置网格的宽度与高度均为10mm，同心圆分隔线为0，径向分隔线为27，如图7-33所示，单击"确定"按钮创建一个网格图形。在控制面板中设置描边颜色为浅黄色，如图7-34所示。

图7-32　　　　　　图7-33

❷选择旋转工具，将光标放在两条红色参考线的交叉点上，如图7-35所示，按住Alt键单击弹出“旋转”对话框，设置“角度”为10°，单击“复制”按钮，如图7-36所示，旋转并复制一个网格图形，如图7-37所示。

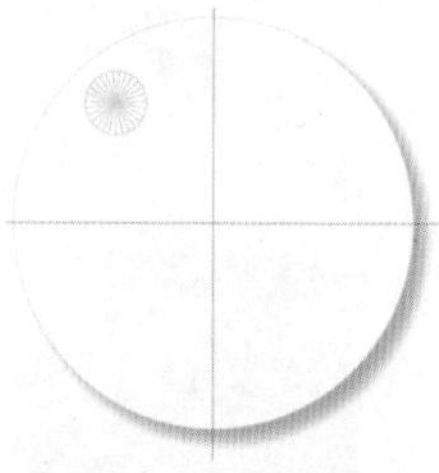
图7-34

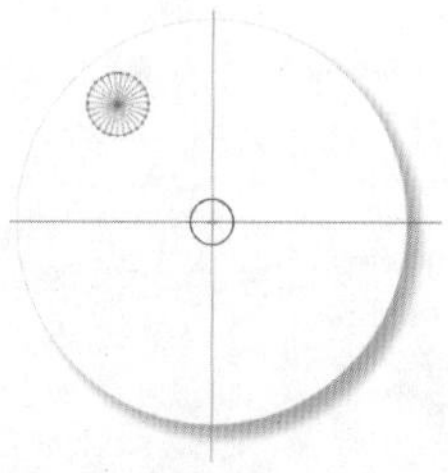
图7-35

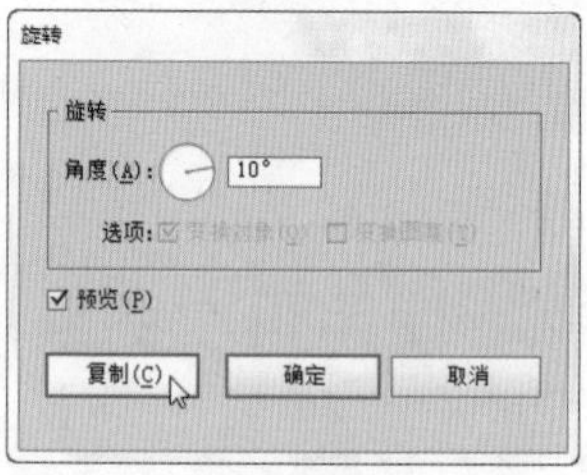

图7-36

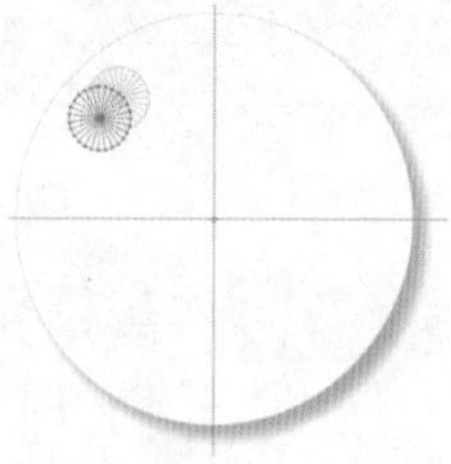
图7-37

❸连续按下Ctrl+D快捷键（或连续执行“对象>变换>再次变换”命令）变换图形，直到用网格图形组成一个完整的圆形，如图7-38所示。按下Ctrl+A快捷键选取这些网格图形，按下Ctrl+G快捷键编组，如图7-39所示。选择椭圆工具，将光标放在参考线的交叉点上，按住Alt+Shift键由中心向外拖动鼠标创建一个圆形，如图7-40所示。

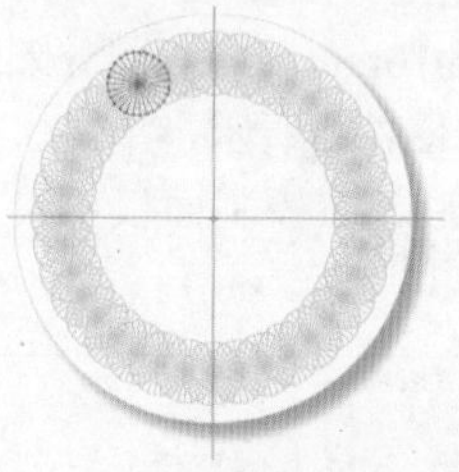
图7-38

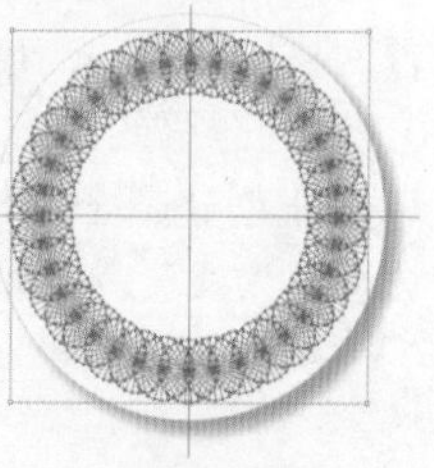
图7-39

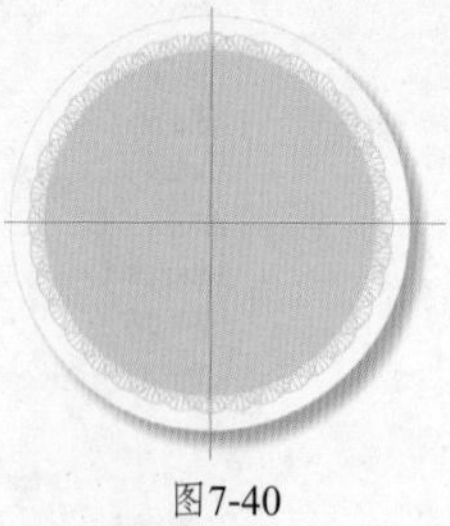
图7-40

❹使用选择工具选取网格图形，按下Ctrl+C快捷键复制，在画板空白处单击，按下Ctrl+F快捷键粘贴到前面，设置描边颜色为绿色，如图7-41所示。双击比例缩放工具，打开“比例缩放”对话框。设置参数如图7-42所示，将图形成比例缩小，如图7-43所示。在贴纸中间绘制心形并输入文字，效果如图7-44所示。用同样的方法还可以制作出更多有趣的贴纸效果，如图7-45所示。

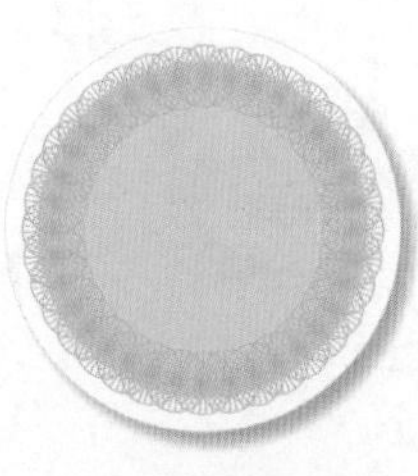
图7-41

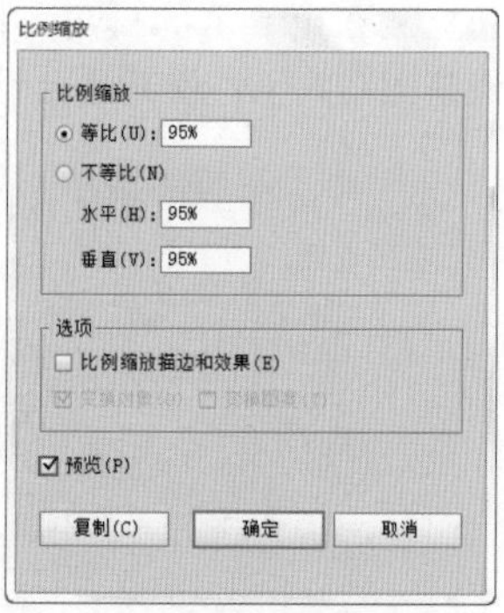

图7-42

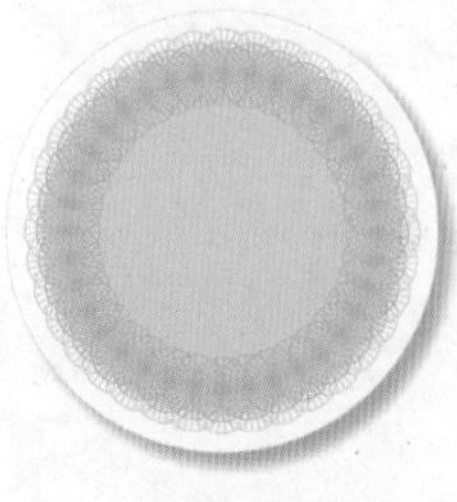
图7-43

图7-44

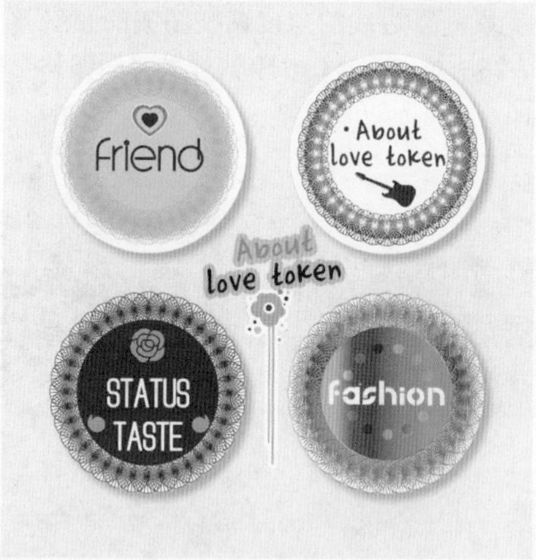

图7-45

## 7.1.7 “变换”面板

“变换”面板可以进行精确的变换操作，如图7-46所示。选择对象后，只需在面板的选项中输入数值并按下回车键即可进行变换处理。此外，我们还可以选择菜单中的命令，对图案、描边等单独应用变换，如图7-47所示。

图7-46　　　　　图7-47

- 参考点定位器 ▦：进行移动、旋转或缩放操作时，对象以参考点为基准进行变换。在默认情况下，参考点位于对象的中心，如果要改变它的位置，可单击参考点定位器上的空心小方块。

- X/Y：分别代表了对象在水平和垂直方向上的位置，在这两个选项中输入数值可精确定位对象在画板中的位置。

- 宽/高：分别代表了对象的宽度和高度，在这两个选项中输入数值可以将对象缩放到指定的宽度和高度。如果按下选项右侧的 ⬝ 按钮，则可进行等比缩放。

- 旋转 △：可输入对象的旋转角度。

- 倾斜 ⧄：可输入对象的倾斜角度。

- 缩放描边和效果：对描边和效果应用变换。

- 对齐像素网格：将对象对齐到像素网格上，使对齐效果更加精准。

## 7.1.8 实例演练：通过分别变换制作花朵

如果要同时应用移动、旋转、缩放等变换操作，可以选择需要变换的对象，通过"分别变换"命令进行设置。

❶使用多边形工具 ⬡ 按住Shift键绘制一个六边形（按下↑、↓键可以调整多边形边数），在"渐变"面板中调整渐变颜色，如图7-48、图7-49所示。执行"效果>扭曲和变换>收缩和膨胀"命令，在打开的对话框中设置参数为27%，使图形向外膨胀，如图7-50、图7-51所示。

❷执行"对象>变换>分别变换"命令，打开"分别变换"对话框，设置垂直与水平缩放均为80%，旋转角度为30°，单击"复制"按钮，如图7-52所示，将图形缩小、旋转并且复制，如图7-53所示。

按下Ctrl+D快捷键再次变换，直到形成一个完整的花朵图形，如图7-54、图7-55所示。

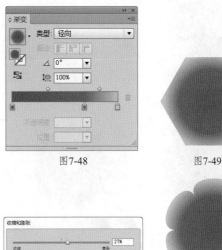

图7-48　　　　　图7-49

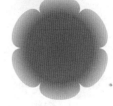

图7-50　　　　　图7-51

图7-52　　　　　图7-53

图7-54　　　　　图7-55

❸用同样的方法制作仙人球。使用多边形工具 ⬡ 绘制多边形的过程中，按下键盘中的↑键，创建一个12边形，填充绿色渐变，如图7-56所示。执行"效果>扭曲和变换>收缩和膨胀"命令，设置收缩和膨胀参数为-27%，如图7-57、图7-58所示。再通过"分别变换"与"再次变换"命令制作出仙人球效果，如图7-59所示。

131

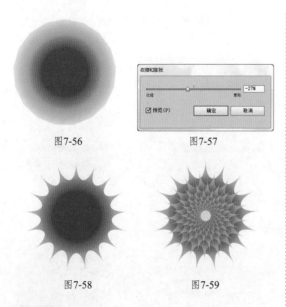

图7-56　　　　　　图7-57

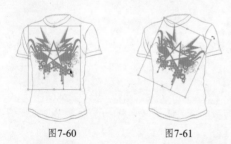

图7-58　　　　　　图7-59

## 7.1.9 实例演练：通过定界框变换对象

❶打开光盘中的素材文件，使用选择工具 ▶ 选择对象，如图7-60所示，将光标放在定界框外，当光标变为 ↻ 状时，单击并拖动鼠标即可旋转对象，如图7-61所示。按住Shift键可以45°为增量旋转对象。

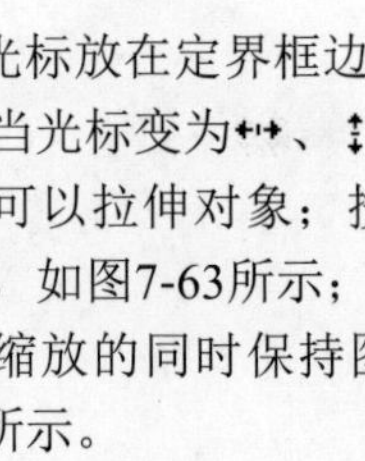

图7-60 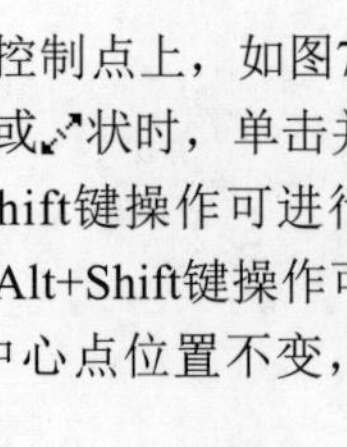　　　　　　图7-61

❷将光标放在定界框边角的控制点上，如图7-62所示，当光标变为 ↔、↕、↖或↗状时，单击并拖动鼠标可以拉伸对象；按住Shift键操作可进行等比缩放，如图7-63所示；按住Alt+Shift键操作可以在等比缩放的同时保持图形中心点位置不变，如图7-64所示。

图7-62 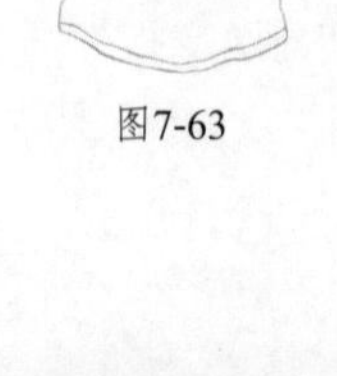　　　　　　图7-63

图7-64

❸将光标放在定界框中央的控制点上，如图7-65所示，单击并向图形另一侧拖动鼠标可翻转对象，如图7-66所示；拖动时按住Alt键，可原位翻转，如图7-67、图7-68所示。

图7-65　　　　　　图7-66

图7-67　　　　　　图7-68

### 实用技巧

**改变定界框的颜色**

　　定界框的颜色为对象所在图层的颜色。如果要修改定界框的颜色，可以双击对象所在的图层，打开"图层选项"对话框进行设置。关于图层颜色的详细内容请参阅"9.1.4修改图层的名称和颜色"。

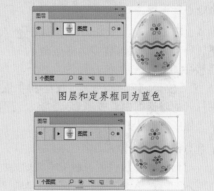

图层和定界框同为蓝色

图层和定界框同为红色

## 7.1.10 实例演练：通过自由变换工具变换对象

自由变换工具  可以灵活地对所选对象进行变换操作。在进行移动、旋转和缩放时，操作方法与前面介绍的选择工具 ▶ 完全相同。该工具的特别之处是可以创建扭曲和透视效果。

❶打开光盘中的素材文件，使用选择工具 ▶ 选择画面中的房子，如图7-69所示。选择自由变换工具 ，将光标放在控制点上，如图7-70所示，先单击鼠标，然后按住Ctrl键拖动即可扭曲对象，如图7-71、图7-72所示。

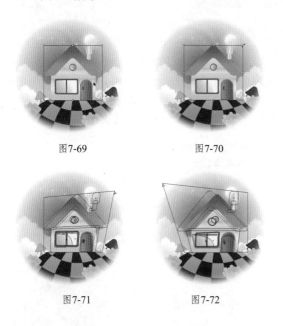

图7-69　　　　　　　　图7-70

图7-71　　　　　　　　图7-72

❷单击鼠标以后，按住Ctrl+Alt键拖动，则可以产生斜切效果，如图7-73所示；按住Ctrl+Alt+Shift键拖动，可创建透视效果，如图7-74所示。扭曲图形后，使用选择工具 ▶ 按住Alt键拖动图形进行复制，将复制后的图形适当缩小，移动到房子上面，如图7-75所示。

图7-73　　　　　　　　图7-74

图7-75

## 7.2 变形操作

在Illustrator中编辑图形时，如果想要通过手绘的方式创建收缩、膨胀、旋转扭曲等效果，可以使用各种液化工具。

### 7.2.1 变形工具

变形工具 适合创建比较随意的变形效果。例如，如果我们要对如图7-76所示的女孩的头发进行变形处理，为了不影响其他图形，可先用选择工具 ▶ 选取这个图形，然后选择变形工具 ，在图形上单击并拖动鼠标即可单独对其进行变形处理，如图7-77所示。

图7-76　　　　　　　　图7-77

133

**实用技巧**

**液化工具的使用技巧**

　　使用变形、旋转扭曲、缩拢等任意液化工具时，按住Alt键，然后在画板空白处拖动鼠标可以调整工具的大小。液化工具可以处理未选取的图形，如果要将扭曲限定为一个或者多个对象，可在使用液化工具之前先选择这些对象。液化工具不能用于链接的文件，或包含文本、图形或符号的对象。

## 7.2.2　旋转扭曲工具

　　旋转扭曲工具 ⟳ 可以使图形产生漩涡状变形效果，如图7-78所示。选择该工具后，在需要变形的对象上单击即可扭曲对象。按住鼠标按键的时间越长，生成的漩涡越多。如果同时拖动鼠标，则可在拉伸对象的过程中生成漩涡。

## 7.2.3　缩拢工具

　　缩拢工具 ✶ 通过向十字线方向移动控制点的方式收缩对象，使图形产生向内收缩的变形效果，如图7-79所示。选择该工具后，在需要变形的对象上单击鼠标即可扭曲对象，也可以通过单击并拖动鼠标的方式创建扭曲效果。

图7-78　　　　　　　　图7-79

## 7.2.4　膨胀工具

　　膨胀工具 ◇ 可通过向远离十字线方向移动控制点的方式扩展对象，创建与缩拢工具相反的膨胀效果，如图7-80所示。使用该工具时可单击图形，或者单击并拖动鼠标进行扭曲操作。

## 7.2.5　扇贝工具

　　扇贝工具 ⑂ 可以向对象的轮廓添加随机弯曲的细节，创建类似贝壳表面的纹路效果，如图

7-81所示。使用该工具时可单击图形，或者单击并拖动鼠标进行扭曲操作，按住鼠标按键的时间越长，产生的变形效果越强烈。

图7-80　　　　　　　　图7-81

## 7.2.6　晶格化工具

　　晶格化工具 ⑂ 可以向对象的轮廓添加随机锥化的细节。该工具与扇贝工具的作用效果相反，扇贝工具产生向内的弯曲，而晶格化工具产生向外的尖锐凸起，如图7-82所示。该工具可通过单击、单击并拖动鼠标的方式扭曲对象，按住鼠标按键的时间越长，产生的变形效果越强烈。

## 7.2.7　皱褶工具

　　皱褶工具 ⌒ 可以向对象的轮廓添加类似于皱褶的细节，产生不规则的起伏，如图7-83所示。该工具可通过单击、单击并拖动鼠标的方式扭曲对象，按住鼠标按键的时间越长，产生的变形效果越强烈。

图7-82　　　　　　　　图7-83

## 7.2.8　变形工具选项

　　双击任意一个液化工具，都可以打开"变形工具选项"对话框，如图7-84所示。在对话框中可以设置以下选项。

- **宽度/高度**：用来设置使用工具时画笔的大小。

- **角度**：用来设置使用工具时画笔的方向。

图7-84

● 强度：指定扭曲的改变速度。该值越大，扭曲对象的速度越快。

● 使用压感笔：当计算机安装了数位板和压感笔时，该选项可用。选择该选项后，可通过压感笔的压力控制扭曲的强度。

● 细节：指定引入对象轮廓的各点间的间距（值越大，间距越小）。

● 简化：指定减少多余锚点的数量，但不会影响形状的整体外观。该选项用于变形、旋转扭曲、收缩和膨胀工具。

● 显示画笔大小：选择该项，可在画板中显示工具的形状和大小。

● 重置：单击该按钮，可以将对话框中的参数设置恢复为Illustrator默认状态。

## 7.3 使用封套扭曲对象

封套扭曲是Illustrator中最灵活的变形功能，它可以将所选对象按照封套的形状变形。封套是对所选对象进行扭曲的对象，被扭曲的对象则是封套内容。在应用了封套扭曲之后，可继续编辑封套形状或封套内容，还可以删除或扩展封套。

### 7.3.1 实例演练：用变形建立封套扭曲

❶打开光盘中的素材文件，使用选择工具 ▶ 选取文字，如图7-85所示。

图7-85

❷执行"效果>风格化>圆角"命令，设置半径为4mm，使文字呈现圆角效果，如图7-86、图7-87所示。

图7-86           图7-87

❸选取每个文字并填充不同的颜色，调整文字位置，将卡通人像放在文字中，如图7-88所示。

图7-88

❹按下Ctrl+A快捷键选择所有图形，按下Ctrl+G快捷键编组。执行"对象>封套扭曲>用变形建立"命令，打开"变形选项"对话框，在"样式"下拉列表中选择"上弧形"，设置参数如图7-89所示。单击"确定"按钮，创建封套扭曲，使文字与图形产生变形效果，如图7-90所示。

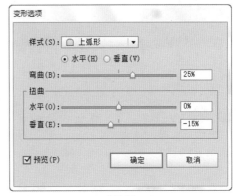

图7-89

图7-90

135

## "变形选项"对话框

"变形选项"对话框中包含15种封套形状，如图7-91所示。选择其中的一种之后，还可以拖动下面的滑块调整变形参数，修改扭曲程度、创建透视效果。

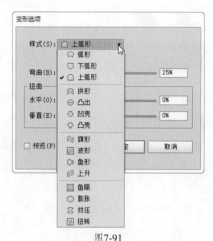

图7-91

● 样式：在该选项的下拉列表中可以选择一种变形样式，图7-92所示为原图形及各种样式的扭曲效果。

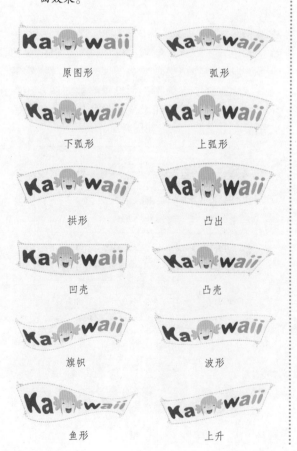

| | |
|---|---|
| 原图形 | 弧形 |
| 下弧形 | 上弧形 |
| 拱形 | 凸出 |
| 凹壳 | 凸壳 |
| 旗帜 | 波形 |
| 鱼形 | 上升 |

鱼眼

膨胀

挤压

扭转

图7-92

● 弯曲：用来设置扭曲程度，该值越大，扭曲强度越大。

● 扭曲：包括"水平"和"垂直"两个扭曲选项，可以使对象产生透视效果，如图7-93所示。

水平0、垂直0

水平-50

水平50

垂直-20

垂直20

图7-93

提示

在Illustrator中不是所有对象都能做封套扭曲的，如图表、参考线和链接对象不能进行封套扭曲。

实用技巧

**修改变形效果**

使用“对象>封套扭曲>用变形建立”命令扭曲对象以后，可以选择对象，执行“对象>封套扭曲>用变形重置”命令，打开“变形选项”对话框修改变形参数，制作出不同的变形效果。

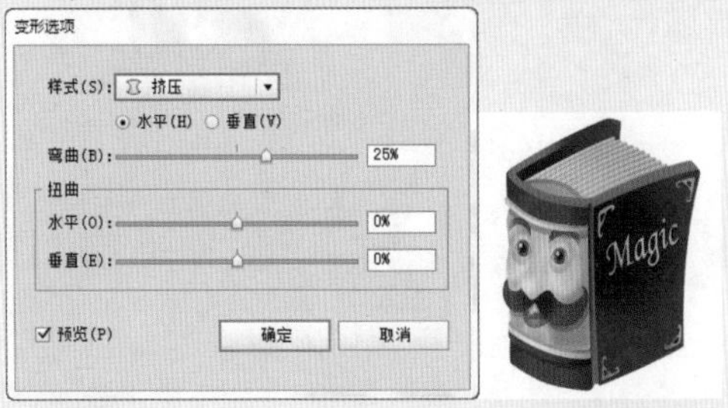


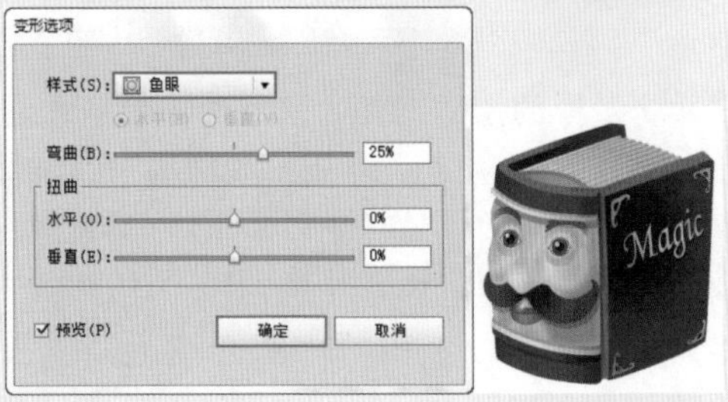


## 7.3.2 实例演练：用网格建立封套扭曲

用网格建立封套扭曲是指在对象上创建变形网格，然后通过调整网格点来扭曲对象。它要比使用Illustrator预设的封套（“用变形建立”命令）灵活得多。

❶打开光盘中的素材文件，使用选择工具选取化妆瓶上的图形，如图7-94所示。

❷执行“对象>封套扭曲>用网格建立”命令，在打开的对话框中设置网格线的行数和列数，如图7-95所示，单击“确定”按钮，创建变形网格，如图7-96所示。

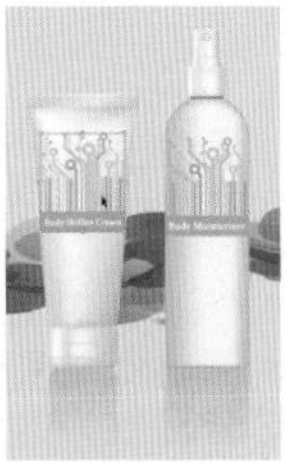

图7-94

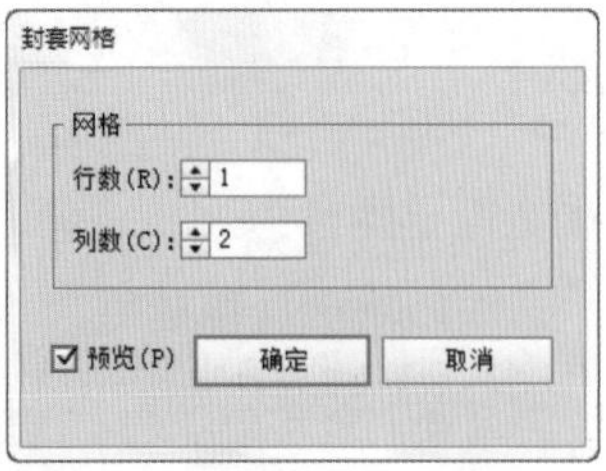


图7-95

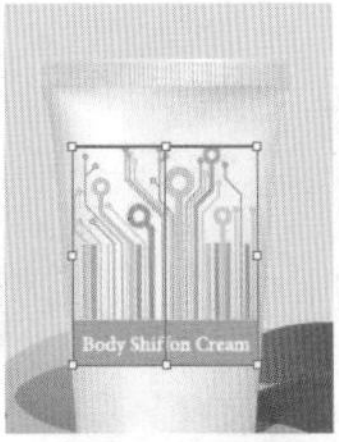

图7-96

❸变形网格的网格点与路径上的锚点完全相同。用直接选择工具按住Shift键单击中间的两个网格点，将它们选中，如图7-97所示，按下↓键向下移动，如图7-98所示。调整右侧的锚点位置和方向线，如图7-99所示，左侧和底部的锚点也做同样的处理，这样可以使图标符合化妆瓶的结构，如图7-100所示。

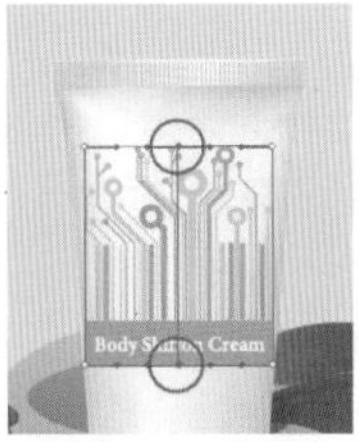

图7-97

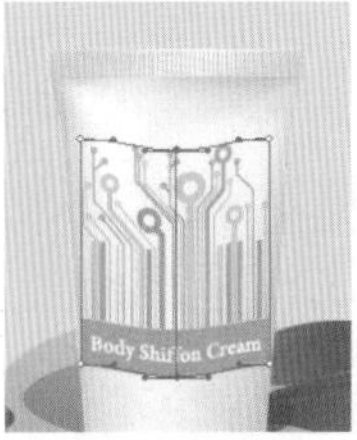

图7-98

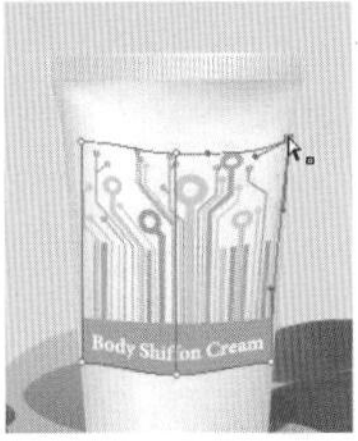

图7-99

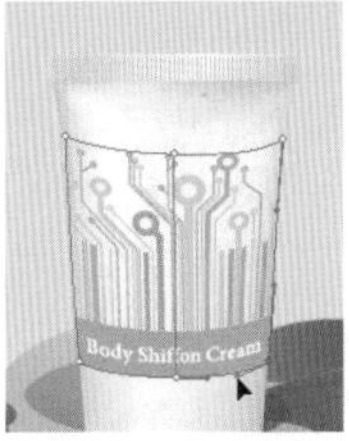

图7-100

❹用同样的方法给另一个瓶子上的图标创建网格，效果如图7-101所示。

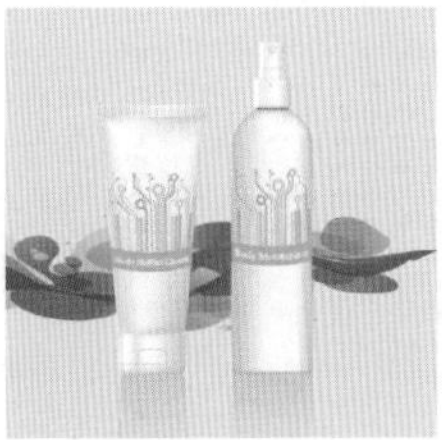

图7-101

**实用技巧**

**重新设定网格**

如果使用网格建立封套扭曲，则选择对象以后，可在控制面板中修改网格线的行数和列数，也可以单击"重设封套形状"按钮，将网格恢复为原有的状态。

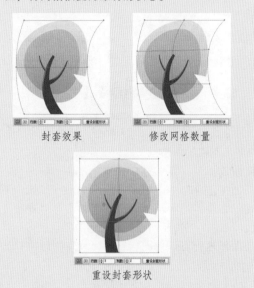

封套效果　　　　　修改网格数量

重设封套形状

## 7.3.3 实例演练：用顶层对象建立封套扭曲

用顶层对象建立封套扭曲是指在一个对象上面放置另外一个图形，用该图形扭曲下面的对象。下面我们就通过这种方法，制作一个七彩镭射灯。

❶打开光盘中的素材文件，如图7-102所示。使用椭圆工具 按住Shift键绘制一个圆形，如图7-103所示。按下Ctrl+A快捷键全选，执行"对象>封套扭曲>用顶层对象建立"命令，或按下Alt+Ctrl+C快捷键创建封套扭曲，即可用圆形扭曲下面的图形，如图7-104所示。

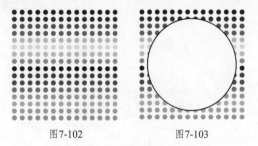

图7-102　　　　　　　图7-103

❷双击旋转工具 ，设置旋转角度为45°，单击

"复制"按钮，如图7-105所示，旋转并复制图形，效果如图7-106所示。如果将旋转角度设置为90°，则会生成如图7-107所示的效果。

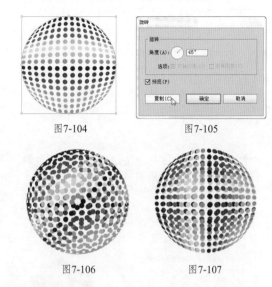

图7-104　　　　　　　图7-105

图7-106　　　　　　　图7-107

## 7.3.4 实例演练：编辑封套内容

创建封套扭曲后，所有封套对象就会合并到同一个图层上，在"图层"面板中的名称变为"封套"。我们来看一下怎样编辑封套内容。

❶打开光盘中的素材文件，使用选择工具 选取图形，如图7-108所示。单击控制面板中的编辑内容按钮 ，或执行"对象>封套扭曲>编辑内容"命令，封套内容便会释放出来，如图7-109所示。

❷单击"色板"面板中的"橙色-黄色"渐变色块，修改图形的颜色，然后再单击 按钮，恢复封套扭曲，如图7-110所示。

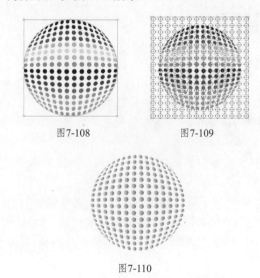

图7-108　　　　　　　图7-109

图7-110

③如果要编辑封套，可以选择封套扭曲对象，如图7-111所示，然后使用路径编辑工具、变形工具等修改封套。例如，我们可以使用晶格化工具 在图形上单击，对其进行变形处理，如图7-112、图7-113所示。

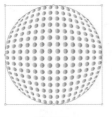

图7-111

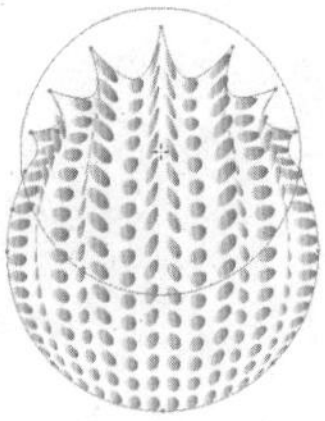

图7-112

图7-113

> **提示**
>
> 通过"用变形建立"和"用网格建立"命令创建封套扭曲时，可在选择对象以后，直接在控制面板中选择其他的样式、修改参数或修改网格的数量。

## 7.3.5 设置封套扭曲选项

封套选项决定了以何种形式扭曲对象以便使之适合封套。要设置封套选项，可以选择封套扭曲对象，单击控制面板中的封套选项按钮 ，或执行"对象>封套扭曲>封套选项"命令，打开"封套选项"对话框进行设置，如图7-114所示。

图7-114

- 消除锯齿：使对象的边缘变得更加平滑。这会增加处理时间。

- 保留形状，使用：用非矩形封套扭曲对象时，可在该选项中指定栅格以怎样的形式保留形状。选择"剪切蒙版"，可在栅格上使用剪切蒙版；选择"透明度"，则对栅格应用 Alpha 通道。

- 保真度：指定封套内容在变形时适合封套图形的精确程度，该值越大，封套内容的扭曲效果越接近于封套的形状，但会产生更多的锚点，同时也会增加处理时间。

- 扭曲外观：如果封套内容添加了效果或图形样式等外观属性，选择该选项，可以使外观与对象一同扭曲。

- 扭曲线性渐变填充：如果被扭曲的对象填充了线性渐变，如图7-115所示，选择该选项可以将线性渐变与对象一起扭曲，如图7-116所示，图7-117所示为未选择选该项时的扭曲效果。

图7-115           图7-116

图7-117

- 扭曲图案填充：如果被扭曲的对象填充了图案，如图7-118所示，选择该选项可以使图案与对象一起扭曲，如图7-119所示，图7-120所示为未选择该选项时的扭曲效果。

图7-118　　　　　　图7-119

图7-121

图7-122

### 7.3.7　扩展封套扭曲

选择封套扭曲对象，如图7-123所示，执行"对象>封套扭曲>扩展"命令，可以将它扩展为普通的图形，如图7-124所示。对象仍保持扭曲状态，并且可以继续编辑和修改。

图7-123　　　　　　图7-124

图7-120

### 7.3.6　释放封套扭曲

如果要取消封套扭曲，可以选择对象，如图7-121所示，执行"对象>封套扭曲>释放"命令，对象会恢复为封套前的状态。如果封套扭曲是使用"用变形建立"命令或"用网格建立"命令制作的，则还会释放出一个封套形状图形，它是一个单色填充的网格对象，如图7-122所示。

## 7.4　混合对象

混合是指在两个或多个对象之间生成一系列的中间对象，使之产生从形状到颜色的全面混合效果。图形、文字、路径，以及应用渐变或图案填充的对象都可以用来创建混合。

### 7.4.1　实例演练：用混合工具创建混合

❶使用椭圆工具 按住Shift键在画面中绘制两个圆形，分别将描边颜色设置为紫色和黄色，如图7-125所示。

图7-125

❷按下Ctrl+A快捷键选取这两个圆形，选择混合工具 ，将光标放在紫色圆形上方的锚点上，当捕捉到锚点后，光标会显示为 状，如图7-126所示，单击鼠标，然后将光标放在黄色圆形上方的

锚点上，当光标显示为 状时单击鼠标，创建混合，如图7-127所示，效果如图7-128所示。

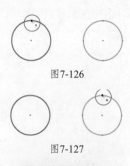

图7-126

图7-127

图7-128

❸双击混合工具 ，打开"混合选项"对话框。设置间距为"指定的步数"，步数为20，如图7-129所示，单击"确定"按钮关闭对话框，混合效果如图7-130所示。

图7-129

图7-130

❹创建混合时，单击点不同，会得到截然不同的混合效果，如图7-131、图7-132所示。

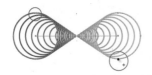

图7-131

图7-132

**7.4.2** 实例演练：用混合命令创建混合

❶使用文字工具 T 输入文字，如图7-133所示。使用选择工具 ▶ 按住Alt键向右侧拖动文字，将其复制，如图7-134所示。

图7-133

图7-134

❷选取左侧的文字，将填充颜色设置为白色。按下Ctrl+A快捷键全选，执行"对象>混合>建立"命令，或按下Alt+Ctrl+B快捷键即可创建混合，如图7-135所示。双击混合工具 ，在打开的"混合选项"对话框中设置"间距"为"指定的步数"，然后指定步数为20，如图7-136、图7-137所示。

图7-135　　　　图7-136

7-137

❸下面来进行修改颜色的操作。使用选择工具 ▶ 重新选择整个混合对象，按住Alt键拖动进行复制。使用编组选择工具 ▶+ 选择前方的文字，如图7-138所示，将它的填充颜色改为黄色，如图7-139所示。

图7-138

图7-139

❹再复制出一组混合对象。选择位于前方的文字，执行"文字>创建轮廓"命令，将文字转换为轮廓。转换为轮廓后，可以为它填充渐变颜色，如图7-140、图7-141所示。设置描边颜色为白色，宽度为1pt，如图7-142所示。

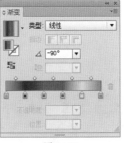

图7-140

图7-141

图7-142

> 💡 提示
>
> 在为混合文字对象填充渐变时，要保持前方文字的选取状态，选择渐变工具 ▣，按住Shift键在文字上方单击并沿水平方向拖动鼠标，这几个字符会作为一个统一的整体填充渐变。

> 💡 提示
>
> 如果用来制作混合的图形较多或较为复杂，则使用混合工具 ▣ 很难正确地捕捉锚点，创建混合时就可能会发生扭曲。使用混合命令创建混合可以避免出现这种情况。

### 7.4.3 实例演练：修改混合对象

基于两个或多个图形创建混合后，混合对象会成为一个整体，如果移动了其中的一个原始对象、为其重新着色或编辑原始对象的锚点，则混合效果也会随之发生改变。

❶打开光盘中的素材文件，如图7-143所示。按下Ctrl+A快捷键全选，按下Alt+Ctrl+B快捷键创建混合。双击混合工具 ▣，在打开的"混合选项"对话框中设置参数，如图7-144所示，制作出如图7-145所示的混合效果。

**Fashion**

**Fashion**

图7-143

图7-144

图7-145

❷使用编组选择工具 ▷⁺在上面的文字上单击两下（由于该图形是一个组，因此需要单击两下才能选中其中的所有图形），将其选中，如图7-146所示。在控制面板中设置不透明度为0%，如图7-147所示。

图7-146　　　　　　图7-147

❸使用钢笔工具 ✐ 绘制一个火焰图形，填充黄色，如图7-148所示，按下Ctrl+[ 快捷键移至底层，如图7-149所示。

图7-148　　　　　　图7-149

### 7.4.4 实例演练：修改混合轴

创建混合后，会自动生成一条连接混合对象的路径，这条路径就是混合轴。默认情况下，混合轴是一条直线，我们可以使用路径编辑工具修改它的形状，也可以使用其他路径替换混合轴。

❶我们继续使用上一文件来修改混合轴。单击"图层1"前面的 ▶图标展开图层列表，在"路径"子图层后面单击，如图7-150所示，选取混合轴，如图7-151所示。

图7-150　　　　　　　　图7-151

> 使用直接选择工具 ▷ 在图形中间单击，可以显示一条路径，即混合轴。

❷选择铅笔工具 ✎，将光标放在路径的一端，如图7-152所示，向上拖动鼠标绘制一条曲线，如图7-153所示，混合效果也随之改变，使火焰呈现向上升腾的效果。

图7-152 　　　　　　　　图7-153

❸使用编组选择工具 ▷+ 在位于上方的文字上双击，选取文字，如图7-154所示。向上移动，如图7-155所示。拉大文字之间的距离，加大火焰燃烧效果，如图7-156所示。

图7-154　　　　　　　　图7-155

图7-156

❹我们再来看一下怎样用其他路径替换混合轴。选择螺旋线工具 ◎，创建一个螺旋线（绘制过程中可按下键盘中的方向键调整螺旋），如图7-157

所示。选择混合对象与螺旋线，执行"对象>混合>替换混合轴"命令，用螺旋线替换原有的混合轴，效果如图7-158所示。

图7-157　　　　　　　　图7-158

### 7.4.5　实例演练：反向混合

❶打开光盘中的素材文件，如图7-159所示。按下Ctrl+A快捷键全选，按下Alt+Ctrl+B快捷键创建混合，双击混合工具 ◎，在打开的"混合选项"对话框中设置参数，如图7-160所示，制作出如图7-161所示的混合效果。

图7-159　　　　　　　　图7-160

图7-161

❷执行"对象>混合>反向混合轴"命令，可以颠倒混合轴上的对象顺序，如图7-162所示。使用编组选择工具 ▷+ 选取蓝色星形，设置描边粗细为0.1pt，描边颜色为白色，使混合效果更有层次，如图7-163所示。

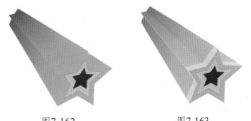

图7-162　　　　　　　　图7-163

## 7.4.6 实例演练：反向堆叠

❶打开光盘中的素材文件。我们用上一个实例中使用的混合图形来制作反向堆叠效果。使用选择工具 ⬚ 选取混合图形，如图7-164所示。执行"对象>混合>反向堆叠"命令，可以颠倒对象的堆叠顺序，使后面的图形排到前面，如图7-165所示。

图7-164　　　　　图7-165

❷使用编组选择工具 ⬚ 选取蓝色星形，如图7-166所示，设置填充颜色为白色，使混合产生逐渐消失的视觉效果，如图7-167所示。

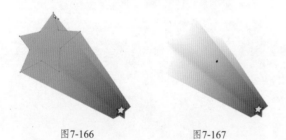

图7-166　　　　　图7-167

💡提示
　　创建混合时生成的中间对象越多，文件就越大。使用渐变对象创建复杂的混合时，更是会占用大量内存。

## 7.4.7 设置混合选项

创建混合后，选择对象，双击混合工具 ⬚ 或执行"对象>混合>混合选项"命令，打开"混合选项"对话框，如图7-168所示。在该对话框中可以修改混合图形的方向和颜色的过渡方式。

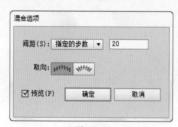

图7-168

间距：选择"平滑颜色"，可自动生成合适的混合步数，创建平滑的颜色过渡效果，如图7-169所示；选择"指定的步数"，可以在右侧的文本框中输入数值，例如，如果要生成3个中间图形，可输入"3"，效果如图7-170所示；选择"指定的距离"，可输入中间对象的间距，Illustrator会按照设定的间距自动生成与之匹配的图形，如图7-171所示。

图7-169　　　　图7-170　　　　图7-171

取向：如果混合轴是弯曲的路径，单击对齐页面按钮 ⬚ 时，混合对象的垂直方向与页面保持一致，如图7-172所示；单击对齐路径按钮 ⬚ ，则混合对象垂直于路径，如图7-173所示。

图7-172　　　　　　图7-173

## 7.4.8 扩展混合对象

创建混合以后，原始对象之间生成的新图形无法选择，也不能进行修改。如果要编辑这些图形，则需要将混合扩展。选择混合对象，如图7-174所示，执行"对象>混合>扩展"命令，可以将图形都扩展出来，如图7-175所示。这些图形会自动编组，我们可以选择其中的任意对象来单独编辑。

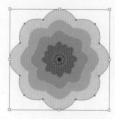
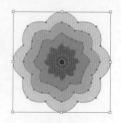

图7-174　　　　　　图7-175

### 7.4.9 释放混合对象

选择混合对象，执行"对象>混合>释放"命令，可以取消混合，将原始对象释放出来，并删除由混合生成的新图形。此外，还会释放出一条无填色、无描边的混合轴（路径）。

## 7.5 组合对象

使用Illustrator绘图时，许多看似很复杂的对象，往往是由多个简单的图形组合而成的。下面我们就来介绍怎样组合对象。

### 7.5.1 "路径查找器"面板

在Illustrator中，通过图形之间的组合形成新的图形，要比直接绘制复杂对象简单得多。"路径查找器"面板可用于组合图形，如图7-176所示。

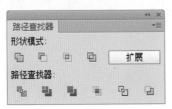

图7-176

● 联集 ⬚：可以将选中的多个图形合并为一个图形。合并后，轮廓线及其重叠的部分融合在一起，最前面对象的颜色决定了合并后的对象的颜色，如图7-177、图7-178所示。

图7-177

图7-178

● 减去顶层 ⬚：用最后面的图形减去它前面的所有图形，可保留后面图形的填色和描边，如图7-179、图7-180所示。

图7-179

图7-180

● 交集 ⬚：只保留图形的重叠部分，删除其他部分，重叠部分显示为最前面图形的填色和描边，如图7-181、图7-182所示。

图7-181

图7-182

● 差集 ⬚：只保留图形的非重叠部分，重叠部分被挖空，最终的图形显示为最前面图形的填色和描边，如图7-183、图7-184所示。

图7-183

图7-184

● 分割 ⬚：对图形的重叠区域进行分割，使之成为单独的图形，分割后的图形可保留原图形的填色和描边，并自动编组。图7-185所示为在图形上创建的多条路径，图7-186所示为对图形进行分割后填充不同颜色的效果。

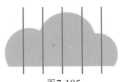
图7-185

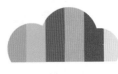
图7-186

● 修边 ⬚：将后面图形与前面图形重叠的部分删除，保留对象的填色，无描边，如图7-187、图7-188所示。

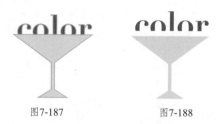

图7-187　　　　图7-188

● 合并 ▣：不同颜色的图形合并后，最前面的图形保持形状不变，与后面图形重叠的部分将被删除，图7-189所示为原图形，图7-190所示为合并后将图形移开的效果。

图7-189　　　　图7-190

● 裁剪 ▣：只保留图形的重叠部分，最终的图形无描边，并显示为最后面图形的颜色，如图7-191、图7-192所示。

图7-191　　　　　图7-192

● 轮廓 ▣：只保留图形的轮廓，轮廓的颜色为它自身的填充色，如图7-193、图7-194所示。

图7-193　　　　图7-194

● 减去后方对象 ▣：用最前面的图形减去它后面的所有图形，保留最前面图形的非重叠部分及描边和填充颜色，如图7-195、图7-196所示。

图7-195　　　　图7-196

## 7.5.2　用形状生成器组合对象

形状生成器工具 ▣ 可以合并或删除图形。选择多个图形后，如图7-197所示，使用形状生成器工具 ▣ 在一个图形上方单击，然后向另一个图形拖动鼠标，即可将这两个图形合并，如图7-198、图7-199所示。按住Alt键单击一个图形，则可将其删除，如图7-200所示。

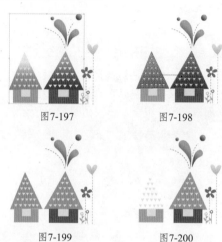

图7-197　　　　　　图7-198

图7-199　　　　　　图7-200

## 7.5.3　用复合路径组合对象

复合路径是由一条或多条简单的路径组合而成的图形，它可以产生挖空效果，即路径的重叠处会呈现孔洞。图7-201所示为两个图形，将它们选择，执行"对象>复合路径>建立"命令，即可创建复合路径，它们会自动编组，并应用最后面对象的填充内容和样式，如图7-202所示。

图7-201　　　　　　图7-202

我们可以使用直接选择工具 ▣ 或编组选择工具 ▣ 选择部分对象进行移动，复合路径的孔洞也会随之变化，如图7-203所示。如果要释放复合路径，可以选择对象，然后执行"对象>复合路径>释放"命令。

图7-203

提示

创建复合路径时，所有对象都使用最后面的对象的填充内容和样式。我们不能改变单独一个对象的外观属性、图形样式和效果，也无法在“图层”面板中单独处理对象。

实用技巧

**复合形状与复合路径的区别**

●复合形状是通过“路径查找器”面板组合的图形，可以生成相加、相减、相交等不同的运算结果，而复合路径只能创建挖空效果。

●图形、路径、编组对象、混合、文本、封套、变形、复合路径，以及其他复合形状都可以用来创建复合形状，而复合路径则由一条或多条简单的路径组成。

●由于要保留原始图形，复合形状要比复合路径的文件更大，并且，在显示包含复合形状的文件时，计算机要一层一层地从原始对象读到现有的结果，因此，屏幕的刷新速度就会变慢。如果要制作简单的挖空效果，可以用复合路径代替复合形状。

●释放复合形状时，其中的各个对象可恢复为创建前的效果，释放复合路径时，所有对象可恢复为原来各自独立的状态，但它们不能恢复为创建复合路径前的填充内容和样式。

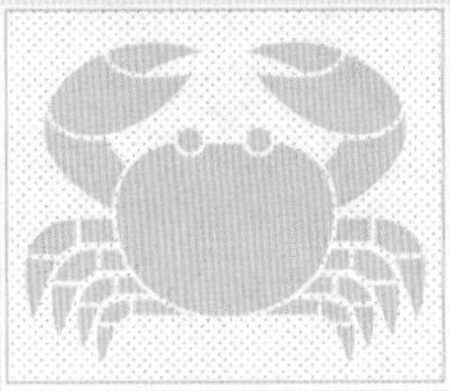
原图形

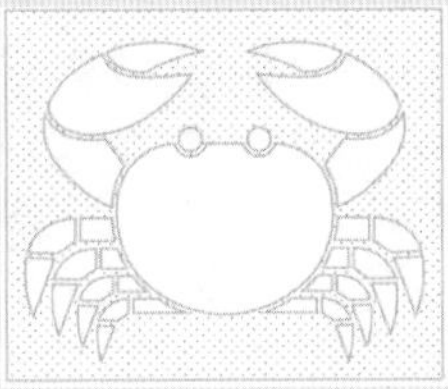
复合形状生成的挖空效果

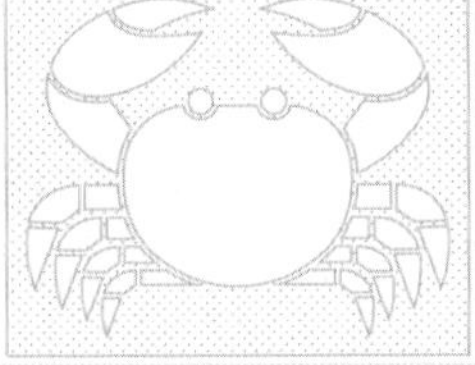
复合路径生成的挖空效果

释放复合形状

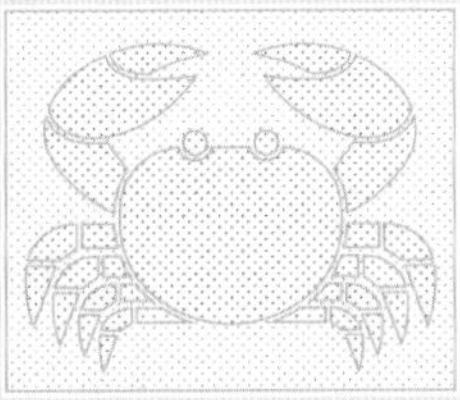
释放复合路径

## 7.5.4 实例演练：用路径查找器制作贵宾犬

❶使用钢笔工具绘制出小狗的轮廓，如图7-204所示。使用椭圆工具按住Shift键绘制一些圆形，组成小狗的身体、耳朵和头部的毛发，如图7-205所示。

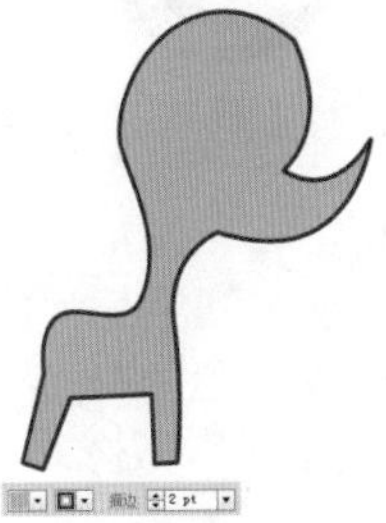
图7-204

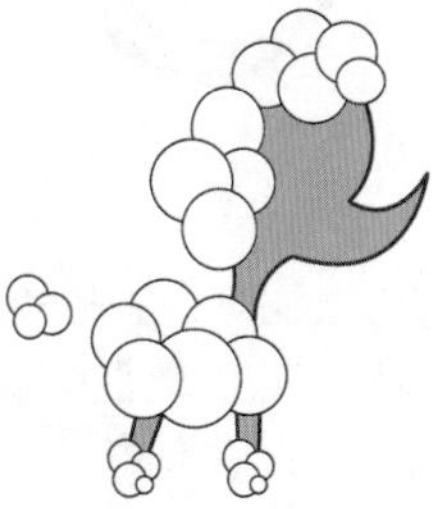
图7-205

❷使用选择工具选取头顶的四个圆形，如图7-206所示。单击“路径查找器”面板中的联集按钮，如图7-207所示，将图形合并在一起，如图7-208所示。

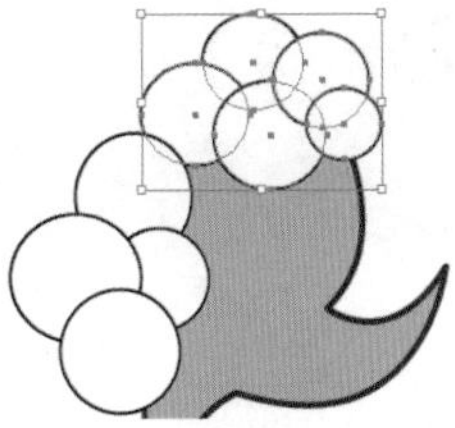
图7-206

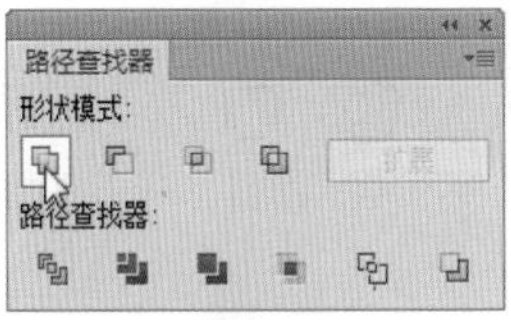

图7-207

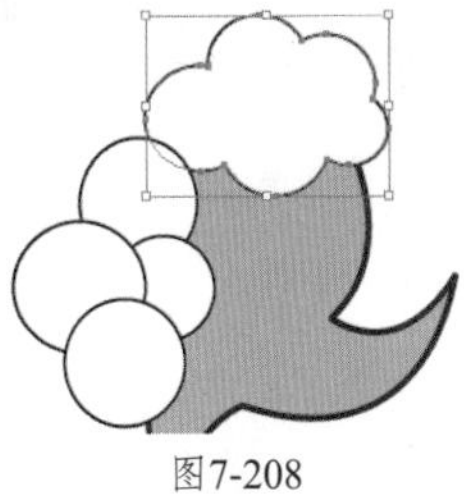
图7-208

❸用同样的方法选取其他圆形，将它们合并，如图7-209所示。在控制面板中设置描边宽度为3pt，如图7-210所示。

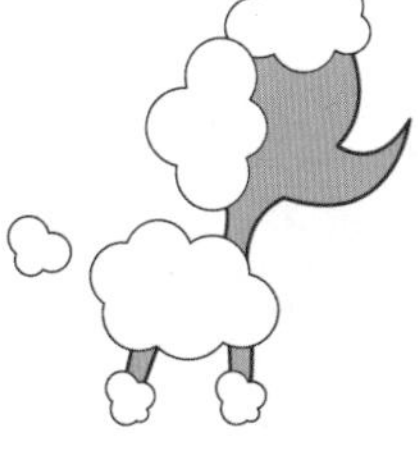
图7-209

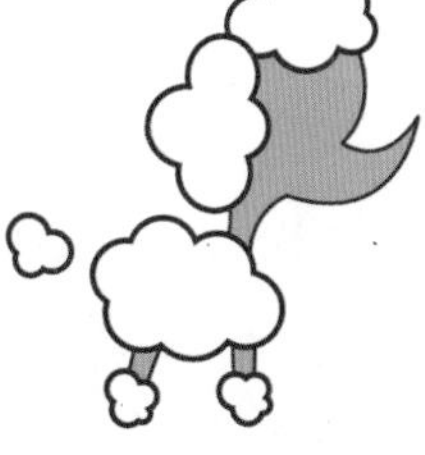
图7-210

❹绘制两个圆形，如图7-211所示。使用选择工具 ▶ 选取它们，单击"路径查找器"面板中的减去顶层按钮 ⬚，制作成一个月牙图形，如图7-212所示。

❻按下Ctrl+C快捷键复制，按下Ctrl+F快捷键将复制的图形粘贴到前面。执行"窗口>色板库>图案>基本图形>基本图形_点"命令，选择如图7-215所示的图案填充矩形，效果如图7-216所示。单击控制面板中的"不透明度"选项，在打开的面板中设置混合模式为"颜色减淡"，使图案呈现白色，如图7-217所示。

图7-211

图7-212

❺将月牙图形作为小狗的眼睛，设置图形的填充颜色为深棕色，无描边颜色。使用钢笔工具 ✒ 绘制眼睫毛。用椭圆工具 ⬭ 绘制粉红色的鼻子，如图7-213所示。用矩形工具 ▭ 绘制一个矩形，按下Shift+Ctrl+[ 快捷键将其移至底层，作为背景，如图7-214所示。

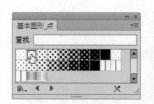
图7-215

图7-216

图7-213

图7-214

图7-217

# 功能篇

## 第8章

# 效果与外观

## 8.1 使用效果

效果是用于修改对象外观的功能，如可以为对象添加投影，使对象扭曲、边缘产生羽化、呈现线条状等。添加效果以后，还可以通过"外观"面板进行编辑和修改。

### 8.1.1 效果概述

"效果"菜单上半部分是矢量效果。这其中，3D效果、SVG滤镜、变形效果、变换效果、投影、羽化、内发光及外发光效果可同时应用于矢量和位图对象，其他效果只能用于矢量对象，或者某个位图对象的填色或描边。

"效果"菜单下半部分是栅格效果。这些效果与Photoshop的滤镜大致相同。它们可以应用于矢量对象或位图对象。

向对象应用一个效果后，该效果会显示在"外观"面板中，如图8-1所示。从"外观"面板中可以编辑、移动、复制、删除该效果或将它存储为图形样式。

当使用一个效果处理对象后，"效果"菜单的顶部就会出现该效果的名称。例如，执行"投影"命令后，"效果"菜单的顶部会显示"应用投影"和"投影"两个命令，如图8-2所示。如果要应用上次使用的效果及其参数设置，可执行"效果>应用投影"命令；如果要应用上次使用的效果，但修改它的参数，可执行"效果>投影"命令。

图8-2

效果对于链接的位图对象不起作用。如果对链接的位图应用一种效果，则效果将应用于嵌入的位图副本，而非原始位图。如果要对原始位图应用效果，则必须将原始位图嵌入文档。

 相关知识链接

关于外观的编辑方法，请参阅"8.13 外观属性"；关于图形样式的使用方法，请参阅"8.14 图形样式"；关于如何将位图嵌入文档，请参阅"2.3.1 置入文件"。

图8-1

## 8.1.2 实例演练：应用效果

❶打开光盘中的素材文件，如图8-3所示。

❷按下Ctrl+A快捷键选取图形和文字，执行"效果>扭曲和变形>波纹效果"命令，在打开的对话框中设置参数，使对象的轮廓产生尖锐的转折效果，如图8-4、图8-5所示。

图8-3

图8-4

图8-5

> 💡**提示**
>
> 单击"外观"面板底部的添加新效果按钮 *fx.*，可在打开的下拉菜单中选择一个效果。

## 8.1.3 实例演练：为特定属性添加效果

❶打开光盘中的素材文件，如图8-6所示。执行"窗口>外观"命令，打开"外观"面板。

❷选择人物，在"外观"面板中选择填色属性，如图8-7所示。执行"效果>风格化>涂抹"命令，在打开的对话框中设置参数，使图形产生水彩笔涂鸦效果，如图8-8、图8-9所示。

图8-6

图8-7

图8-8

图8-9

## 8.1.4 改善效果性能

有些效果会占用非常大的内存，如"玻璃"命令。在应用这些效果时，下列技巧可以帮助改善性能。

● 在效果对话框中选择"预览"选项以节省时间并防止出现意外的结果。

● 可尝试不同的设置以提高速度。

● 如果计划在灰度打印机上打印图像，最好在应用效果之前先将位图图像的一个副本转换为灰度图像。不过，需要注意的是，在某些情况下，对彩色位图图像应用效果后再将其转换为灰度图像所得到的结果，与直接对图像的灰度版本应用同一效果所得到的结果可能有所不同。

>  相关知识链接
>
> 使用"外观"面板可以修改或删除效果。操作方法是选择使用效果的对象或组（或在"图层"面板中定位相应的图层），如果要修改效果，可在"外观"面板中单击它的带下画线的蓝色名称，在效果的对话框中执行所需的更改，然后单击"确定"按钮。如果要删除效果，可在"外观"面板选择相应的效果列表，然后单击删除按钮 🗑。关于外观的编辑方法，请参阅"8.13 外观属性"。

## 8.2 3D效果

3D 效果可以从二维（2D）图稿创建三维（3D）对象。用户可以通过高光、阴影、旋转及其他属性来控制 3D 对象的外观，还可以将图稿贴到 3D 对象的表面。

### 8.2.1 实例演练：通过凸出创建 3D对象

"凸出和斜角"效果可以沿对象的Z轴凸出拉伸一个 2D 对象，增加对象的深度，使其呈现3D效果。

❶打开光盘中的素材文件，使用选择工具 ▶ 选取文字，如图8-10所示。

❷执行"效果>3D>凸出和斜角"命令，打开"3D凸出和斜角选项"对话框。勾选"预览"选项，拖动对话框左上角观景窗内的立方体，旋转文字的角度，如图8-11、图8-12所示。

图8-10

图8-11

图8-12

### "凸出和斜角"效果选项

选择一个图形，如图8-13所示，执行"效果>3D>凸出和斜角"命令，打开"3D凸出和斜角选项"对话框，如图8-14、图8-15所示。

图8-13

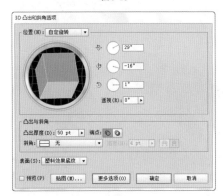

图8-14

图8-15

● 位置：可以选择一个预设的旋转角度。如果想要自由调整角度，可拖动对话框左上角观景窗内的立方体，如图8-16所示；如果要使用精确的角度旋转，可在指定绕X轴旋转 ➡、指定绕Y轴旋转 ⬆ 和指定绕Z轴旋转 ↻ 右侧的文本框中输入角度值，如图8-17所示。

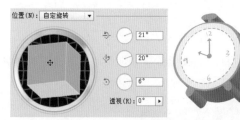

图8-16

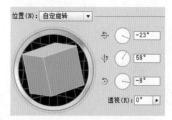

图8-17

- 透视：在文本框中输入数值，或单击▶按钮，移动显示的滑块可调整透视效果。应用透视可以使立体效果呈现空间感。图8-18所示为未设置透视的立体对象，图8-19所示为设置了透视后的效果。

图8-18　　　　　　图8-19

- 凸出厚度：用来设置挤压厚度，该值越大，对象的厚度越大，图8-20、图8-21所示是分别设置该值为20pt和50pt时的挤压效果。

图8-20　　　　　　图8-21

- 端点：单击◎按钮，可以创建实心立体对象，如图8-22所示；单击◎按钮，则创建空心立体对象，如图8-23所示。

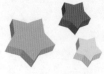

图8-22　　　　　　图8-23

- 斜角/高度：在"斜角"选项的下拉列表中可以选择一种斜角样式，创建带有斜角的立体对象，如图8-24、图8-25所示。此外，我们还可以选择斜角的斜切方式，单击🏠按钮，可以在保持对象大小的基础上通过增加像素形成斜角；单击🏠按钮，则从原对象上切除部分像素形成斜角。为对象设置斜角后，可以在"高度"文本框中输入斜角的高度值。

图8-24

图8-25

## 8.2.2 实例演练：通过绕转创建 3D对象

"绕转"效果可以围绕全局 $Y$ 轴（绕转轴）绕转一条路径或剖面，使其做圆周运动，通过这种方法来创建 3D 对象。由于绕转轴是垂直固定的，因此用于绕转的开放或闭合路径应为所需 3D 对象面向正前方时垂直剖面的一半。

❶打开光盘中的素材文件，使用选择工具▶选取路径，这是瓶子的左半边轮廓，如图8-26所示。

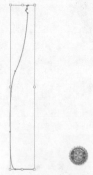

图8-26

❷执行"效果>3D>绕转"命令，打开"3D绕转选项"对话框，在偏移自选项中设置为"右边"，其他参数如图8-27所示，勾选"预览"选项，可以在画面中看到瓶子效果，如图8-28所示。

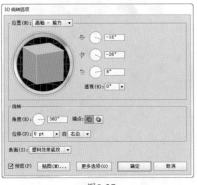

图8-27

图8-28

## "绕转"效果选项

选择一个图形，如图8-29所示，执行"效果>3D>绕转"命令，可以打开"绕转选项"对话框为图形设置绕转效果，如图8-30、图8-31所示。"位置"和"透视"选项与"凸出和斜角"命令相应选项的设置方法相同。

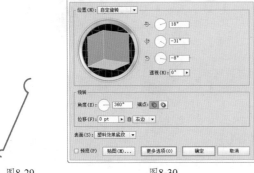

图8-29          图8-30

- 角度：用来设置对象的绕转角度，默认为360°，此时绕转出的对象为一个完整的立体对象，如图8-32所示；如果角度值小于360°，则对象上会出现断面，如图8-33所示是设置该值为120°的效果。

图8-31          图8-32          图8-33

- 端点：单击 ◉ 按钮，可创建实心对象；单击 ◉ 按钮，可创建空心对象。

- 位移：用来设置绕转对象与自身轴心的距离，该值越大，对象偏离轴心越远，图8-34、图

8-35所示是分别设置该值为5pt和10pt的效果。

图8-34          图8-35

- 自：用来设置绕转的方向，如果用于绕转的图形是最终对象的右半部分，应该选择"左边"，如图8-36所示。选择从"右边"绕转，则会产生错误的结果，如图8-37所示。如果绕转的图形是对象的左半部分，选择从"右边"绕转才能得到正确的结果。

图8-36          图8-37

### 8.2.3 实例演练：在三维空间中旋转对象

"旋转"效果可以在一个虚拟的三维空间中旋转对象，被旋转的对象可以是一个图形或图像，也可以是一个由"凸出和斜角"或"绕转"命令生成的3D对象。

❶打开光盘中的素材文件，如图8-38所示。按下Ctrl+A快捷键选取所有图形。

图8-38

❷执行"效果>3D>旋转"命令，打开"3D旋转选项"对话框，设置旋转角度，如图8-39所示，即可旋转对象，如图8-40所示。适当增加"透视"值，可以使旋转效果更加逼真，如图8-41、图8-42所示。

图8-39　　　　　　图8-40

图8-41　　　　　　图8-42

## 8.2.4　设置3D对象的表面属性

使用"凸出和斜角"命令和"绕转"命令创建3D对象时，可以在对话框中的"表面"选项下拉列表中选择四种表面效果，如图8-43所示。

图8-43

- 线框：只显示线框结构，无颜色和贴图，如图8-44所示。此时屏幕的刷新速度最快。

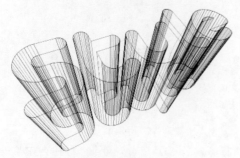

图8-44

- 无底纹：3D 对象具有与原始2D 对象相同的颜色，但无光线的明暗变化，如图8-45所示。此时屏幕的刷新速度较快。

图8-45

- 扩散底纹：对象的表面会出现光影变化，但不够细腻，如图8-46所示。

图8-46

- 塑料效果底纹：可获得最佳的效果，屏幕的刷新速度最慢，如图8-47所示。

图8-47

## 8.2.5　实例演练：在3D场景中添加光源

使用"凸出和斜角"命令和"绕转"命令创建3D对象时，如果将对象的表面效果设置为"扩散底纹"或"塑料效果底纹"，则可在3D场景中添加光源，生成更多的光影变化，使对象立体效果更加真实。

❶打开光盘中的素材文件，如图8-48所示。

图8-48

❷使用选择工具 选取圣诞树，执行"效果>3D>凸出和斜角"命令，在打开的对话框中单击"更

多选项"按钮，显示光源设置选项，如图8-49所示，使用默认的参数设置，勾选"预览"选项，效果如图8-50所示。

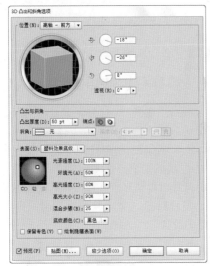

图8-49

图8-50

❸单击  按钮添加新的光源，新光源会位于对象正中间位置，如图8-51所示；拖动光源将它移动到对象右下方，如图8-52所示。

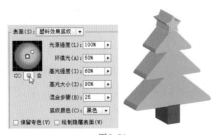

图8-51

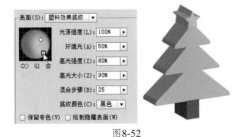

图8-52

### 设置光源选项

图8-83所示为"3D凸出和斜角选项"对话框，单击"更多选项"按钮，即可显示光源设置选项，如图8-54所示。

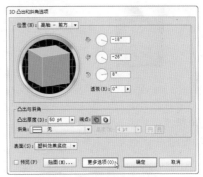

图8-53

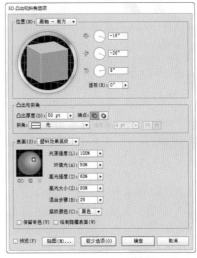

图8-54

● 光源编辑预览框：默认情况下，光源编辑预览框中只有一个光源，如图8-55所示；单击 按钮可以添加新的光源，如图8-56所示。单击并拖动光源可以移动它的位置，如图8-57所示。选择一个光源后，单击 按钮，可将其移动到对象的后面，如图8-58所示。单击 按钮，可将其移动到对象的前面，如图8-59所示。如果要删除光源，可以选择该光源，然后单击 按钮。

图8-55　　　　　图8-56

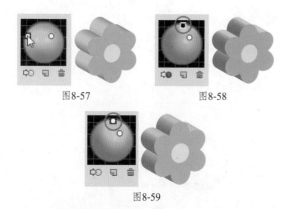

图8-57　　　　　　　图8-58

图8-59

- 光源强度：用来设置光源的强度，范围为0%~100%，该值越大，光照的强度越大。

- 环境光：用来设置环境光的强度，它可以影响对象表面的整体亮度。

- 高光强度：用来设置高光区域的亮度，该值越大，高光点越亮。

- 高光大小：用来设置高光区域的范围，该值越大，高光的范围越广。

- 混合步骤：用来设置对象表面光色变化的混合步骤，该值越大，光色变化的过渡越细腻，但会耗费更多的内存。

- 底纹颜色：用来控制对象的底纹颜色。选择"无"，表示不为底纹添加任何颜色，如图8-60所示；"黑色"为默认选项，它可在对象填充颜色的上方叠印黑色底纹，如图8-61所示；选择"自定"，选项右侧会显示一个红色块，对象的底纹变为红色，如图8-62所示；单击该颜色块，可在打开的"拾色器"中选择一种底纹颜色，如图8-63所示。

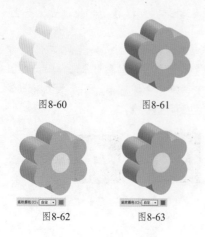

图8-60　　　　　　　图8-61

图8-62　　　　　　　图8-63

- 保留专色：如果对象使用了专色，选择该项可确保专色不会发生改变。

- 绘制隐藏表面：用来显示对象的隐藏表面，以便对其进行编辑。

### 8.2.6 实例演练：将图稿映射到3D对象表面

　　Illustrator生成的3D 对象由多个表面组成。例如，一个正方形拉伸变成的立方体有6个表面：正面、背面及4个侧面。创建3D对象后，我们可以将符号（2D图稿）贴到 3D 对象的各个表面上。用作贴图的符号可以是任何 Illustrator 图稿对象，包括路径、复合路径、文本、栅格图像、网络对象以及编组的对象。

❶打开光盘中的素材文件，如图8-64所示，这是3个通过3D绕转制作而成的酒瓶，在"符号"面板中保存着3个花纹图案，如图8-65所示，我们将用这些图案作为酒瓶的贴图。

图8-64　　　　　　　图8-65

❷使用选择工具 ▶ 选取第一个酒瓶，如图8-66所示。双击"外观"面板中的"3D绕转（映射）"属性，如图8-67所示，打开"3D绕转选项"对话框，勾选"预览"选项，在制作贴图时可以查看图案在瓶身上的效果。单击"贴图"按钮，如图8-68所示。打开"贴图"对话框，单击 ◀ 按钮，切换到9/11表面，如图8-69所示，在画面中，瓶子与之对应的表面会显示为红色的线框，如图8-70所示。

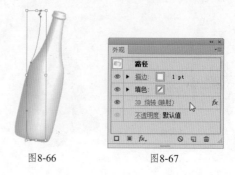

图8-66　　　　　　　图8-67

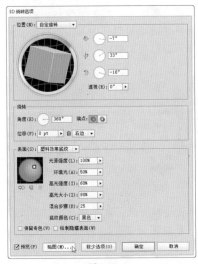

图8-68

图8-69

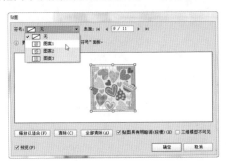

图8-70

❸ 在"符号"下拉列表中选择"图案1",如图8-71所示,按下"确定"按钮完成图案映射。用同样的方法为其他两个酒瓶贴图,效果如图8-72所示。

图8-71

图8-72

## 贴图选项

使用"凸出和斜角"命令及"绕转"命令创建3D效果时,可以单击对话框中的"贴图"按钮,在打开的"贴图"对话框中为对象的表面设置贴图,如图8-73所示。

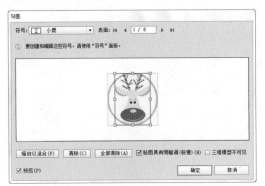

图8-73

 相关知识链接

选择一个对象,将其拖动到"符号"面板中,即可创建为符号。关于符号的更多内容,请参阅"11.3 编辑符号"。

● 表面:用来选择要在其上贴图的对象表面。浅灰色表示目前可见的表面,深灰色表示被对象当前位置隐藏的表面,如图8-74所示,显示有红色的轮廓线的是当前选择的表面,如图8-75所示。可单击第一个 ⏮、上一个 ◀、下一个 ▶ 和最后一个 ⏭ 按钮切换各个表面。

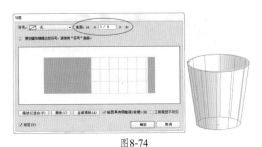

图8-74

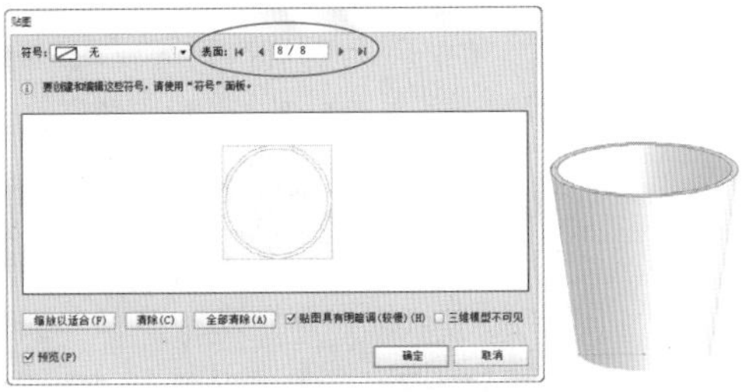

图8-75

157

● 符号：选择一个表面后，可以在"符号"下拉列表中为它指定一个符号。拖动符号定界框上的控制点可以进行移动、旋转和缩放操作，调整贴图在对象表面的位置和大小，如图8-76、图8-77所示。

图8-76

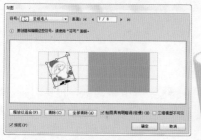

图8-77

● 缩放以适合：单击该按钮，可自动调整贴图的大小，使图稿适合所选表面的边界。

● 清除/全部清除：单击"清除"按钮，可清除当前设置的贴图。单击"全部清除"按钮，则清除所有表面的贴图。

## 8.3 SVG滤镜效果组

　　SVG是将图像描述为形状、路径、文本和滤镜效果的矢量格式，它生成的文件很小，可以在Web、打印甚至资源有限的手持设备上提供较高品质的图像，并且可以任意缩放。Illustrator 提供了一组默认的 SVG 效果，如图8-81所示。

● 如果要应用具有默认设置的效果，可以从"效果>SVG 滤镜"下拉菜单的底部选择所需效果。

● 如果要应用具有自定设置的效果，可以执行"效果>SVG 滤镜>应用 SVG 滤镜"命令，在打开的对话框中选择一个效果，然后单击编辑 SVG 滤镜按钮 fx，编辑默认代码，再单击"确定"按钮。

● 贴图具有明暗调：选择该项后，贴图会在对象表面产生明暗变化，如图8-78所示。如果取消选择，则贴图无明暗变化，如图8-79所示。

图8-78　　　　　图8-79

● 三维模型不可见：未选择该项时，可显示立体对象和贴图效果。选择该项后，则仅显示贴图，不会显示立体对象，如图8-80所示。

图8-80

 提示

　　如果将文本贴到一条凸出的波浪线的侧面，然后选择"三维模型不可见"选项，就可以将文字变形成为一面旗帜。

图8-81

- 如果要创建并应用新效果，可以执行"效果>SVG 滤镜>应用 SVG 滤镜"命令，在打开的对话框中单击新建SVG 滤镜按钮 ，输入新代码，然后单击"确定"按钮。

- 如果要从SVG文件中导入效果，可以执行"效果>SVG 滤镜>导入SVG 滤镜"命令。

# 8.4 变形效果组

　　"变形"效果组中包含了15种变形样式，如图8-82所示，它们可以扭曲路径、文本、外观、混合以及位图，创建弧形、拱形、旗帜等变形效果。这些效果与Illustrator预设的封套扭曲的变形样式相同，具体操作方法可参阅"7.3 使用封套扭曲对象"。

图 8-82

# 8.5 扭曲和变换效果组

　　"扭曲和变换"效果组中包含7种效果，它们可以改变对象的形状。

## 8.5.1 变换

　　"变换"效果可以调整对象大小，对其进行移动、旋转、镜像和复制等操作。该效果与"对象>变换"下拉菜单中的"分别变换"命令的使用方法相同，相关内容请参阅"7.1.8 实例演练：通过分别变换制作花朵"。

## 8.5.2 扭拧

　　"扭拧"效果可以随机向内或向外弯曲和扭曲路径段。图8-83所示为"扭拧"对话框。图8-84所示为原图形，图8-85所示为扭拧效果。

- "数量"选项组：可以设置水平和垂直扭曲程度，选择"相对"选项，可以使用相对量设定扭曲程度；选择"绝对"选项，可可按照绝对量设定扭曲程度。

- "修改"选项组：可设定是否修改锚点、移动

通向路径锚点的控制点（"导入"控制点和"导出"控制点）。

图 8-83

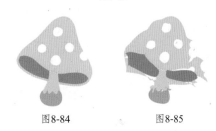

图 8-84　　　　　　图 8-85

159

## 8.5.3 扭转

"扭转"效果可以旋转一个对象，中心的旋转程度比边缘的旋转程度大。图8-86所示为"扭转"对话框，图8-87所示为原图形，输入一个正值时可顺时针扭转，如图8-88所示；输入一个负值则逆时针扭转，如图8-89所示。

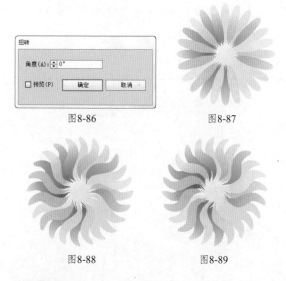

图8-86　　　　　　　图8-87

图8-88　　　　　　　图8-89

## 8.5.4 收缩和膨胀

"收缩和膨胀"效果可以将线段向内弯曲（收缩）的同时，向外拉出矢量对象的锚点，或者将线段向外弯曲（膨胀）同时，向内拉入锚点。图8-90所示为"收缩和膨胀"对话框。当滑块靠近"收缩"选项时，对象将向内收缩，如图8-91所示；当滑块靠近"膨胀"选项时，对象会向外膨胀，如图8-92所示。

图8-90

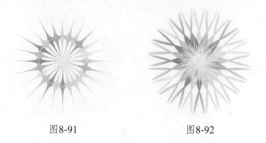

图8-91　　　　　　　图8-92

## 8.5.5 波纹效果

"波纹效果"可以将对象的路径段变换为同样大小的尖峰和凹谷形成的锯齿和波形数组。图8-93所示为"波纹效果"对话框。图8-94所示为原图形，图8-95所示为波纹效果。

图8-93

图8-94　　　　　　　图8-95

- 大小：用来设置尖峰与凹谷之间的长度。可以选择使用绝对大小或相对大小来进行调整。

- 每段的隆起数：用来设置每个路径段的脊状数量。

- "点"选项组：选择"平滑"，路径段的隆起处为波形边缘，如图8-96所示；选择"尖锐"，路径段的隆起处为锯齿边缘，如图8-97所示。

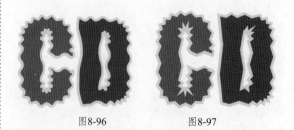

图8-96　　　　　　　图8-97

## 8.5.6 粗糙化

"粗糙化"效果可以将矢量对象的路径段变形为各种大小的尖峰和凹谷的锯齿。图8-98所示为"粗糙化"对话框。图8-99所示为原图形，图8-100所示为粗糙化效果。

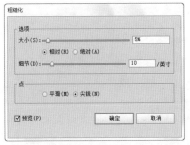

图8-98

### 8.5.7 自由扭曲

选择一个对象，如图8-101所示。执行"效果>扭曲和变换>自由扭曲"命令，打开"自由扭曲"对话框。在对话框中，拖动对象四个角的控制点即可改变矢量对象的形状，如图8-102、图8-103所示。

图8-101

图8-102

图8-99

图8-100

图8-103

- 大小/相对/绝对：可以使用绝对大小或相对大小来设置路径段的最大长度。

- 细节：可设置每英寸锯齿边缘的密度。

- 平滑/尖锐：可在圆滑边缘（平滑）和尖锐边缘（尖锐）之间做出选择。

## 8.6 栅格化效果

选择一个矢量对象，如图8-104所示，执行"效果>栅格化"命令可将其栅格化，使它呈现位图的外观。图8-105所示为"栅格化"对话框。

图8-104

图8-105

- 颜色模型：可设置在栅格化过程中所用的颜色模型，即生成RGB或CMYK颜色的图像（取决于文档的颜色模式）、灰度图像或1位图像

（黑白位图或是黑色和透明色，取决于所选的背景选项）。

- 分辨率：可设置栅格化后图像的分辨率(ppi)。

- 背景：可设置矢量图形的透明区域如何转换为像素。选择"白色"表示用白色像素填充透明区域，如图8-106所示；选择"透明"，则会创建一个Alpha通道（适用于除1位图像以外的所有图像），如图8-107所示。

图8-106

图8-107

- 消除锯齿：应用消除锯齿效果可以改善栅格化图像的锯齿边缘外观。

- 创建剪切蒙版：可以创建一个使栅格化图像的背景显示为透明的蒙版。

- 添加环绕对象：可以在栅格化图像的周围添加指定数量的像素。

**矢量图形的两种栅格化方法**

Illustrator提供了两种栅格化矢量图形的方法。第一种方法是使用"对象>栅格化"命令，将矢量对象转换为真正的位图。第二种是用"效果>栅格化"命令处理矢量对象，使它呈现位图的外观，但不会改变对象的矢量结构。我们可以通过"外观"面板删除栅格化效果，将对象恢复为原来的状态。关于删除效果的方法，请参阅"8.13.1 '外观'面板"。

# 8.7 裁剪标记效果

执行"效果>裁剪标记"命令，可以在画板上创建裁剪标记，如图8-108所示。它标识了所需的打印纸张剪切位置。需要围绕页面上的几个对象创建标记时（例如，打印一张名片），裁剪标记是非常有用的。在对齐已导出到其他应用程序的 Illustrator 图稿方面，它们也非常有用。

图8-108

# 8.8 路径效果组

"路径"效果组中包含"位移路径"、"轮廓化对象"和"轮廓化描边"命令，它们可以编辑路径、对象的轮廓和描边。

## 8.8.1 位移路径

"位移路径" 效果可以从对象中位移出新的路径。图8-109所示为该效果的对话框，设置"位移"为正值时向外扩展路径，如图8-110所示；设置为负值时向内收缩路径，如图8-111所示。"连接"选项用来设置路径拐角处的连接方式，"斜接限制"选项用来设置斜角角度的变化范围。

图8-111

## 8.8.2 轮廓化对象

"轮廓化对象" 效果可以将对象创建为轮廓。通常用来处理文字，将文字创建为轮廓后，可以对它的外形进行编辑、使用渐变填充，而文字的内容可以随时修改。

## 8.8.3 轮廓化描边

"轮廓化描边"效果可将对象的描边转换为轮廓。与使用"对象>路径>轮廓化描边"命令转换轮廓相比，使用该命令转换的轮廓仍可以修改描边粗细。

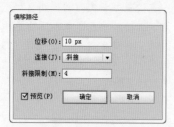

图8-109

图8-110

## 8.9 路径查找器效果组

"路径查找器"效果组中包含"相加"、"交集"、"差集"和"相减"等命令，如图8-112所示，这些命令与"路径查找器"面板的功能相同，如图8-113所示。它们的不同之处在于，路径查找器效果只改变对象的外观，不会造成实质性的破坏。但这些效果只能用于处理组、图层和文本对象，而"路径查找器"面板可用于任何对象、组和图层的组合。关于"路径查找器"面板，可参阅"7.5.1 '路径查找器'面板"。

图8-112

> **提示**
>
> 使用"路径查找器"效果组中的命令时，需要先将对象编为一组，否则这些命令不会产生作用。

图8-113

## 8.10 转换为形状效果组

"转换为形状"效果组中包含"矩形"、"圆角矩形"、"椭圆"命令，可以将图形转换为矩形、圆角矩形和椭圆形。执行其中的任意一个命令都可以打开"形状选项"对话框，如图8-114所示。图8-115所示为原图形，图8-116所示为转换为圆角矩形的效果。

图8-114

图8-115

图8-116

- 形状：在该选项下拉列表中可以选择要将对象转换为哪一种形状，包括"矩形"、"圆角矩形"和"椭圆"。

- 绝对：可设置转换后的对象的宽度和高度。

- 相对：可设置转换后的对象相对于原对象扩展或收缩的尺寸。

- 圆角半径：将对象转换为圆角矩形时，可在该选项中输入一个圆角半径值，以确定圆角边缘的曲率。

## 8.11 风格化效果组

"风格化"效果组中包含6个效果，它们可以为图形添加投影、羽化等特效。

### 8.11.1 内发光

"内发光"效果可以在对象内部创建发光效果。图8-117所示为"内发光"对话框，8-118所示为原图形。

图8-117      图8-118

- 模式：用来设置发光的混合模式。如果要修改发光颜色，可单击选项右侧的颜色框，打开"拾色器"进行设置。
- 不透明度：用来设置发光效果的不透明度。
- 模糊：用来设置发光效果的模糊范围。
- 中心/边缘：选择"中心"，可以从对象中心产生发散的发光效果，如图8-119所示；选择"边缘"，可以在对象边界产生发光效果，如图8-120所示。

图8-119      图8-120

### 8.11.2 圆角

"圆角"效果可以将矢量对象的边角控制点转换为平滑的曲线，使图形中的尖角变为圆角。图8-121所示为"圆角"对话框。通过"半径"选项可以设置圆滑曲线的曲率。图8-122所示为原图形，图8-123所示为添加圆角效果后的对象。

图8-121

图8-122      图8-123

### 8.11.3 外发光

"外发光"效果可以在对象的边缘产生向外发光的效果。图8-124所示为"外发光"对话框。其中的选项与"内发光"对话框中各选项的设置方法相同。图8-125所示为原图形，图8-126所示为添加外发光后的效果。

图8-124

图8-125      图8-126

### 8.11.4 投影

"投影"效果可以为对象添加投影，创建立体效果。图8-127所示为"投影"对话框，图8-128、图8-129所示为原图形及添加投影后的效果。

图8-127

图8-128　　　　　　图8-129

- 模式：可以设置投影的混合模式。

- 不透明度：可以设置投影的不透明度百分比。当该值为0%时，投影完全透明，为100%时，投影完全不透明。

- X 位移/Y 位移：可以设置投影偏离对象的距离。

- 模糊：可以设置投影的模糊范围。Illustrator 会创建一个透明栅格对象来模拟模糊效果。

- 颜色：可以设置投影的颜色，默认为黑色。如果要修改颜色，可单击选项右侧的颜色框，在打开的"拾色器"对话框中设置。

- 暗度：用来指定为投影添加的黑色深度百分比。选择选该选项后，将以对象自身的颜色与黑色混合作为阴影。可以它右侧的文本框中输入黑色的百分比，当该值为0%时，投影显示为对象自身的颜色；为100%时，投影显示为黑色。

## 8.11.5 涂抹

"涂抹"效果可以将对象创建为类似于素描的手绘效果。图8-130所示为原图形，选择它后，执行"效果>风格化>涂抹"命令，可以打开"涂抹选项"对话框，如图8-131所示。

图8-130

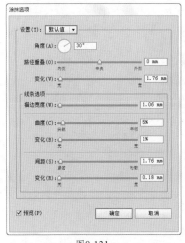

图8-131　　　　　　图8-132

- 设置：如果要使用Illustrator预设的涂抹效果，可在该选项的下拉列表中选择一个选项，如图8-132所示，图8-133所示为使用各种预设创建的涂抹效果。如果要创建自定义的涂抹效果，可以从任意一个预设的涂抹效果开始，然后在此基础上设置其他选项。

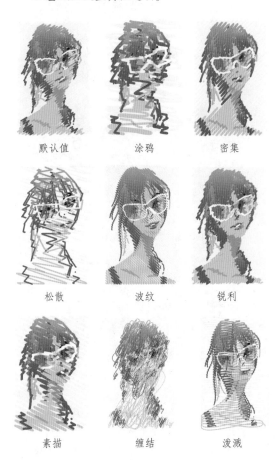

默认值　　　　　涂鸦　　　　　密集

松散　　　　　波纹　　　　　锐利

素描　　　　　缠结　　　　　泼溅

紧密

蜿蜒

图8-133

- 角度：用来控制涂抹线条的方向。可单击角度图标中的任意点，也可以围绕角度图标拖动角度线，或在框中输入一个介于 -179 到 180 之间的值。

- 路径重叠/变化：用来控制涂抹线条在路径边界内部距路径边界的量或在路径边界外距路径边界的量。负值可将涂抹线条控制在路径边界的内部，如图8-134所示；正值则将涂抹线条延伸到路径边界的外部，如图8-135所示。"变化"选项用于控制涂抹线条彼此之间相对的长度差异。

- 描边宽度：用来控制涂抹线条的宽度。图8-136所示是设置该值为1mm的涂抹效果，图8-137所示是设置该值为2mm的涂抹效果。

图8-134　　　　图8-135

图8-136　　　　图8-137

- 曲度/变化：用来控制涂抹曲线在改变方向之前的曲度。图8-138所示是设置该值为1%的效果，图8-139所示是设置该值为100%的效果。

该选项右侧的"变化"选项用于控制涂抹曲线彼此之间的相对曲度的差异大小。

- 间距/变化：用来控制涂抹线条之间的折叠间距量。图8-140所示是设置该值为3mm的效果，图8-141所示是设置该值为5mm的效果。"变化"选项用于控制涂抹线条之间的折叠间距的差异量。

图8-138　　　　图8-139

图8-140　　　　图8-141

### 8.11.6　羽化

"羽化"效果可以柔化对象的边缘，使其产生从内部到边缘逐渐透明的效果。图8-142所示为"羽化"对话框，通过"羽化半径"可以控制羽化的范围，图8-143、图8-144所示为原图形及羽化结果。

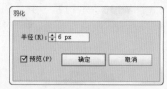

羽化

半径(R)：▲ 6 px

☑ 预览(P)　　　确定　　　取消

图8-142

图8-143

图8-144

# 8.12 Photoshop效果

"效果"菜单下半部是Photoshop效果,即栅格类效果,如图8-145所示。这些效果与Photoshop的滤镜大致相同。它们可以应用于矢量对象或位图对象。让矢量图也呈现出位图般的外观特效。

效果画廊比较特别,它集成了风格化、画笔描边、扭曲、素描、艺术效果和纹理效果组中的各种效果,可以将多个效果同时应用于同一对象,还可以用一个效果替换原有的效果。

打开一个文件,如图8-146所示。执行"效果>效果画廊"命令,打开"效果画廊"对话框。单击一个效果组前面的 ▷ 按钮,展开该效果组,单击其中的一个效果即可添加该效果,如图8-147所示,同时,对话框右侧的参数设置区内会显示选项,此时可调整效果参数,如图8-148、图8-149所示。单击"效果画廊"中的新建效果图层按钮 ,可以创建一个效果图层。新建效果图层后,可以添加不同的效果。如果要删除一个效果图层,可以单击它,然后单击删除效果图层按钮 。

图8-145

图8-146

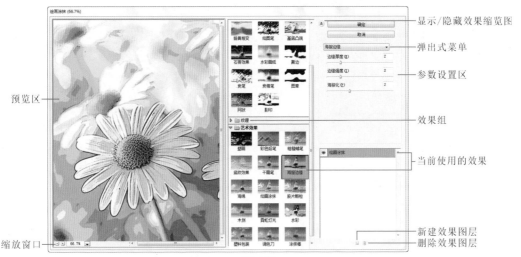

图8-147

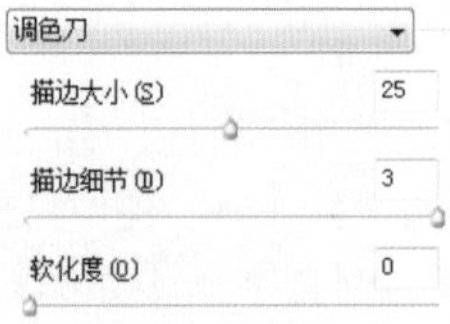

图8-148

图8-149

在"效果画廊"或任意效果的对话框中，按住Alt键，"取消"按钮会变成"重置"或者"复位"按钮，单击它可将参数恢复到初始状态。如果在执行效果的过程中想要终止操作，可以按下Esc键。

相关知识链接

关于其他Photoshop效果，请参阅光盘>学习资料>Photoshop效果电子书。

# 8.13 外观属性

外观属性是一组在不改变对象基础结构的前提下影响对象外观的属性，它包括填色、描边、透明度和各种效果。将外观属性应用于对象后，可以随时修改或删除。

## 8.13.1 "外观"面板

执行"窗口>外观"命令，打开"外观"面板。选择一个对象，如图8-150所示，它的填色和描边在面板中按照堆栈顺序列出，各种效果按其应用顺序从上到下排列，如图8-151所示。当某个项目包含其他属性时，该项目名称的左上角便会出现一个三角形，单击三角形可以显示其他属性。

图8-150

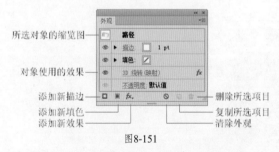

图8-151

- 所选对象的缩览图：当前选择的对象的缩览图，它右侧的名称标识了对象的类型，例如路径、文字、组、位图图像和图层等。

- 描边：显示并可修改对象的描边属性，包括描边颜色、宽度和类型。

- 填色：显示并可修改对象的填充内容。

- 不透明度：显示并可修改对象的不透明度值和混合模式。

- 眼睛图标 ：单击该图标，可以隐藏或重新显示效果。

- 添加新描边 ：单击该按钮，可以为对象添加一个描边属性。

- 添加新填色 ：单击该按钮，可以为对象添加一个填色属性。

- 添加新效果 fx. ：单击该按钮，可在打开的下拉菜单中选择一个效果。

- 清除外观 ：单击该按钮，可清除所选对象的外观，使其变为无描边、无填色的状态。

- 复制所选项目 ：选择面板中的一个项目后，单击该按钮可复制该项目。

- 删除所选项目 ：选择面板中的一个项目后，单击该按钮可将其删除。

## 8.13.2 实例演练：复制外观属性

❶打开光盘中的素材文件，如图8-152所示。使用选择工具 在蝴蝶结上单击，选择该图形，如图8-153所示。

❷将"外观"面板顶部的缩览图拖动到字母"k"上，如图8-154、图8-155所示，可将该蝴蝶结的外观复制到文字上，如图8-156所示。

图8-152

图8-153

❸下面我们来使用吸管工具 🖋 复制外观。先按住Shift键单击其他文字，将它们选取，如图8-157所示，使用吸管工具 🖋 在字母"k"上单击，如图8-158所示，即可将它的外观复制到其他文字，如图8-159所示。

图8-154

图8-155

图8-156

图8-157

图8-158

图8-159

**实用技巧**

**自定义吸管工具可复制的外观属性**

　　默认情况下，吸管工具 🖋 会复制对象的所有外观属性。如果要限定它的复制范围，可双击吸管工具 🖋，在打开的"吸管选项"对话框中设置。此外，在"栅格取样大小"下拉列表中还可以调整取样区域的大小。

## 8.13.3 实例演练：修改外观

❶打开光盘中的素材文件，使用选择工具 ▶ 选取文字，如图8-160所示。"外观"面板中会列出它的外观属性，如图8-161所示。

图8-160

图8-161

❷单击"填色"属性，按下 ▼ 按钮在打开的面板中选择红色，如图8-162所示，修改文字的填充颜色，如图8-163所示。

图8-162

图8-163

❸双击"投影"效果名称，如图8-164所示，打开"投影"对话框，修改不透明度为40%，如图8-165、图8-166所示。

图8-164

图8-165

图8-166

**实用技巧**

**查看"隐藏"起来的外观属性**

选取编组对象时,在"外观"面板中不会直接显示它的属性,需要在"内容"属性上双击,对象所具有的填充、描边等属性才可以展开。

## 8.13.4 实例演练:为图层和组添加外观

❶打开光盘中的素材文件,如图8-167所示。单击图层名称右侧的 ○ 图标,选择图层(可以是空的图层),如图8-168所示。

图8-167　　　　　　图8-168

❷执行"效果>风格化>外发光"命令,即可为该图层添加外观,如图8-169、图8-170所示。

图8-169　　　　　　图8-170

❸使用星形工具 ☆ 在该图层中创建对象,星形会自动添加该图层的外观(即"外发光"效果),如图8-171所示。如果选择"图层1"中的小企鹅拖入"图层3"中,它也会具有外发光效果,如图8-172、图8-173所示。

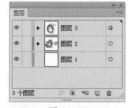

图8-171　　　　　　图8-172

图8-173

❹将光标放在"图层3"右侧的 ○ 图标上,如图8-174所示;按住Alt键拖到"编组"子图层的 ○ 图标上,可效果复制到编组对象,如图8-175所示,画面中的心形也有了同样的外发光效果,如图8-176所示。

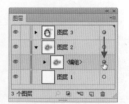

图8-174　　　　　　图8-175

图8-176

**提示**

如果不想复制效果,而是要为编组对象设置其他效果,可以在"图层"面板中单击组右侧的 ○ 图标,选择编组的对象,再添加效果。此后,将一个对象加入该组,这个对象也会拥有组所具备的效果。如果将其中的一个对象从组中移出,它则将失去效果,因为效果属于组,而不属于组内的单个对象。

## 8.13.5 更改外观的堆栈顺序

在"外观"面板中,外观属性按照其应用于

对象的先后顺序堆叠排列，这种形式称为堆栈。向上或向下拖动外观属性，可以调整它们的堆栈顺序。但这会影响对象的显示效果。例如，图8-177所示的图形的描边应用了"投影"效果，将"投影"拖到"填色"属性上，图形的外观便会发生变化，如图8-178所示。

图8-177

图8-178

## 8.13.6 隐藏和删除外观属性

选择对象后，在"外观"面板中单击一个属性前面的眼睛图标 👁，即可隐藏该属性。如果要重新将其显示出来，可在原眼睛图标处单击。

如果要删除一种外观属性，可将其拖动到"外观"面板底部的删除所选项目按钮 🗑 上，如图8-179、图8-180所示。如果要删除填色和描边之外的所有外观，可以执行面板菜单中的"简化至基

本外观"命令。如果要删除所有外观，使对象变为无填色、无描边状态，可单击清除外观按钮 🚫。

图8-179

图8-180

## 8.13.7 扩展外观属性

选择对象，如图8-181所示，执行"对象>扩展外观"命令，可以将它的填充、描边和应用的效果等外观属性扩展为独立的对象（对象会自动编组），如图8-182所示。

图8-181    图8-182

# 8.14 图形样式

图形样式是一组可以反复使用的外观属性，能够快速改变对象的外观。例如，可修改对象的填色和描边颜色、更改透明度，还可以在一个步骤中应用多种效果。此外，应用与对象的图形样式可以随时编辑和撤销。

## 8.14.1 "图形样式"面板

"图形样式"面板用来创建、保存和应用外观属性，如图8-183所示。新建一个文档时，面板中会列出默认的图形样式。打开一个文档时，则与文档一同存储的图形样式也会显示在面板中。

图8-183

- 默认 ⬜：单击该样式，可以将当前选择的对象设置为默认的基本样式，即黑色描边、白色填充。

- 图形样式库菜单 📊：单击该按钮，可在打开的下菜单中选择一个图形样式库。

- 断开图形样式链接 🔗：用来断开当前对象使用的样式与面板中样式的链接。断开链接后，可单独修改应用于对象的样式，而不会影响面

板中的样式。

- 新建图形样式 ⬚：可以将当前对象的样式保存到"图形样式"面板中，以便于其他对象使用。此外，将面板中的一个样式拖动到该按钮上，可复制样式。

- 删除图形样式 🗑：选择面板中的图形样式后，单击该按钮，可将其删除。

## 8.14.2 实例演练：应用图形样式

❶打开光盘中的素材文件。使用选择工具 ▶ 选择背景图形，如图8-184所示。单击"图形样式"面板中的一个样式，即可为它添加该样式，如图8-185、图8-186所示。如果再单击其他样式，则新样式会替换原有的样式。

❷在画板以外的空白处单击，取消选择。此时在"图形样式"面板中单击如图8-187所示的样式，将其直接拖动到黑色楼字上，如图8-188所示，即可为图形添加该样式，如图8-189所示。如果对象是由多个图形组成的，可以为它们添加不同的样式。

图8-184

图8-185

图8-186

图8-187

图8-188

图8-189

❸选择楼宇图形，在"透明度"面板中设置混合模式为"差值"，如图8-190、图8-191所示。

图8-190

图8-191

### 知识拓展

#### 图形样式应用技巧

图形样式可应用于对象、组和图层。将图形样式应用于组或图层时，组和图层内的所有对象都将具有图形样式的属性。我们以一个由 50% 的不透明度组成的图形样式为例。选择图层，单击该图形样式，将其应用于图层，则此图层内固有的（或添加的）所有对象都将显示50%的不透明效果。不过，如果将对象移出该图层，则对象的外观将恢复其以前的不透明度。

原图形

选择图层

选择图形样式

应用样式

在图层中添加对象（50%不透明度）

将对象移到其他图层（100%不透明度）

## 8.14.3 实例演练：创建图形样式

❶打开光盘中的素材文件，图中的文字添加了"凸出和斜角"效果，使用选择工具 ▶ 选择一个立体字，如图8-192所示，单击"图形样式"面板中的 ⬚ 按钮，即可将它的外观保存为图形样式，如图8-193所示。以后有别的图形需要添加与之相同的样式，只需单击创建的样式即可。

图8-192

图8-193

❷"图形样式"面板中现有的样式可以合并为新的样式。方法是：按住 Ctrl 键单击两个或多个图形样式，将它们选择，如图8-194所示，在面板菜单中选择"合并图形样式"命令，可基于它们创建一个新的图形样式，新建的样式包含所选样式的全部属性，如图8-195所示。

图8-194

图8-195

### 8.14.4 实例演练：重新定义图形样式

❶打开光盘中的素材文件，使用选择工具 ➤ 选取橙色图形，如图8-196所示。在"图形样式"面板中选择一个样式，如图8-197所示，为图形添加该样式，如图8-198所示。

图8-196

图8-197

图8-198

❷我们先来修改现有的外观。在"外观"面板中选择最下面的"填色"选项，单击 ▼ 按钮在打开的面板中选择橙色渐变，如图8-199所示，效果如图8-200所示。

图8-199

图8-200

❸下面再来为图形样式添加新的效果。执行"效果>风格化>投影"命令，在打开的对话框中设置参数，如图8-201所示。单击"确定"按钮关闭对话框，即可为当前的图形样式添加"投影"效果，如图8-202所示。

图8-201

图8-202

❹执行"外观"面板菜单中的"重定义图形样式"命令，用修改后的样式替换"图形样式"面板中原来的样式，如图8-203所示。图8-204所示为修改前的图形样式的应用效果，图8-205所示为重新定义样式后该样式的应用效果。

图8-203

图8-204

图8-205

**实用技巧**

**在不影响对象的情况下修改样式**

如果修改的样式已被文档中的对象使用，则对象的样式将自动更新为新的样式。如果不希望修改文档中对象的样式，可在修改样式前选择使用该样式的对象，然后单击"图形样式"面板中的断开样式链接按钮，断开面板中的样式与文档中对象使用的样式的链接，然后再对样式进行修改。

## 8.14.5 实例演练：使用图形样式库

图形样式库是一组预设的图形样式集合。Illustrator提供了非常丰富的样式库，包括3D效果、图像效果、文字效果等。

❶打开光盘中的素材文件，如图8-206所示。使用执行选择工具 选择文字"训"，如图8-207所示。

图8-206

图8-207

❷执行"窗口>图形样式库"命令，或单击"图形样式"面板中的 按钮，在下拉菜单中选择"图像效果"样式库，如图8-208所示，它就会出现在一个新的面板中，单击如图8-209所示的样式，为文字添加该样式，如图8-210所示。

❸新样式会自动添加至"图形样式"面板中，如图8-211所示。此时可通过"外观"面板对其进行编辑，如图8-212所示。

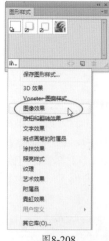

图8-208

图8-209

图8-210

图8-211

图8-212

## 8.14.6 创建自定义的图形样式库

在"图形样式"面板中整理好样式，即添加所需的图形样式并删除不需要的图形样式后，打开面板菜单，选择"存储图形样式库"命令，在打开的对话框中可以将库文件存储在任何位置。如果将它存储在默认位置，则重启 Illustrator 时，样式库的名称会出现在"图形样式库"和"打开图形样式库"下拉菜单中。

## 8.14.7 从其他文档导入图形样式

单击"图形样式"面板中的 按钮，选择"其他库"命令，在弹出的对话框中选择一个AI文件，单击"打开"按钮，可以将该文件中使用的图形样式导入当前文档的一个单独的面板中。

# 功能篇

# 第 9 章

# 图层与蒙版

## 9.1 图层

图层用来管理组成图稿的所有对象，我们可以将图形放置于不同图层中，以便于选择和查找。绘制复杂的图形时，灵活地使用图层能够有效地管理对象、提高工作效率。

### 9.1.1 "图层"面板

执行"窗口>图层"命令，打开"图层"面板，面板中列出了当前文档包含的所有图层，如图9-1、图9-2所示。新创建的文件只有一个图层，开始绘图之后，便会在当前选择的图层中添加子图层。单击图层前面的 ▶ 图标展开图层列表，可以查看其中包含的子图层。

图9-1

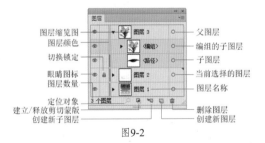

图9-2

- 定位对象 🔍：选择一个对象后，如图9-3所示，单击该按钮，即可选择对象所在的图层或子图层，如图9-4所示。当文档中图层、子图层、组的数量较多时，通过这种方法可以快速找到所需图层。

图9-3　　　　　　图9-4

- 建立/释放剪切蒙版 🔳：单击该按钮，可以创建或释放剪切蒙版。

- 父图层：单击创建新图层按钮 🔲，可以创建一个图层（即父图层），新建的图层总是位于当前选择的图层之上。如果要在所有图层的最上面创建一个图层，可按住Ctrl键单击 🔲 按钮。将一个图层或子图层拖动到 🔲 按钮上，可以复制该图层。

- 子图层：单击创建新子图层按钮 ⌐🔲，可以在当前选择的父图层内创建一个子图层。

- 图层名称/颜色：按住Alt键单击 🔲 按钮，或双击一个图层，可以打开"图层选项"对话框设置图层的名称和颜色，如图9-5所示。当图层数量较多时，给图层命名可以更加方便地查找和管理对象。为图层选择一种颜色后，当选择该图层中的对象时，对象的定界框、路径、锚点和中心点都会显示与图层相同的颜色，如图9-6、图9-7所示，这有助于我们在选择时区分不同图层上的对象。

图9-5

图9-6

图9-7

● 眼睛图标 ◉：单击该图标可进行图层显示与
隐藏的切换。有该图标的图层为显示的图层，
如图9-8所示，无该图标的图层为隐藏的图
层，如图9-9所示。被隐藏的图层不能进行编
辑，也不能打印出来。

图9-8

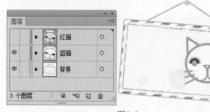

图9-9

● 切换锁定：在一个图层的眼睛图标右侧单击，
可以锁定该图层。被锁定的图层不能再做任何
编辑，并且会显示出一个 🔒 状图标。如果要
解除锁定，可单击🔒图标。

● 删除图层 🗑：按住Alt键单击 🗑 按钮，或者
将图层拖动到该按钮上，可直接删除图层。如
果图层中包含参考线，则参考线也会同时删
除。删除父图层时，会同时删除它的子图层。

## 9.1.2 创建图层和子图层

单击"图层"面板中的创建新图层 🔲，可以
创建一个图层，如图9-10所示。新建文档时，会自
动创建一个图层。单击创建新子图层按钮 🔲，则
可在当前选择的图层中创建一个子图层，如图9-11
所示。单击图层前面的 ▶ 图标展开（或关闭）图
层列表，可以查看图层中包含的子图层，如图9-12
所示。

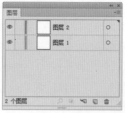

图9-10

图9-11

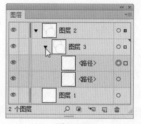

图9-12

💡提示

　　按住Ctrl键单击 🔲 按钮，可在"图层"
面板顶部新建一个图层。如果要在创建图层
或子图层时，设置它的名称和颜色，可按住
Alt键单击 🔲 按钮或 🔲 按钮，在打开的对话
框中设定。

## 9.1.3 选择与移动图层

单击"图层"面板中的一个图层，即可选择
该图层，如图9-13所示。当我们开始绘图时，所
创建的对象便会出现在当前选择的图层中，如图
9-14、图9-15所示。

图9-13

图9-14

图9-15

在"图层"面板中单击并将一个图层、子图层或图层中的对象拖动到其他图层（或对象）的上面或下面，可以调整它们的堆叠顺序，如图9-16、图9-17所示。如果将图层拖动到其他图层内，则该图层便会成为这一图层的子图层。由于我们绘图时所创建的对象的堆叠顺序与图层的堆叠顺序相一致，因此，调整图层顺序便会影响对象的显示效果，如图9-18所示。

图9-16

图9-17

图9-18

## 9.1.4 修改图层的名称和颜色

### 修改图层名称

绘制复杂的图形时，我们往往要创建多个图层，将图稿的各个部分分开管理。在图层数量较多的情况下，给图层命名可以更加方便地查找和管理对象。双击一个图层，如图9-19所示，可在打开的"图层选项"对话框中修改它的名称，如图9-20、图9-21所示。

图9-19

图9-20

图9-21

### 修改图层颜色

选择一个对象时，它的定界框、路径、锚点和中心点都会显示与其所在的图层相同的颜色，如图9-22所示。双击一个图层，可在打开的对话框中修改图层颜色，如图9-23、图9-24所示。这有助于我们在选择时区分不同图层上的对象。

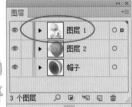

图9-22

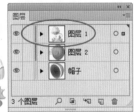

图9-23

图9-24

## 9.1.5 显示和隐藏图层

在"图层"面板中，图层前面有眼睛图标
👁 的，表示该图层中的对象在画板中为显示
状态，如图9-25所示。单击一个对象前面的眼
睛图标 👁，可以隐藏该对象，如图9-26所示。
单击图层前面的眼睛图标 👁，则可隐藏图层中
的所有对象，如图9-27所示。如果要重新显示图
层，或图层中的对象，可在原眼睛图标处单击。
按住Alt键单击一个图层的眼睛图标 👁，可以
隐藏其他图层，采用相同的方法操作，可以重新
显示图层。

图9-25

图9-26

图9-27

💡提示

选择一个或多个对象后，执行"对象>隐
藏"命令，可隐藏所选对象。执行"对象>显
示全部"命令，可以将所有隐藏的对象都显
示出来。

## 9.1.6 复制图层

在"图层"面板中，将一个图层拖动到创建
新图层按钮 🗅 上，可以复制该图层，得到的图层
位于原图层之上，如图9-28、图9-29所示。如果单
击并将一个图层拖动到其他图层的上面或下面，
按住Alt键（光标会变为 👆 状），然后放开鼠标以
后，可将图层复制到指定位置，如图9-30、图9-31
所示。

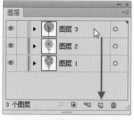
图9-28

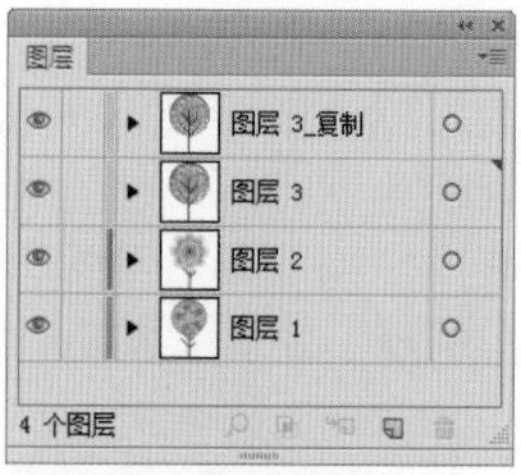

图9-29

图9-30

图9-31

## 9.1.7 锁定图层

编辑对象，尤其是修改路径或锚点时，为了
不破坏其他对象，或避免其他对象的锚点影响当
前操作，可以将这些对象锁定，将其保护起来。
如果要锁定一个对象，可单击它眼睛图标 👁 右侧
的方块，该方块中会显示出一个 🔒 状锁定图标，
如图9-32所示。如果要锁定一个图层，可单击该图
层眼睛图标右侧的方块，如图9-33所示。如果要解
除锁定，可以单击锁定图标 🔒。锁定的对象不能
被选择和修改，但它们是可见的，并且能够被打
印出来。

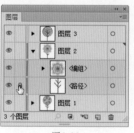
图9-32

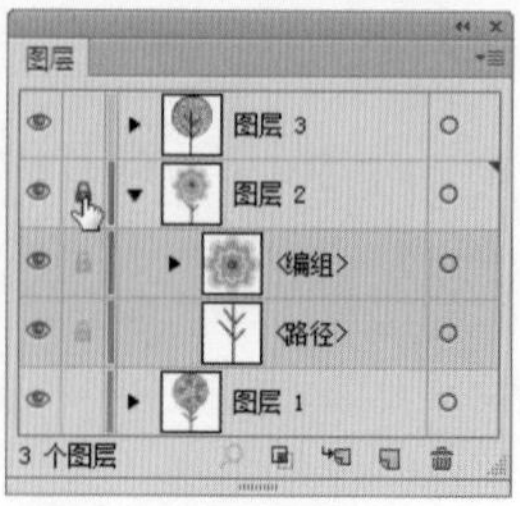

图9-33

**锁定对象**

　　编辑复杂的对象，尤其是处理锚点时，为避免因操作不当而影响其他对象，可以将需要保护的对象锁定，以下是用于锁定对象的命令和方法。

●如果要锁定当前选择的对象，可执行"对象>锁定>所选对象"命令（快捷键为Ctrl+2）。

●如果要锁定与所选对象重叠，且位于同一图层中的所有对象，可执行"对象>锁定>上方所有图稿"命令。

●如果要锁定除所选对象所在图层以外的所有图层，可执行"对象>锁定>其他图层"命令。

●如果要锁定所有图层，可在"图层"面板中选择所有图层，然后从面板菜单中选择"锁定所有图层"命令。

●如果要解锁文档中的所有对象，可执行"对象>全部解锁"命令。

## 9.1.8　删除图层

　　在"图层"面板中选择一个图层或对象，单击删除图层按钮 🗑 可以将其删除。也可以将图层或对象拖动到 🗑 按钮上直接删除。删除图层时，会同时删除图层中包含的所有对象，如图9-34、图9-35所示。删除对象时，不会影响图层及其他子图层，如图9-36、图9-37所示。

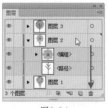

图9-34

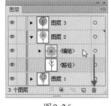

图9-36

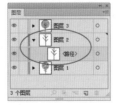

图9-37

图9-35

## 9.1.9　合并与拼合图层

　　在"图层"面板中，相同层级上的图层和子图层可以合并。方法是按住Ctrl键单击这些图层，将它们选择，然后执行面板菜单中的"合并所选图层"命令，它们就会合并到最后一次选择的图层中，如图9-38、图9-39所示。

　　如果要将所有的图层拼合到一个图层中，可以先单击该图层，如图9-40所示，再执行面板菜单中的"拼合图稿"命令，如图9-41所示。

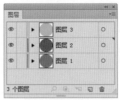

图9-38

图9-39

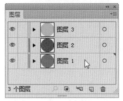

图9-40

图9-41

## 9.1.10　粘贴时记住图层

　　选择一个对象，如图9-42所示，按下Ctrl+C快捷键将其复制后，选择一个图层，如图9-43所示，按下Ctrl+V快捷键，对象就会粘贴到所选图层中，如图9-44所示。

图9-42

图9-43

图9-44

　　如果要将对象粘贴到原图层（即复制图稿的图层），可在"图层"面板中选择"粘贴时记住图层"命令，然后再进行粘贴，如图9-45所示。

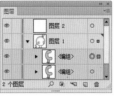

图9-45

### 9.1.11 设置个别对象的显示模式

绘制和编辑复杂图形时，为了便于选择对象和加快屏幕的刷新速度，需要经常切换视图模式。如果使用"视图"菜单中的"预览"和"轮廓"命令操作，则画板中所有对象的视图模式都会被切换，如图9-46、图9-47所示。

如果要切换个别对象的视图模式，可以通过"图层"面板来实现。按住Ctrl键单击一个图层前的眼睛图标 ，即可将该图层中的对象切换为轮廓模式，此时眼睛图标会变为 状，如图9-48、图9-49所示。如果要将对象切换回预览模式，可按住Ctrl键单击 图标。

预览模式
图9-46

轮廓模式
图9-47

图9-48　　　　　　　图9-49

## 9.2 不透明度

"透明度"面板可以调整图形的不透明度。在该面板中，100%代表完全不透明、50%代表半透明、0%为完全透明。

### 9.2.1 调整图层的不透明度

默认情况下，对象的不透明度为100%，如图9-50所示。将眼镜片图形选择后，在"不透明度"文本框中输入数值，或单击 ▾ 按钮在打开的下拉列表中选择参数，即可使其呈现透明效果，显示出它下面的对象，如图9-51、图9-52所示。

度为50%的效果。图9-55所示为使用编组选择工具 分别选择每一片树叶，再单独设置其不透明度为50%的效果，此时所选对象重叠区域的透明度将相对于其他对象改变，同时会显示出累积的不透明度。图9-56所示为使用选择工具 选择组对象，然后设置它的不透明度为50%的效果，此时组中的所有对象都会被视为单一对象来处理。

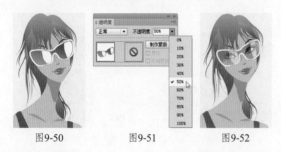

图9-50　　　　　图9-51　　　　　图9-52

### 9.2.2 调整编组对象的不透明度

调整编组对象的不透明度时，会因选择方式的不同而有所区别。例如，图9-53所示的三片树叶图形为一个编组对象，此时它的不透明度为100%。图9-54所示为单独选择绿色树叶并设置它的不透明

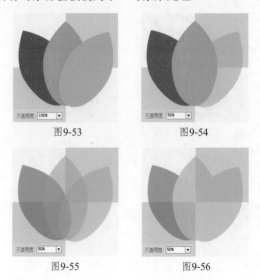

图9-53　　　　　　　图9-54

图9-55　　　　　　　图9-56

只有位于图层或组外面的对象及其下方的对象可以通过透明对象显示出来。如果将某个对象移入此图层或组，它就会具有此图层或组的不透明度。而如果将某一对象从图层或组中移出，则其不透明度设置也将被去掉，不再保留。

**9.2.3 实例演练：分别调整填色和描边的不透明度**

默认情况下，选择一个对象并调整不透明度时，它的填色和描边的不透明度将同时被修改。如果要单独调整填充内容或描边的不透明度，可以在"外观"面板中进行操作。

❶打开光盘中的素材文件，使用选择工具 ▶ 选取红色心形，如图9-57所示。打开"外观"面板，分别单击"描边"与"填色"前面的 ▶ 图标，展开属性列表，如图9-58所示。

图9-57　　　　　　　图9-58

❷单击"描边"属性下的"不透明度"，在打开的面板中设置不透明度为40%，如图9-59所示，该调整只针对描边属性，填色的不透明度不会改变，如图9-60所示。

图9-59　　　　　　　图9-60

❸再来调整填色的不透明度，设置参数为70%，如图9-61、图9-62所示。

图9-61　　　　　　　图9-62

# 9.3 混合模式

混合模式决定了对象之间的混合方式，可用于对象之间的合成、制作特效、表现纹理等。混合模式不会对图形造成任何实质性的破坏。

**9.3.1 调整图层的混合模式**

Illustrator提供了16种混合模式，它们分为6组，如图9-63所示，每一组中的混合模式都有着相近的用途。选择一个或多个对象，单击"透明度"面板中的 ▼ 按钮，选择一种混合模式以后，它就会采用这种模式与下面的对象混合。下面我们用如图9-64所示的橙色气球演示各种混合模式的效果。

● **正常**：默认的模式，即对象的不透明度为100%时，完全遮盖下面的对象，如图9-65所示。

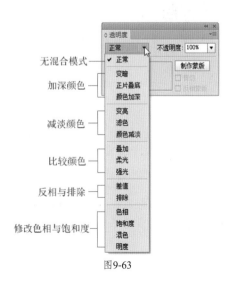

图9-63

图9-64

- 变暗：在混合过程中对比底层对象和当前对象的颜色，使用较暗的颜色作为结果色，比当前对象亮的颜色将被取代，暗的颜色保持不变，如图9-66所示。

正常　　　　　　　变暗
图9-65　　　　　　图9-66

- 正片叠底：将当前对象和底层对象中的深色相互混合，结果色通常比原来的颜色深，如图9-67所示。

- 颜色加深：对比底层对象与当前对象的颜色，使用低的明度显示，如图9-68所示。

正片叠底　　　　　颜色加深
图9-67　　　　　　图9-68

- 变亮：对比底层对象和当前对象的颜色，使用较亮的颜色作为结果色，比当前对象暗的颜色被取代，亮的颜色保持不变，如图9-69所示。

- 滤色：当前对象与底层对象的明亮颜色相互融合，效果通常比原来的颜色亮，如图9-70所示。

变亮　　　　　　　滤色
图9-69　　　　　　图9-70

- 颜色减淡：在底层对象与当前对象中选择明度高的颜色来显示混合效果，如图9-71所示。

- 叠加：以混合色显示对象，并保持底层对象的明暗对比，如图9-72所示。

颜色减淡　　　　　叠加
图9-71　　　　　　图9-72

- 柔光：当混合色大于50%灰度时，对象变亮；小于50%灰度时，对象变暗，如图9-73所示。

- 强光：与柔光模式相反，当混合色大于50%灰度时，对象变暗；小于50%灰度时，对象变亮，如图9-74所示。

柔光　　　　　　　强光
图9-73　　　　　　图9-74

- 差值：以混合色中较亮颜色的亮度减去较暗颜色的亮度，如果当前对象为白色，可以使底层颜色呈现反相，与黑色混合时保持不变，如图9-75所示。

- 排除：与差值的混合方式相同，只是产生的效果比差值模式柔和些，如图9-76所示。

差值　　　　　　　　　　排除
图9-75　　　　　　　　图9-76

- 色相：混合后的亮度和饱和度由底层对象决定，色相由当前对象决定，如图9-77所示。

- 饱和度：混合后的亮度和色相由底层对象决定，饱和度由当前对象决定，如图9-78所示。

色相　　　　　　　　　　饱和度
图9-77　　　　　　　　图9-78

- 混色：混合后的亮度由底层对象决定，色相和饱和度由当前对象决定，如图9-79所示。

- 明度：混合后的色相和饱和度由底层对象决定，亮度由当前对象决定，如图9-80所示。

混色　　　　　　　　　　明度
图9-79　　　　　　　　图9-80

## 9.3.2 实例演练：调整填色和描边的混合模式

选择一个图形后，在"透明度"面板中设置混合模式，图形的描边与填色都会具有该属性。而要单独对填色或描边设置混合模式时，则需要在"外观"面板中进行。

❶打开光盘中的素材文件，使用选择工具 ▶ 选取绿色图形，如图9-81所示。在"外观"面板中可以看到该图形所具有的属性。单击"描边"属性下方的"不透明度"，在打开的面板中设置混合模式为"叠加"，如图9-82、图9-83所示。

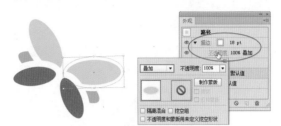

图9-81　　　　　　　　图9-82

图9-83

💡提示

要修改图形填充内容的混合模式，可单击"填充"属性下方的"不透明度"，在打开的面板中进行调整。

❷在"外观"面板最下方还有一个"不透明度"属性，它与"透明度"面板的作用相同，调整是针对整个图形（包括填充内容与描边）进行的。设置该图形的混合模式为"正片叠底"，如9-84、图9-85所示。

图9-84　　　　　　　　图9-85

❸选取左侧的图形，如图9-86所示，使用吸管工具 ✐ 在设置了混合模式的图形上单击，拾取它的属性，如图9-87所示。用同样的方法修改蓝色和粉红色图形的混合模式，用钢笔工具 ✐ 绘制蝴蝶的身体，如图9-88所示。

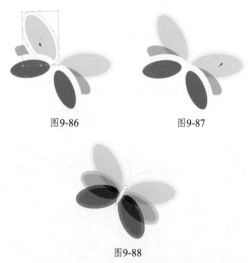

图9-86　　　　　　图9-87

图9-89　　　　　　　　图9-90

❺继续复制蝴蝶，调整大小、角度与不透明度，显示"图层2"，如图9-91、图9-92所示。

图9-88

❹按下Ctrl+A快捷键全选，按下Ctrl+G快捷键编组。使用选择工具 ▶ 按住Alt键拖动蝴蝶图形进行复制，按下Ctrl+[ 快捷键后移一层，在"透明度"面板中设置不透明度为10%，如图9-89、图9-90所示。

图9-91　　　　　　　　图9-92

# 9.4　剪切蒙版

　　剪切蒙版使用一个图形来隐藏其他对象，我们只能看到该图形以内的对象，位于该图形以外的对象都会被其遮盖。这个图形被称之为剪贴路径。

## 9.4.1　实例演练：创建剪切蒙版

　　Illustrator中，我们可以通过两种方法创建剪切蒙版，虽然最终效果相同，却有着不同的影响。一种是将剪切对象创建为剪切组，剪切组以外的图形即使在一个图层中也不会被影响，图9-93所示为原图形，图9-94所示为将矩形、黄色与绿色图形创建为剪切组的效果。另一种是建立在图层基础上的剪切蒙版，蒙版的遮盖效果针对图层中的所有对象，如图9-95所示。

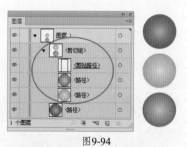

图9-94

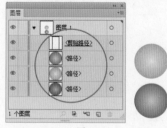

图9-95

　　下面我们就来看一下，怎样通过剪切蒙版创建图形合成效果。

❶打开光盘中的素材文件，如图9-96所示。使用选择工具 ▶ 选取人物并移动到花纹图案上，按住

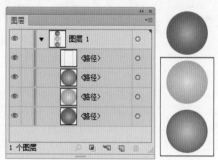

图9-93

Shift键在图案上单击，将其与人物同时选取，如图9-97所示。

图9-96

图9-97

② 执行"对象>剪切蒙版>建立"命令，或按下Ctrl+7快捷键创建剪切蒙版，人物路径以外的对象都被会被隐藏，而路径也将变为无填色和描边的对象，如图9-98所示。剪切蒙版和被蒙版隐藏的对象统称为剪切组，如图9-99所示。在"图层2"前面单击，显示该图层，如图9-100、图9-101所示。

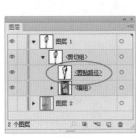
图9-98

图9-99

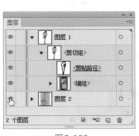
图9-100

图9-101

提示

使用同一个图层上的对象创建剪切蒙版时，应将剪贴路径放在需要被隐藏的对象的上面。如果是使用位于不同图层上的图形制作剪切蒙版，则要将剪贴路径所在的图层调整到被遮盖对象的上层。如果将其他图层中的对象拖动到剪切组合中，也同样会对其进行遮盖。

## 9.4.2 实例演练：编辑剪切蒙版

① 创建剪切蒙版以后，剪贴路径和被遮盖的对象都可编辑。我们继续使用上一文件来学习怎样编辑剪切蒙版。使用选择工具 选取人物路径，如图9-102所示，在"图层"面板的"剪贴路径"层后面单击，也可以选择该路径，如图9-103所示。

图9-102

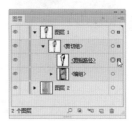
图9-103

② 选择铅笔工具 ，将光标放在人物衣服边缘的锚点上，如图9-104所示。按住鼠标向下拖至腿部的路径上，如图9-105所示，放开鼠标后，路径呈现裙子的形状，如图9-106所示。

图9-104

图9-105

图9-106

## 9.4.3 实例演练：编辑剪切内容

① 我们继续使用上一文件来学习怎样编辑剪切内容。使用编组选择工具 在剪贴路径内的黑色图形上单击，选取图案的黑色背景区域，如图9-107所示。

❷将填充颜色设置为蓝色，如图9-108所示；再选择剪切蒙版以外的粉色背景，将填充颜色设置为黄色，制作出有民族风格的插画效果，如图9-109所示。

图9-107

图9-108

图9-109

提示

任何对象都可以作为被隐藏的对象，但只有矢量对象可以作为剪切蒙版。

## 9.4.4 实例演练：重新给剪贴路径描边

❶打开光盘中的素材文件，如图9-110所示。单击"图层"面板底部的 📄 按钮，如图9-111所示，基于图层创建剪切蒙版，将文字以外的图形隐藏，如图9-112、图9-113所示。

图9-110

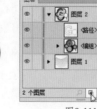
图9-111

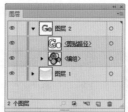
图9-112

图9-113

❷在"剪贴路径"层后面单击，选取剪贴路径，如图9-114、图9-115所示。

图9-114

图9-115

❸按下X键切换到描边编辑状态，单击"色板"中的"蓝色天空"渐变色块，如图9-116所示；在"渐变"面板中选择右侧的渐变色标，设置颜色为粉色，不透明度为50%，如图9-117所示；在控制面板中设置描边粗细为10pt，效果如图9-118所示。

图9-116

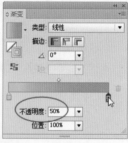
图9-117

图9-118

## 9.4.5 实例演练：在剪切蒙版中添加对象

❶打开光盘中的素材文件，运动鞋图片位于"图层1"中，处于锁定状态。我们在"图层2"中制作鞋面花纹，如图9-119所示。使用钢笔工具 ✐ 沿着鞋面绘制路径，如图9-120所示。

图9-119

图9-120

❷按下Shift+Ctrl+F11快捷键打开"符号"面板,在该面板中存储着用于制作鞋面花纹的图案,如图9-121所示。选择"花纹1"符号,将其直接拖入画面中,如图9-122所示。

图9-121

图9-122

❸按下Ctrl+[ 快捷键将花纹移至鞋面路径下方,如图9-123所示;单击"图层"面板底部的 ▣ 按钮,建立剪切蒙版,将鞋面以外的花纹隐藏,如图9-124、图9-125所示。

图9-123    图9-124

图9-125

❹在"符号"面板中选择"花纹2"符号,如图9-126所示,拖入画面中,在剪切蒙版中添加花纹,如图9-127所示,剪切蒙版会将鞋面以外的部分遮盖,如图9-128所示。

图9-126

图9-127

图9-128

❺将"文字"符号拖入画面中,放在鞋尖位置,如图9-129所示;可以用相同的方法,以不同的纹样来装饰鞋面,如图9-130、图9-131所示。

图9-129

图9-130

图9-131

### 9.4.6 从剪切蒙版中释放对象

选择剪切蒙版对象,执行"对象>剪切蒙版>释放"命令,或单击"图层"面板中的建立/释放剪切蒙版按钮 ▣ ,即可释放剪切蒙版,使被剪贴路径遮盖的对象重新显示出来。如果将剪切蒙版中的对象拖至其他图层,也可释放该对象,使其完整显示出来。

# 9.5 不透明度蒙版

不透明度蒙版是用于修改对象不透明度的蒙版，它可以使被蒙版遮盖的对象产生透明效果，是用于制作图形、图像合成效果的重要功能。

## 9.5.1 实例演练：创建不透明度蒙版

不透明度蒙版是通过蒙版对象（上面的对象）的灰度来遮盖下面对象的。蒙版中的黑色区域可以显示下面的对象，白色区域隐藏下面的对象，灰色为半透明区域，会使对象呈现出一定的透明度。如果作为蒙版的对象是彩色的，则Illustrator会将它转换为灰度模式，并根据其灰度值来决定蒙版的遮盖程度。

❶打开光盘中的素材文件，如图9-132、图9-133所示。

❷在"图层2"前面单击，显示该图层，如图9-134所示，使用选择工具 ▶ 选择画面中的蝴蝶，如图9-135所示。

图9-132

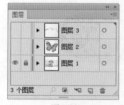

图9-133

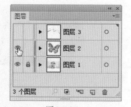

图9-134

❸在"透明度"面板中设置混合模式为"正片叠底"，如图9-136、图9-137所示。

❹使用铅笔工具 ✐ 在婴儿面部绘制一个图形，将眼睛、鼻子和嘴包含在内。在蝴蝶翅膀上分别绘制两个图形，将翅膀与帽子交叠的部分包含在内，如图9-138所示。我们将用这三个图形制作不

图9-135

透明度蒙版，对蝴蝶形成一个挖空效果，以显示出婴儿的五官。选取这三个图形，按下Ctrl+G快捷键编组，填充黑色，无描边，如图9-139所示。

图9-136

图9-137

图9-138

图9-139

❺按住Shift键单击蝴蝶图像，将其与黑色图形一同选取，单击"透明度"面板中的"制作蒙版"按钮，如图9-140所示，创建不透明度蒙版，取消"剪切"选项的勾选，如图9-141、图9-142所示。

图9-140

图9-141

图9-142

提示

着色的图形或者位图图像也可以用来遮盖下面的对象。如果选择的是一个单一的对象或编组对象，则会创建一个空的蒙版。如果要查看对象的透明程度，可执行"视图>显示透明度网格"命令，通过透明度网格来观察透明区域。

## 9.5.2 实例演练：编辑不透明度蒙版

创建不透明度蒙版后，"透明度"面板会出现两个缩览图，左侧是被遮盖的对象的缩览图，右侧是蒙版缩览图。如果要编辑对象，应单击对象缩览图，进入对象编辑状态，要编辑蒙版，则需要单击蒙版缩览图。

❶我们继续使用上一文件来学习怎样编辑不透明度蒙版。使用选择工具 ▶ 选择画面中的蝴蝶，如图9-143所示。在"透明度"面板中单击蒙版缩览图，如图9-144所示，进入蒙版编辑状态。

图9-143

图9-144

❷使用编组选择工具 ▶+ 在婴儿的鼻子上单击，选取该位置的蒙版图形，如图9-145所示。执行"效果>风格化>羽化"命令，设置半径为5mm，使图形边缘变得柔和，如图9-146、图9-147所示。选取帽子上的蒙版图形，按下Alt+Shift+Ctrl+E快捷键打开"羽化"对话框，设置羽化半径为1mm，效果如图9-148所示。

图9-145

图9-146

图9-147

图9-148

❸单击对象缩览图，如图9-149所示，结束蒙版的编辑状态。在"图层3"前面单击，显示该图层，如图9-150、图9-151所示。

图9-149

图9-150

图9-151

## 9.5.3 链接与取消链接蒙版

创建不透明度蒙版以后，蒙版与被其遮盖的对象保持链接状态，它们的缩览图中间有一个链接图标 ⌗，此时移动、旋转或变换对象时，蒙版会同时变换，因此，被遮盖的区域不会改变，如图9-152所示。单击 ⌗ 图标取消链接，我们就可以单独移动对象或者蒙版，或者对其执行其他操作，图9-153所示为移动对象时的效果。如果要重新建立链接，可在原图标处单击，重新显示链接图标 ⌗。

图9-152

图9-153

## 9.5.4 停用与激活不透明度蒙版

我们编辑不透明度蒙版时，可以按住Alt键单击蒙版缩览图，画板中就会只显示蒙版对象，如图9-154所示，这样可避免蒙版内容的干扰，使操作更加准确。按住Alt键单击蒙版缩览图，可重新显示蒙版效果。

图9-154

按住Shift 键单击蒙版缩览图，可以暂时停用蒙版，这时缩览图上会出现一个红色的"×"，如图9-155所示。如果要恢复不透明度蒙版，可按住Shift 键再次单击蒙版缩览图。

图9-155

### 9.5.5　剪切与反相不透明度蒙版

默认情况下，新创建的不透明度蒙版为剪切状态，即蒙版对象以外的部分都被剪切掉了，如图9-156所示。如果取消"透明度"面板中的"剪切"选项的勾选，则位于蒙版以外的对象会显示出来，如图9-157所示。如果勾选"反相蒙版"选项，则可以反转蒙版对象的明度值，即反转蒙版的遮盖范围，如图9-158所示。

图9-156

图9-157

图9-158

### 9.5.6　隔离混合与挖空组

在"透明度"面板菜单中选择"显示选项"命令，面板中会显示如图9-159所示的选项。

图9-159

● 隔离混合：在"图层"面板中选择一个图层或组，勾选"页面隔离混合"选项，可以将混合模式与所选图层或组隔离，使它们下方的对象不受混合模式的影响。关于混合模式的内容，请参阅"9.3混合模式"。

● 挖空组：选择"页面挖空组"选项后，可以保证编组对象中单独的对象或图层在相互重叠的地方不能透过彼此而显示，如图9-160所示，图9-161所示为取消选择时的状态。

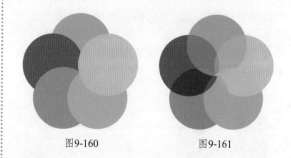

图9-160　　　　图9-161

> **提示**
> "透明度"面板中的"不透明度和蒙版用来定义挖空形状"选项用来创建与对象不透明度成比例的挖空效果。挖空是指透过当前的对象显示出下面的对象，要创建挖空，对象应使用除"正常"模式以外的混合模式。

### 9.5.7　释放不透明度蒙版

选择添加了不透明度蒙版的对象后，单击"透明度"面板中的"释放"按钮，即可释放不透明度蒙版，使对象恢复到添加蒙版前的状态，即重新显示出来。

# 功能篇

# 第10章 文字

学习重点



## 10.1 创建点文字

文字是Illustrator最强大的功能之一。在Illustrator中，用户可以通过三种方法输入文字，即点文字、段落文字和路径文字。点文字从单击位置开始，并随着字符输入沿水平或垂直线扩展。区域文字（也称为段落文字）利用对象边界来控制字符排列。路径文字沿开放或封闭路径的边缘排列文字。

### 10.1.1 文字工具

Illustrator的工具箱中包含6种文字工具，如图10-1所示。文字工具T和直排文字工具↓T可以创建水平或垂直方向排列的点文字和区域文字；区域文字工具和垂直区域文字工具可以在任意的图形内输入文字；路径文字工具和垂直路径文字工具可以在路径上输入文字。

图10-1

### 10.1.2 实例演练：创建点文字

点文字是指从单击位置开始并随着字符输入而扩展的一行或一列横排或直排文本。每行文本都是独立的。对其进行编辑时，该行将扩展或缩短，但不会换行。这种方式非常适用于在图稿中输入少量文本的情形。

❶打开光盘中的素材文件，如图10-2所示。选择文字工具T或直排文字工具↓T，在控制面板中设置字体和文字大小，如图10-3所示。

图10-2

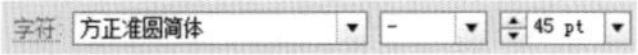


图10-3

❷将光标放在画板中，光标会变为四周围绕着虚线框的文字插入指针（直排文字工具变为状），靠近这个文字插入指针底部的短水平线，标出了该行文字的基线位置，文本都将位于基线上。单击鼠标，单击处会变为闪烁的文字输入状态，如图10-2所示，此时即可输入文字，如图10-3所示。如果要换行，可以按下回车键。

图10-4

图10-5

❸按下Esc键，或单击工具箱中的其他工具，可结束文字的输入。

提示

在创建文字时不要单击现有的对象，否则会将对象转换成区域文字或路径文字。如果现有对象恰好位于要输入文本的地方，可先锁定或隐藏对象。

相关知识链接

关于文字字体、大小、颜色等属性的更多内容，请参阅“10.4 设置字符格式”。

### 10.1.3 实例演练：选择、修改和删除文字

❶创建点文字（或区域文字和路径文字）后，使用文字工具 T 在文字上单击并拖移鼠标选择文字，如图10-6所示。

❷选择文字后，可在控制面板或"字符"面板中修改字体、大小、颜色等属性，如图10-7所示。

图10-6　　　　图10-7

❸重新输入文字，则可修改所选文字内容，如图10-8所示。在文本中单击，可在单击处设置插入点，此时输入文字可在文本中添加文字，如图10-9所示。

图10-8　　　　图10-9

❹如果要删除部分文字，可以将它们选择，然后按下Delete键。

### 10.1.4 实例演练：使用修饰文字工具

❶打开光盘中的素材文件。使用修饰文字工具单击一个文字，文字上会出现定界框，如图10-10所示，拖动控制点可以对文字进行缩放，如图10-11所示。

图10-10　　　　图10-11

❷修饰文字工具可以编辑文本中的任意一个文字，进行创造性的修饰，不只是缩放，还可以进行旋转、拉伸和移动等操作，从而生成美观而突出的信息，如图10-12、图10-13所示。

图10-12　　　　图10-13

**实用技巧**

**文字选择技巧**

● 在文字上单击并拖动鼠标可以选择一个或多个字符。按住 Shift键拖动鼠标，可以扩展或缩小选取范围。

● 将光标放在文字上，双击可以选择相应的字符，三击鼠标可以选择整个段落。

● 选择一个或多个字符后，执行"选择>全部"命令或按下Ctrl+A快捷键，可以选择所有字符。

● 如果要修改文本对象中所有的字符和段落属性，或者要修改所有字符的填色、描边属性及透明度设置，对文字对象应用效果、多种填充和描边及不透明度蒙版，需要使用选择工具 选择整个文字对象，再进行操作。

## 10.2 创建区域文字

区域文字（也称为段落文字）利用对象边界来控制字符排列（既可横排，也可直排）。当文本触及边界时，会自动换行。如果要创建包含一个或多个段落的文本（比如用于宣传册之类的印刷品）时，这种输入文本的方式相当有用。

### 10.2.1 实例演练：创建区域文字

❶打开光盘中的素材文件，如图10-14所示。选择

文字工具 T 或直排文字工具，在控制面板中设置文字的字体和大小，如图10-15所示。

图10-14

字冠 黑体 ▾ - ▾ 18 pt ▾

图10-15

❷在画板中单击并拖出一个矩形框，定义文字区域，如图10-16所示，放开鼠标，输入文字，文字会限定在矩形框的范围内，且自动换行。输入完成后，可按下Esc键，创建区域文本，如图10-17所示。

图10-16　　　　　　　　　　图10-17

❸将光标放在红色图形上，光标变为 状，如图10-18所示，单击鼠标会自动删除图形的填色和描边属性，如图10-19所示；此时输入文字，整个文本将基于图形的形状排列，如图10-20所示。输入完成后，按下Esc键，即可创建图形状的区域文字。

图10-18　　　　　　　　　　图10-19

10-20

💡提示

　　提示：如果对象为开放式路径，则必须使用区域文字工具 和垂直区域文字工具 来定义边框区域。Illustrator 会在路径的端点之间绘制一条虚构的直线来定义文字的边界。

### 10.2.2 实例演练：调整文本区域大小

　　我们继续使用上一个文件来学习怎样编辑区域文本。

❶使用选择工具 选择区域文本，如图10-21所示。单击"色板"面板中的白色，将文字的填充颜色设置为白色，如图10-22所示。

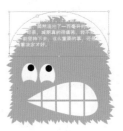

图10-21　　　　　　　　　　图10-22

❷拖动定界框上的控制点可以调整文本框的大小，文字会重新排列，如图10-23所示。旋转定界框时，文字的角度不会变化，如图10-24所示，文本框右下角出现 状图标，它表示文字超出文本框所能容纳的范围，我们可将文本框调大，让它能够容纳下所有文字，如图10-25所示。

图10-23　　　　　　　　　　图10-24

图10-25

❸如果要将文字连同文本框一起旋转或缩放，可以双击旋转工具 或比例缩放工具 来操作，如图10-26、图10-27所示。

❹使用直接选择工具 选择并调整锚点，改变图形的形状，如图10-28所示，文字会基于新图形自动调整位置，如图10-29所示。

图10-26

图10-27

图10-28　　　　图10-29

　相关知识链接

　　编辑区域文字时，可以使用"区域文字选项"命令控制第一行文本与对象顶部的对齐方式。这种对齐方式被称为首行基线位移。例如，可以使文字紧贴对象顶部，也可从对象顶部向下移动特定的距离。该命令的具体选项请参阅"10.2.6 设置区域文字选项"。

## 10.2.3 实例演练：串接文本

　　创建段落文本（或路径文本）时，如果输入的文字超过区域（或路径）的容许量，则它们会被隐藏起来，此时靠近边框区域（或路径边缘）底部的位置会出现一个内含加号 (+) 的小方块。被隐藏的文字称为溢流文本。我们可以调整文本区域的大小（或扩展路径）来显示溢流文本，还可以将文本串接到另一个对象中。

❶打开光盘中的素材文件，如图10-30所示。使用选择工具 ▶ 选择包含溢流文本的区域文字，如图10-31所示。

图10-30

图10-31

❷单击红色加号 ⊞，光标会变为 ▶ 状，如图10-32所示，此时在窗口的空白处单击，可以将溢流文本导出到与原始文本框大小和形状相同的对象中，如图10-33所示；如果单击并拖动鼠标，则可创建任意大小的矩形对象，如图10-34所示；将光标放在如图10-35所示的图形上，单击则可将溢流文本导入到该图形中，如图10-36所示。

图10-32

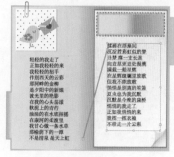

图10-33

图10-34

图10-35

图10-36

❸如果要将文本导入到另外一个文本中,可以将光标放在该文本对象上,光标会变为 状,如图10-37所示,此时单击鼠标即可串接这两个文本对象,如图10-38所示。

图10-37

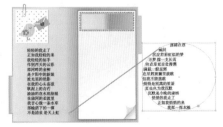

图10-38

❹如果要中断串接,可双击连接点(原红色加号 ⊞处),文本会重新排列到第一个对象中,如图10-39、图10-40所示。如果要从文本串接中释放对象,可以执行"文字>串接文本>释放所选文字"命令,文本将排列到下一个对象中。如果要删除所有串接,可以执行"文字>串接文本>移去串接"命令,文本将保留在原位置。

图10-39

图10-40

 实用技巧

**串接两个独立的文本**

　　选择两个独立的路径文本或者区域文本,执行"文字>串接文本>创建"命令,即可将它们链接成为串接文本。只有区域文本或路径文本可以创建串接文本,点文本不能进行串接。

### 10.2.4 实例演练:文本绕排

　　文本绕排是将区域文本绕排在文字对象、导入的图像以及在 Illustrator 中绘制的对象周围。如果绕排对象是嵌入的位图图像,则Illustrator会在不透明或半透明的像素周围绕排文本,而忽略完全透明的像素。

❶打开光盘中的素材文件,如图10-41所示。选择文字工具 **T**,单击并拖动鼠标创建文本框并输入

文字，创建区域文本，设置文字的颜色为白色。此时文字与用于绕排的对象位于同一个图层中，如图10-42、图10-43所示。

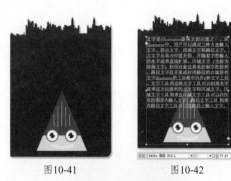

图10-41　　　　　　　　图10-42

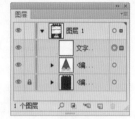

图10-43

❷使用选择工具 ▶ 选择区域文本，执行"对象>排列>后移一层"命令，将文字调整到图形的下方，如图10-44所示。

❸选择文字和图形，如图10-45所示，执行"对象>文本绕排>建立"命令，即可将文本绕排在对象周围，如图10-46所示。

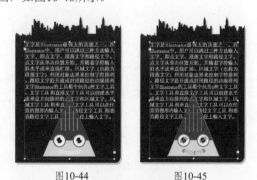

图10-44　　　　　　　　图10-45

图10-46

❹在画板外侧单击，取消选择，效果如图10-47所示。使用选择工具 ▶ 移动文字或对象时，文字的排列形状会随之改变，如图10-48所示。如果要释放文本绕排，可以执行"对象>文本绕排>释放"命令。

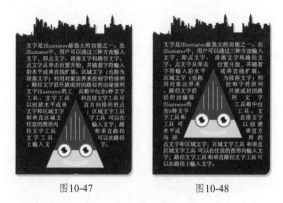

图10-47　　　　　　　　图10-48

## 10.2.5　设置绕排选项

选择文本绕排对象，执行"对象>文本绕排>文本绕排选项"命令，可以打开"文本绕排选项"对话框，如图10-49所示。

图10-49

● 位移：可以设置文本和绕排对象之间的间距。可以输入正值，如图10-50所示，也可以输入负值，如图10-51所示。

图10-50

● 反向绕排：围绕对象反向绕排文本，如图10-52所示。

图10-51　　　　　　　图10-52

图10-54　　　　　　　图10-55

图10-56

## 10.2.6　设置区域文字选项

使用选择工具 选择区域文字，执行"文字>区域文字选项"命令，可以打开"区域文字选项"对话框，如图10-53所示。

图10-53

- 宽度/高度：输入"宽度"值和"高度"值，可以调整文本区域的大小。如果文本区域不是矩形的，则这些值将用于确定对象边框的尺寸。

- "行"选项组：如果要创建文本行，可在"数量"选项内指定希望对象包含的行数，在"跨距"选项内指定单行的高度，在"间距"选项内指定行与行之间的间距。如果要确定调整文字区域大小时行高的变化情况，可通过"固定"选项来设置。选择该选项后，调整区域大小时，只会更改行数和栏数，而不会改变高度。如果希望行高随文字区域的大小而变化，则应取消选择此选项。图10-54所示为原区域文字，图10-55所示为"区域文字选项"对话框中设置的参数，图10-56所示为创建的文本行。

- "列"选项组：如果要创建文本列，可在"数量"选项内指定希望对象包含的列数，在"跨距"选项内指定单列的宽度，在"间距"选项内指定列与列之间的间距。如果要确定调整文字区域大小时列宽的变化情况，可通过"固定"选项来设置。选择该选项后，调整区域大小时，只会更改行数和栏数，而不会改变宽度。如果希望栏宽随文字区域的大小而变化，则应取消选择此选项。图10-57所示为"区域文字选项"对话框中设置的参数，图10-58所示为创建的文本列，图10-59所示为同时设置了文本行和文本列的文本效果。

图10-57　　　　　　　图10-58

图10-59

197

- "位移"选项组：可以对内边距和首行文字的基线进行调整。在区域文字中，文本和边框路径之间的边距被称为内边距。在"内边距"选项中输入数值，可以更改文本区域的边距。图10-60所示为无内边距的文字，图10-61所示为有内边距的文字。在"首行基线"选项下拉列表中可以选择一个选项，来控制第一行文本与对象顶部的对齐方式。例如，可以使文字紧贴对象顶部，也可从对象顶部向下移动一定的距离。这种对齐方式称为首行基线位移。在"最小值"文本框中，可以指定基线位移的最小值。图10-62所示是"首行基线"设置为"大写字母高度"的文字，图10-63所示是"首行基线"设置为"行距"的文字。

图10-62　　　　　　　　　图10-63

- "选项"选项组：用来设置文本流的走向，即文本的阅读顺序。单击 按钮，文本按行从左到右排列，如图10-64所示；单击 按钮，文本按列从左到右排列，如图10-65所示。

图10-60　　　　　　　　　图10-61

图10-64　　　　　　　　　图10-65

# 10.3　创建路径文字

路径文字是指沿着开放或封闭的路径排列的文字。当水平输入文本时，字符的排列会与基线平行；当垂直输入文本时，字符的排列会与基线垂直。

## 10.3.1　实例演练：创建路径文字

❶打开光盘中的素材文件，如图10-66所示。使用选择工具 在黑色路径上单击，选取路径，如图10-67所示。

所示，单击鼠标设置文字插入点，如图10-69所示。对象有描边属性，Illustrator 会自动删除这些属性。

图10-68　　　　　　　　　图10-69

❸输入文字，文字会沿路径排列，输入完第一组单词后，按空格键，再输入下一组单词，如图10-70所示。按下Esc键结束文字的输入，即可创建路径文字，设置文字颜色为黄色，如图10-71示。

图10-66　　　　　　　　　图10-67

❷选择路径文字工具 或垂直路径文字工具 ，将光标放在路径上（光标会变为 状），如图10-68

图10-70

图10-71

字体 Courier New Bold | Bold | 13 pt

**实用技巧**

**将文字移动到路径另一侧**

如果要在不改变文字方向的情况下将文字移动到路径的另一侧，可以使用"字符"面板中的"基线偏移"选项进行操作。例如，如果创建的文字在圆周顶部由左到右排列，则可以在"基线偏移"文本框中输入一个负值，以使文字沿圆周内侧排列。

> **提示**
>
> 使用文字工具 T 和直排文字工具 IT 可以在开放式路径上创建路径文字。但如果路径为封闭状态，则必须使用路径文字工具。

### 10.3.2 实例演练：移动和翻转文字

❶我们继续使用上一个文件来学习怎样编辑路径文字。使用选择工具 ▶ 选择路径文字，文字的起点、路径的终点以及起点标记和终点标记之间的中点都会出现标记，如图10-72所示。

❷将光标放在文字中间的中点标记上，光标会变为 ▶ᵪ 状，如图10-73，单击并沿路径拖动鼠标可以移动文字，如图10-74示。按住 Ctrl拖动可防止文字翻转到路径的另一侧。

❸将中点标记拖动到路径的另一侧，可以翻转文字，如图10-75。如果修改路径的形状，文字也会随之变化。

### 10.3.3 实例演练：编辑文字路径

❶打开光盘中的素材文件，如图10-76所示。

❷使用直接选择工具 ▷ 在路径文字上单击，显示路径。单击路径上的锚点，如图10-77所示，向上拖动锚点修改路径的形状，文字会随着路径的变化而更新排列的形状，如图10-78所示；按住Ctrl键在空白区域单击，结束路径的编辑，如图10-79所示。

图10-76

图10-77

图10-78

图10-79

### 10.3.4 设置路径文字选项

选择路径文本，执行"文字>路径文字>路径文字选项"命令，可以打开"路径文字选项"对话框，如图10-80所示。

图10-72

图10-73

图10-74

图10-75

图10-80

- 效果：选择一个选项，可以沿路径扭曲字符方向，如图10-81所示。

彩虹效果　　　　　　倾斜效果

3D带状效果　　　　　阶梯效果

重力效果

图10-81

- 对齐路径：可设置如何将字符对齐到路径。选择"字母上缘"，可沿字体上边缘对齐；选择"字母下缘"，可沿字体下边缘对齐；选择"中央"，可沿字体字母上、下边缘间的中心点对齐；选择"基线"，可沿基线对齐，这是默认的设置。如图10-82所示为各种对齐效果。

- 间距：当字符围绕尖锐曲线或锐角排列时，因为突出展开的关系，字符之间可能会出现额外的间距。出现这种情况，可以使用"间距"

选项来缩小曲线上字符间的间距。设置较高的值，可消除锐利曲线或锐角处的字符间的不必要间距。图10-83所示为未经间距调整的文字，图10-84所示为经过间距调整后的文字。

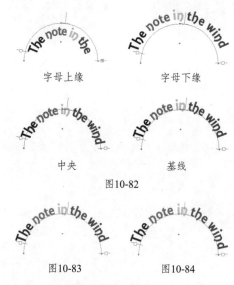

字母上缘　　　　　　字母下缘

图10-82

中央　　　　　　　　基线

图10-83　　　　　　图10-84

- 翻转：翻转路径上的文字。

> **提示**
>
> "间距"值对位于直线段处的字符不产生影响。如果要修改路径上所有字符间的间距，可以选中这些字符，然后应用字偶间距调整或字符间距调整。

# 10.4　设置字符格式

字符格式是指文字的字体、大小、间距、行距等属性。创建文字之前，或创建文字之后，都可以通过"字符"面板或控制面板中的选项来设置字符格式。

## 10.4.1　"字符"面板

执行"窗口>文字>字符"命令，打开"字符"面板，如图10-85所示。"字符"面板可以为文档中的单个字符应用格式设置选项。当选择了文字或文字工具处于现用状态时，也可以使用"控制"面板中的选项来设置字符格式，如图10-86所示。

> **提示**
>
> 如果要使文字边缘更加清晰，可以在"锐化"选项中选择"锐化"或"明晰"选项。

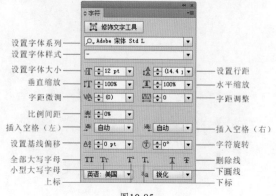

图10-85

字体　字体样式　字体大小

单击可打开字符下拉面板　　单击可打开段落下拉面板

图10-86

### 知识拓展

**预览字体**

在"字符"面板中的设置字体系列菜单和设置字体样式菜单中，字体名称左侧有不同的图标，它们代表了不同类型的字体。其中，*O* 代表了OpenType字体；*a* 代表了文字1字体；T 代表了TrueType字体；MM 代表了多模字库字体；代表了复合字体。

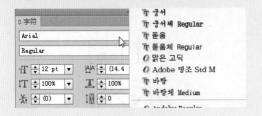

## 10.4.2　字体和字体样式

选择要修改的字符或文本对象，在"设置字体系列"下拉列表中可以选择一种字体。一部分英文字体包含变体，在"设置字体样式"下拉列表中为它选择一种变体样式，包括Regular（规则的）、Italic（斜体）、Bold（粗体）和Bold Italic（粗斜体）等，如图10-87所示。

Tt　*Tt*　**Tt**　***Tt***

Regular　Italic　Bold　Bold Italic

图10-87

**提示**

在"文字>字体"下拉菜单中也可以选择字体。"字体"菜单中显示了可用字体的预览效果，因此使用起来更加方便。

## 10.4.3　使用Typekit字体

Adobe公司为Creative Cloud用户提供了一个在线字库网站（https://typekit.com/fonts），在Illustrator中执行"文字>使用Typekit字体"命令，或单击"字符"面板中设置字体系列选项右侧的

▼按钮，打开下拉列表，单击"从Typekit添加字体"按钮，如图10-88所示，打开该网站，如图10-89所示。

图10-88

图10-89

单击窗口右上角的"SIGN IN"按钮，输入Adobe ID 和密码登录网站。单击一张字体卡，如图10-90所示，可以切换到下一个窗口，查看有关该字体的更多详细信息，包括所有可用粗细和样式的字体样本。单击"Use Fonts（使用字体）"按钮，如图10-91所示。在弹出的窗口中选择所需的样式，然后单击"Sync Selected Fonts（同步选定字体）"按钮，如图10-92所示，这些字体将同步到所有Creative Cloud 应用程序上。这些字体会与本地安装的其他字体一同显示。需要使用时，可单击"字符"面板中设置字体系列选项右侧的▼按钮，打开下拉列表进行选择。

图10-90

图10-91

图10-92

Typekit 字体为受保护字体。创建 Illustrator 文件时无法将 Typekit 字体与其他字体一起打包。但在Illustrator中同步的字体可在所有 Creative Cloud 应用程序内部使用，如 Photoshop 或 InDesign。

## 10.4.4 设置文字大小

在"字符"面板中，设置字体大小 ⊤ 选项可以设置文字的大小。字体大小的度量单位为磅（1磅等于 1/72 英寸），可以指定介于 0.1 和 1 296 磅之间的任意字体大小，也可以在该选项中输入一个字体大小数值，如图10-93、图10-94所示。

图10-93

图10-94

提示

按下Shift+Ctrl+>键可以将文字调大；按下Shift+Ctrl+<键可以将文字调小。

## 10.4.5 缩放文字

"字符"面板中的水平缩放 ⊤ 和垂直缩放 ⥐⊤ 选项可以设置文字的水平和垂直缩放比例。这两个值相同时，可进行等比缩放；数值不同时，则可进行不等比缩放，如图10-95~图10-97所示。

图10-95　　　　图10-96

图10-97

## 10.4.6 设置行距

文字行之间的垂直间距称为行距。默认的行距为字体大小的120%，如10 点的文字使用 12 点的行距，如图10-98所示。"字符"面板中的设置行距 选项可以设置行与行之间的垂直间距。行距值越大，行间距越宽，如图10-99所示。

图10-98

图10-99

## 10.4.7 字距微调和字距调整

字距微调是增加或减少特定字符之间间距的过程，字距调整则是放宽或收紧所选文本或整个文本中所有字符之间间距的过程。

使用文字工具在两个字符中间单击，如图10-100所示，在字距微调 选项中可以调整这两个字符的间距，如图10-101所示。该值为正值时加大字距；为负值时减小字距。

图10-100　　　　　图10-101

如果要调整部分字符的间距，可以将它们选中，再设置字距调整 <span>参数，该值为正值时，字距变大，如图10-102所示；为负值时，字距变小，如图10-103所示。如果选择文本，可调整所有字符的间距，如图10-104所示。

图10-102　　　　　图10-103

图10-104

## 10.4.8　调整空格和比例间距

空格是字符前后的空白间隔。通常，根据标点挤压设置，在段落中的字符间应采用固定的间距。如果要在文字之前或之后添加空格，可选要调整的文字，如图10-105所示，然后在插入空格（左） 或插入空格（右） 选项中设置要添加的空格数。例如，如果指定"1/2 全角空格"，会添加全角空格的一半距离，如图10-106、图10-107所示；如果指定"1/4 全角空格"，则会添加全角空格的1/4间距。如果要压缩字符间的空格，可在比例间距 选项中指定百分比，如图10-108所示。百分比值越大，字符间的空格越窄。

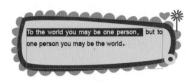

图10-105

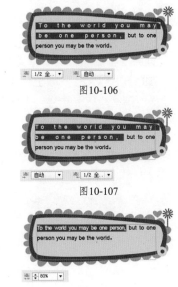

图10-106

图10-107

图10-108

## 10.4.9　基线偏移

基线是字符排列于其上的一条不可见的直线。在设置基线偏移 选项中可以调整基线的位置。先使用文字工具 选取文字，如图10-109所示，输入正值时，可以将字符的基线移到文字行基线的上方，如图10-110所示；输入负值时，会将基线移到文字基线的下方，如图10-111所示。

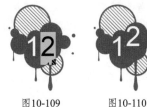

图10-109　　　图10-110　　　图10-111

## 10.4.10　旋转文字

选择字符或文本对象后，可以在字符旋转 选项中设置文字的旋转角度，图10-112所示为没有设置旋转角度的文字，图10-113所示为设置旋转角度为30°的效果。如果要旋转整个文字对象，则需要使用旋转工具 、"旋转"命令或"变换"面板来操作。

图10-112　　　　　图10-113

### 10.4.11 添加特殊样式

"字符"面板底部有一排按钮，如图10-114所示，它们可以为文字添加特殊的样式。其中，全部大写字母 **TT** 和小型大写字母 **Tr** 可以对文字应用常规大写字母或小型大写字母；上标 **T'** 和下标 **T₁** 可相对于字体基线升高或降低文字位置并将其缩小；按下下画线按钮 **T** ，可为文字添加下画线；按下删除线按钮 **T** ，可以在文字的中央添加删除线，如图10-115所示。

图10-114

全部大写字母　小型大写字母　上标

下标　下画线　删除线

图10-115

### 10.4.12 为文本指定语言

选择文本对象，在"字符"面板的"语言"下拉列表中选择适当的词典，可以为文本指定一种语言，以方便拼写检查和生成连字符。Illustrator 使用 Proximity 语言词典来进行拼写检查和连字。每个词典都包含数十万条具有标准音节间隔的单词。

### 10.4.13 设置文字颜色

选择文本后，可通过"颜色"面板、"色板"面板调整为文字的填色和描边设置颜色或图案，图10-116、图10-117所示。

文字和描边应用颜色　　文字和描边应用图案
图10-116　　　　　　图10-117

## 10.5 设置段落格式

段落格式是指段落的对齐、缩进、段落间距和悬挂标点等属性。创建文字之前，或者创建文字之后，都可以通过"段落"面板或控制面板中的选项来设置段落格式。

### 10.5.1 "段落"面板

执行"窗口>文字>段落"命令，打开"段落"面板，如图10-118所示。在"段落"面板中可以设置段落格式。选择文本对象时，可设置整个文本的段落格式；如果选择了文本中的一个或多个段落，则可单独设置所选段落的格式。

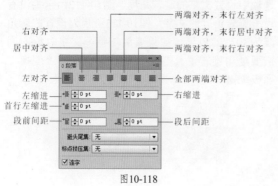

图10-118

### 10.5.2 对齐文本

"段落"面板上方的一排按钮用于控制段落的对齐方式。选择文字对象或在要更改的段落中单击鼠标插入光标，按下一个按钮即可对齐段落。

- 单击 ▤ 按钮，文本左侧边界的字符对齐，右侧边界的字符参差不齐，如图10-119所示。

图10-119

- 单击 ≡ 按钮，每一行字符的中心都与段落的中心对齐，剩余的空间被均分并置于文本的两端，如图10-120所示。

- 单击 ≡ 按钮，文本右侧边界的字符对齐，左侧边界参差不齐，如图10-121所示。

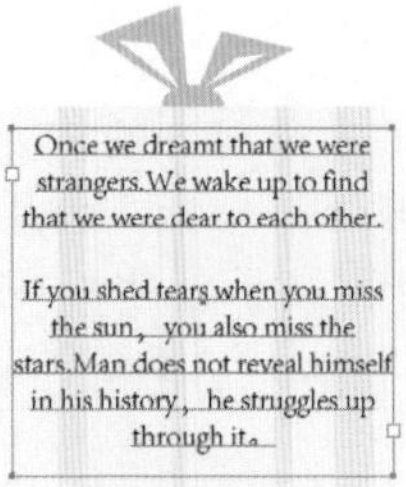

图10-120 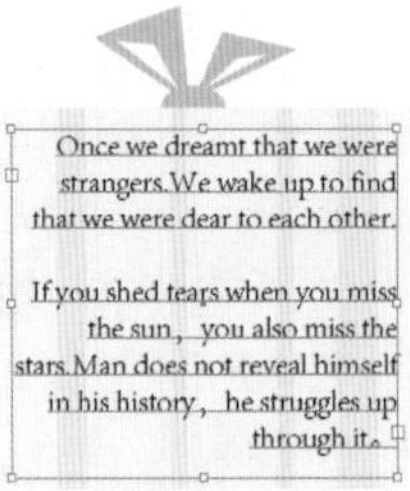 　　　　　　图10-121

- 单击 ≡ 按钮，文本中最后一行左对齐，其他行左右两端强制对齐，如图10-122所示。

- 单击 ≡ 按钮，文本中最后一行居中对齐，其他行左右两端强制对齐，如图10-123所示。

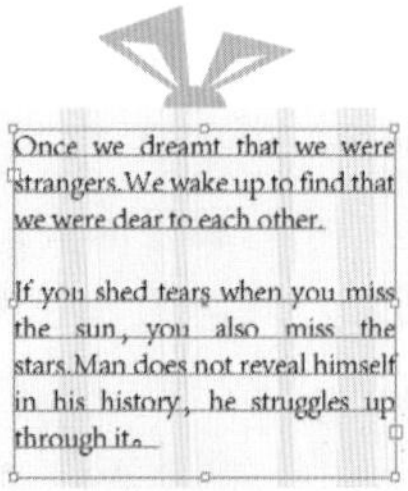

图10-122 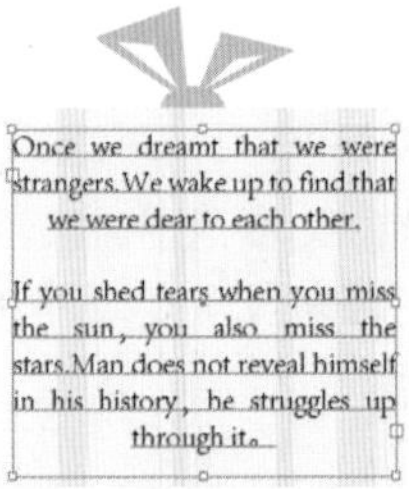 　　　　　　图10-123

- 单击 ≡ 按钮，文本中最后一行右对齐，其他行左右两端强制对齐，如图10-124所示。

- 单击 ≡ 按钮，可在字符间添加额外的间距使其左右两端强制对齐，如图10-125所示。

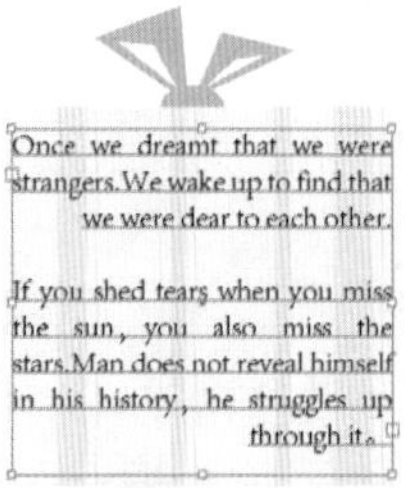

图10-124 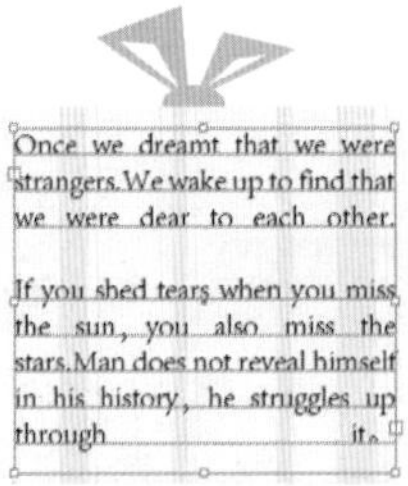 　　　　　　图10-125

## 10.5.3　缩进文本

缩进是指文本和文字对象边界间的间距量，它只影响选中的段落，因此，可以为多个段落设置不同的缩进。用文字工具单击要缩进的段落，如图10-126所示。

- 在左缩进 ⊩ 选项中输入数值，可以使文字向文本框的右侧边界移动，如图10-127所示。

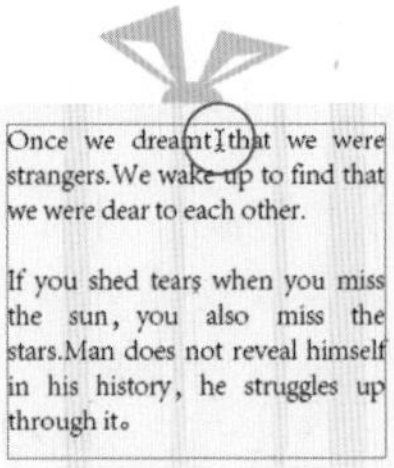

图10-126 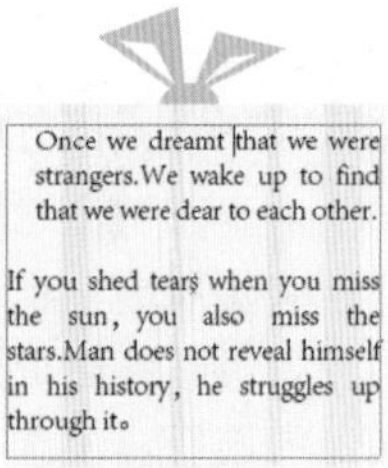 　　　　　　图10-127

- 在右缩进 ⊪ 选项中输入数值，可以使文字向文本框的左侧边界移动，如图10-128所示。

- 在首行左缩进 ⊨ 选项中输入数值，可以调整首行文字的缩进，如图10-129所示。

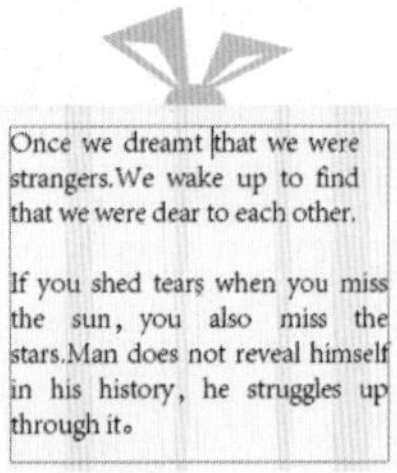

图10-128 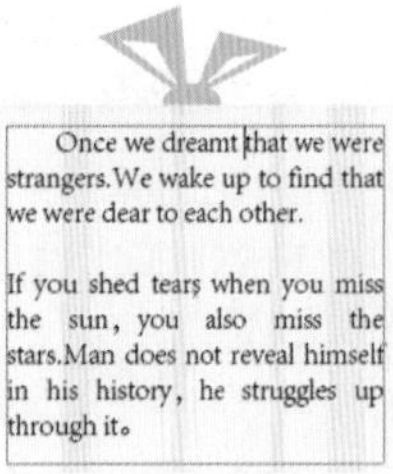 　　　　　　图10-129

## 10.5.4　调整段落间距

用文字工具单击要修改的段落，插入光标，或者选择段落的全部文字，如图10-130所示。在段前间距 ⊤⊨ 选项中输入数值，可以增加当前选择的段落与上一段落的间距，如图10-131所示；在段后间距 ⊥⊨ 选项中输入数值，则增加当前段落与下一段落之间的间距，如图10-132所示。

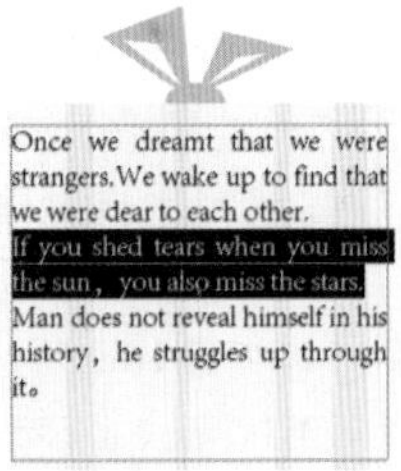

图10-130 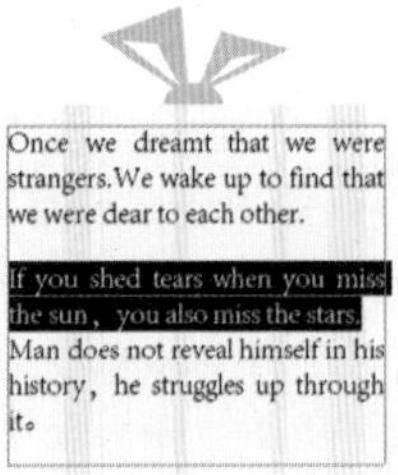 　　　　　　图10-131

图10-132

### 10.5.5 避头尾集

不能位于行首或行尾的字符被称为避头尾字符。避头尾用于指定中文或日文文本的换行方式。在"段落"面板中，可以从"避头尾集"下拉列表中选择一个选项。选择"无"，表示不使用避头尾法则；选择"宽松"或"严格"，可避免所选的字符位于行首或行尾。

### 10.5.6 标点挤压集

标点挤压用于指定亚洲字符、罗马字符、标点符号、特殊字符、行首、行尾和数字之间的间距，确定中文或日文排版方式。在"段落"面板中，可以从"标点挤压集"下拉列表中选择一个选项来设置标点挤压。

### 10.5.7 连字符

连字符是在行末断行的单词间添加的标记。在将文本强制对齐时，为了对齐的需要，会将某一行末端的单词断开至下一行，使用连字符便可以在断开的单词间显示连字标记。如果要使用连字符，可在"段落"面板中选择"连字"选项。

> 连字符连接设置仅适用于罗马字符，用于中文、日文、朝鲜语字体的双字节字符不受这些设置的影响。

# 10.6 字符和段落样式

字符样式是许多字符格式属性的集合，可应用于所选的文本范围。段落样式包括字符和段落格式属性，并可应用于所选段落，也可应用于段落范围。使用字符和段落样式可以节省时间，确保文字格式的一致性。

### 10.6.1 使用字符样式

如果要基于现有的文本创建字符样式，可以选择该文本，然后单击"字符样式"面板中的创建新样式按钮，将该文本的字符样式保存到面板中，如图10-133、图10-134所示。

图10-133                    图10-134

在使用该字符样式时，首先选择需要处理的文字对象，如图10-135所示，然后单击"字符样式"面板中保存的字符样式即可，如图10-136、图10-137所示。如果未选择任何文本，则会将样式应用于所创建的新文本。

图10-135

图10-136

图10-137

### 10.6.2 使用段落样式

如果要基于现有的文本创建段落样式，可以选择该文本，然后单击"段落样式"面板中的创建新样式按钮，即可将该文本的段落样式保存到面板中，如图10-138、图10-139所示。

段落样式的使用方法与字符样式相同，首先选择文本，如图10-140所示，然后单击"段落样式"面板中保存的段落样式，即可应用到所选文本中，如图10-141、图10-142所示。

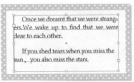
图10-138

图10-139

图10-140

图10-141

图10-142

提示

在"字符样式"面板或"段落样式"面板中选择一个样式名称，单击面板底部的删除所选样式按钮 🗑 ，即可删除样式。此时使用该样式的段落外观并不会改变，但其格式将不再与任何样式相关联。

## 10.6.3 编辑字符和段落样式

创建字符样式和段落样式后，可以根据需要对其进行修改。在修改样式时，使用该样式的所有文本都会发生改变，以便与新样式相匹配。

在"字符样式"面板菜单中选择"字符样式选项"，或者从"段落样式"面板菜单中选择"段落样式选项"，打开相应的对话框，如图10-143、图10-144所示。

图10-143

图10-144

双击样式名称，在对话框的左侧选择一类格式设置选项，并设置所需的选项。也可以选择其他类别，切换到其他格式设置选项组。设置完选项后，单击"确定"按钮即可修改字符样式和段落样式。

## 10.6.4 删除样式覆盖

如果"字符样式"面板或"段落样式"面板中样式的名称旁边出现"+"号，如图10-145所示，就表示该样式具有覆盖样式。覆盖样式是与样式所定义的属性不匹配的格式。例如，字符样式被文字使用后，如果进行了缩放文字或者修改文字的颜色等操作，则"字符样式"面板中该样式后面便会显示这样一个"+"号。

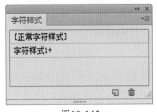
图10-145

● 如果要清除覆盖样式并将文本恢复到样式定义的外观，可重新应用相同的样式，或从面板菜单中选择"清除覆盖"命令。

● 如果要在应用不同样式时清除覆盖样式，可按住 Alt键单击样式名称。

● 如果要重新定义样式并保持文本的当前外观，应至少选择文本的一个字符，然后执行面板菜单中的"重新定义样式"命令。如果文档中还有其他的文本使用该字符样式，则它们也会更新为新的字符样式。

## 10.7 添加特殊字符

除键盘上可看到的字符之外，字体中还包括许多特殊的字符，如连字、分数字、花饰字、装饰字、序数字、标题和文体替代字、上标和下标字符、变高数字和全高数字等。插入替代字形的方式有两种，一种是使用"字形"面板查看和插入任何字体中的字形；第二种是使用"OpenType"面板设置字形的使用规则。

### 10.7.1 使用"OpenType"面板

OpenType 字体使用一个适用于 Windows 和 Macintosh 计算机的字体文件，在将文件从一个平台移到另一个平台时（如从 Windows 系统移动到 Mac 系统），不会出现字体替换或其他导致文本重新排列的问题。

许多 OpenType 字体都包含风格化字符，允许用户向文字中添加修饰元素。例如，花饰字是具有夸张花样的字符；标题替代字是专门为大尺寸设置（如标题）而设计的字符，通常为大写；文体替代字是可创建纯美学效果的风格化字符。

选择要应用设置的字符或文字对象，确保选择了一种 OpenType 字体，执行"窗口>文字>Open Type"命令，打开"Open Type"面板，如图10-146所示。

图10-146

- 标准连字 fi /自由连字 st：连字是某些字母对在排版印刷时的替换字符。大多数字体都包括一些标准字母对的连字，例如 fi、fl、ff、ffi 和 ffl。单击标准连字按钮 fi，可启用或禁用标准字母对的连字。单击自由连字按钮 st，可启用或禁用可选连字（如果当前字体支持此功能）。

- 上下文替代字 &：上下文替代字是某些脚本字体中所包含的替代字符，可提供更好的合并行为。例如，使用 Caflisch Script Pro 而且启用了上下文替代字时，单词"bloom"中的"bl"字母对便会合并，使其看起来更像手写的。单击该按钮，可以启用或禁用上下文替代字（如果当前字体支持此功能）。

- 花饰字按钮 A：花饰字是具有夸张花样的字符。单击该按钮，可以启用或禁用花饰字字符（如果当前字体支持此功能）。

- 文体替代字 aa：文体替代字是可创建纯美学效果的风格化字符。单击该按钮，可以启用或禁用文体替代字（如果当前字体支持此功能）。

- 标题替代字 T：标题替代字是专门为大尺寸设置（如标题）而设计的字符，通常为大写。单击该按钮，可以启用或禁用标题替代字（如果当前字体支持此功能）。

- 序数字 1st /分数字 ½：按下序数字按钮 1st，可以用上标字符设置序数字。按下分数字按钮 ½，可以将用斜线分隔的数字转换为斜线分数字。

 提示

"OpenType"面板可以设置字形的使用规则。例如，可以指定在给定文本块中使用连字、标题替代字符和分数字。与每次插入一个字形相比，使用"OpenType"面板更加简便，并且可确保获得更一致的结果。但是，该面板只能处理 OpenType 字体。

### 10.7.2 使用"字形"面板

字形是特殊形式的字符。例如，在某些字体中，大写字母 A 有几种形式可用，如花饰字或小型大写字母。使用"字形"面板可以查看字体中的字形，并在文档中插入特定的字形。

使用文字工具 T 在文本中单击，设置文字插入点，如图10-147所示，执行"窗口>文字>字形"命令，打开"字形"面板，在面板中双击一个字符，即可将其插入到文本中，如图10-148、图10-149所示。

默认情况下，"字形"面板显示了当前所选字体的所有字形。可通过在面板底部选择一个不同的字体系列和样式来更改字体，如图10-150所示。如果在文档中选择了字符，则可以从面板顶部的"显示"菜单中选择"当前所选字体的替代字"来显示替代字符。

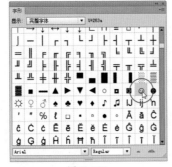

图10-147　　　　图10-148

图10-149

在"字形"面板中选择 OpenType 字体时，可以从"显示"菜单中选择一种类别，将面板限制为只显示特定类型的字形，如图10-151所示。单击字形框右下角的三角形，还可以显示替代字形的弹出式菜单。

图10-150

图10-151

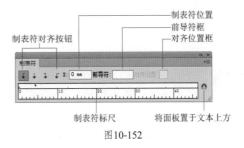

## 10.7.3 使用"制表符"面板

"制表符"面板用来设置段落或文字对象的制表位。执行"窗口>文字>制表符"命令，可以打开"制表符"面板，如图10-152所示。

图10-152

● 制表符对齐按钮：用来指定如何相对于制表符位置对齐文本。单击左对齐制表符按钮，可以靠左侧对齐横排文本，右侧边距会因长度不同而参差不齐；单击居中对齐制表符按钮，可按制表符标记居中对齐文本；单击右对齐制表符按钮，可以靠右侧对齐横排文本，左侧边距会因长度不同而参差不齐；单击小数点对齐制表符按钮，可以将文本与指定字符（例如句号或货币符号）对齐放置，在创建数字列时，该选择尤为有用。

● 移动制表符：在"制表符"面板中，从标尺上选择一个制表位，将制表符拖动到新位置。如果要同时移动所有制表位，可按住 Ctrl 键拖动制表符。拖动制表位的同时按住 Shift键，可以将制表位与标尺单位对齐。

● 首行缩排/悬挂缩排：用来设置文字的缩进。在进行缩进操作时，首先使用文字工具单击要缩排的段落，如图10-153所示。当拖动首行缩排图标时，可以缩排首

209

行文本，如图10-154所示；拖动悬挂缩排图标时，可以缩排除第一行之外的所有行，如图10-155所示。

- 将面板至于文本上方：单击该按钮，可将“制表符”面板自动对齐到当前选择的文本上，并自动调整宽度以适合文本的宽度。
- 删除制表符：将制表符拖离制表符标尺即可。

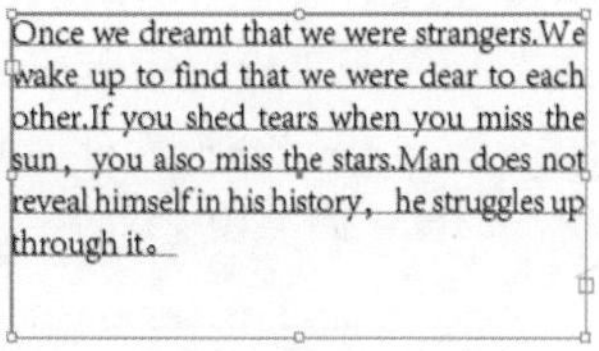

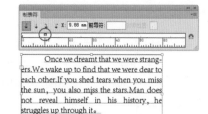

Once we dreamt that we were strangers.We wake up to find that we were dear to each other.If you shed tears when you miss the sun，you also miss the stars.Man does not reveal himself in his history，he struggles up through it。

图10-153

制表符
X: 9.88 mm
前导符:
Once we dreamt that we were strangers.We wake up to find that we were dear to each other.If you shed tears when you miss the sun，you also miss the stars.Man does not reveal himself in his history，he struggles up through it。

图10-154

制表符
X: 14.99 m
前导符:
Once we dreamt that we were strangers.We wake up to find that we were dear to each other.If you shed tears when you miss the sun，you also miss the stars.Man does not reveal himself in his history，he struggles up through it。

图10-155

## 10.8 高级文字功能

在Illustrator中，除了可以设置字符、段落的格式和样式外，还可以通过命令编辑文字，如将文字轮廓化、对文本进行拼写检查、修改文字方向、查找和替换文本等。

### 10.8.1 实例演练：将文字转换为轮廓

创建文字后，可以将其转换为轮廓，以便像其他图形一样应用滤镜和效果。需要注意的是，文字内容、字符属性、段落属性等将无法再编辑。

❶打开光盘中的素材文件，如图10-156所示。素材位于“图层1”中，处于锁定状态，如图10-157所示，在选取和编辑文字时可以不影响到这些图形。

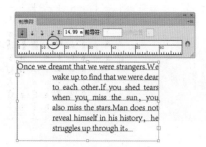

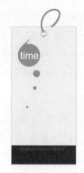

time

图10-156

图层
图层 2
图层 1
2 个图层

图10-157

❷选择文字工具，在控制面板中设置字体及大小，在画面中单击，输入文字，如图10-158所示。执行“文字>创建轮廓”命令，将文字转换为轮廓，如图10-159所示。

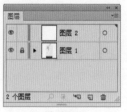

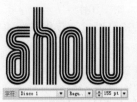

show
字符 Disco 1
Regu..
155 pt

图10-158

show

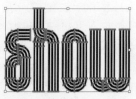

图10-159

❸使用选择工具将文字移动到吊牌上，如图10-160所示。使用直接选择工具在字母“W”上拖动鼠标，框选最上面的一排锚点，如图10-161所示；将光标放在所选取的任意锚点上，按住鼠标向上拖动，在此过程中按住Shift键可保持垂直方向，如图10-162所示；在画面空白处单击，取消选择，如图10-163所示。

❹用同样的方法选取字母“h”最上面的锚点，垂直向上拖动，延长路径，使文字更具装饰性，如图10-164~图10-166所示。

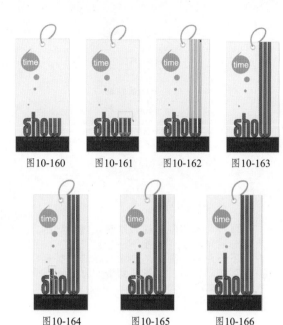

图10-160　　图10-161　　图10-162　　图10-163

图10-164　　　图10-165　　　图10-166

⑤在"图层1"前面单击，取消该图层的锁定状态，如图10-167所示。按下Ctrl+A快捷键全选，使用选择工具 ▶ 按住Alt键向右拖动吊牌进行复制，如图10-168所示；使用编组选择工具 ▷+ 选取蓝色图形，将颜色调整为黄色，如图10-169所示。

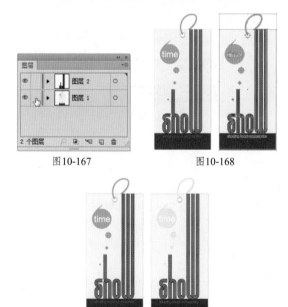

图10-167　　　　　　　图10-168

图10-169

## 10.8.2　实例演练：查找和替换字体

如果文档中使用了多种字体，想要替换一种字体，可以使用"查找字体"进行查找和替换。

其他文字属性仍会保持原样。

❶打开光盘中的素材文件，如图10-170所示。执行"文字>查找字体"命令，打开"查找字体"对话框。"文档中的字体"列表中显示了文档中使用的所有字体，选择需要替换的字体，如图10-171所示，第一个使用该字体的文字会在文档窗口中突出显示。单击"查找"按钮，可继续查找其他使用该字体的文字。

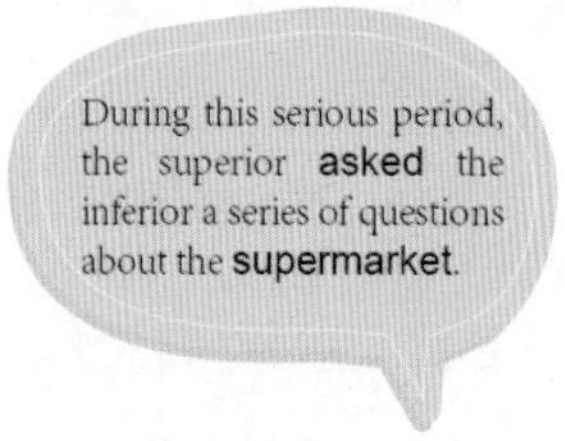

图10-170

图10-171

❷在"替换字体来自"选项下拉列表中选择"系统"选项，下面的列表中会列出计算机上的所有字体。选择用于替换的字体，如图10-172所示。

❸单击"全部更改"按钮，用所选字体替换查找到的字体，如图10-173所示。如果只想修改当前选择的文字的字体，可单击"更改"按钮。

图10-172

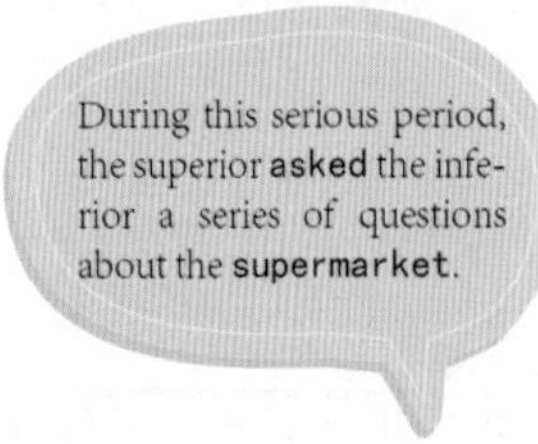

图10-173

### 10.8.3 实例演练：查找和替换文本

❶打开光盘中的素材文件，如图10-174所示。执行"编辑>查找和替换"命令，打开"查找和替换"对话框。在"查找"选项中输入要查找的文字，如图10-175所示。如果要自定义搜索范围，可勾选对话框底部的选项。

图10-174

图10-175

❷在"替换为"选项中输入用于替换的文字，如图10-176所示。然后单击"查找"按钮进行搜索。当Illustrator搜索到文字时，单击"全部替换"按钮，替换文档中所有符合搜索要求的文字，如图10-177所示。

图10-176

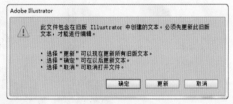

图10-177

> **提示**
>
> 单击"替换"按钮，可替换搜索到的文字，此后可单击"查找下一个"按钮，继续查找下一个符合要求的文字。单击"替换和查找"按钮，可替换搜索到的文字并继续查找下一个文字。

### 10.8.4 更新旧版文字

打开Illustrator 10 或更早版本中创建的文字对象时，会弹出如图10-178所示的对话框，如果要对文字进行编辑，可单击"更新"按钮。如果不需要编辑文本，则不必对其进行更新。未更新的文本称为旧版文本。

图10-178

> **提示**
>
> 如果在打开文件时没有更新旧版文本，可以选择"文字>旧版文本"下拉菜单中的命令进行更新。

### 10.8.5 拼写检查

Illustrator中包含Proximity 语言词典，可以查找拼写错误的英文单词，并提供修改建议。选择包含英文的文本，执行"编辑>拼写检查"命令，打开"拼写检查"对话框，如图10-179所示。单击"查找"按钮，即可进行拼写检查。当查找到单词或其他错误时，会显示在对话框顶部的文本框中，如图10-180所示。此时可执行下面的操作。

图10-179

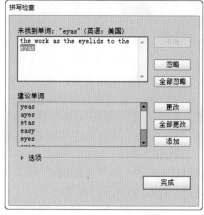

图10-180

- 单击"忽略"或"全部忽略"按钮，继续拼写检查，而不修改查找到的单词。

- 从"建议单词"列表中选择一个单词，或在上方的文本框中输入正确的单词，然后单击"更改"按钮，只更改出现拼写错误的单词。或者单击"全部更改"按钮，更改文档中所有出现拼写错误的单词。

- 单击"添加"按钮，将可接受但未识别出的单词存储到Illustrator词典中，以便在以后的操作中不再将其视为拼写错误。

## 10.8.6 修改文字方向

"文字>文字方向"下拉菜单中包含"水平"和"垂直"两个命令，它们可以改变文本中字符的排列方向，将直排文字改为横排文字，或将横排文字改为直排文字。

## 10.8.7 更改大小写

选择字符或文字对象后，执行"文字>更改大小写"下拉菜单中的命令可以对字符的大小写进行修改，如图10-181所示。

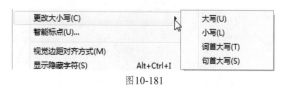

图10-181

- 大写：将所有字符全部改为大写。

- 小写：将所有字符全部改为小写。

- 词首大写：将每个单词的首个字母改为大写。

- 句首大写：将每个句子的首个字母改为大写。

## 10.8.8 显示和隐藏非打印字符

非打印字符包括硬回车（换行符）、软回车（换行符）、制表符、空格、不间断空格、全角字符（包括空格）、自由连字符和文本结束字符。如果要在设置文字格式和编辑文字时显示非打印字符，可以执行"文字>显示隐藏字符"命令。再次执行该命令可以隐藏非打印字符。

## 10.8.9 使标题适合文字区域的宽度

使用文字工具 **T** 在文本的标题处单击，进入文字输入状态，如图10-182所示，执行"文字>适合标题"命令，可以让标题与正文对齐，如图10-183所示。

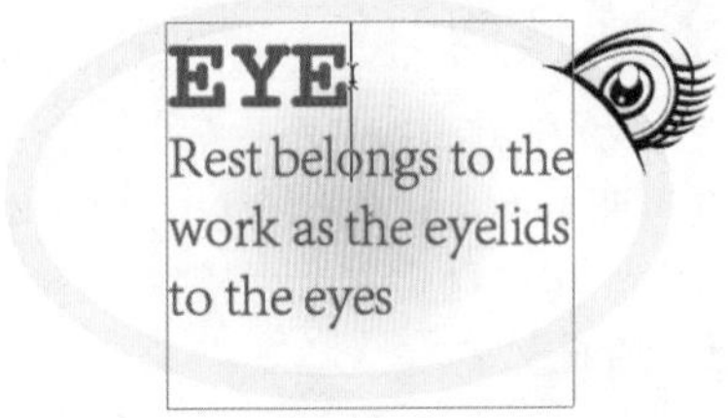

图10-182

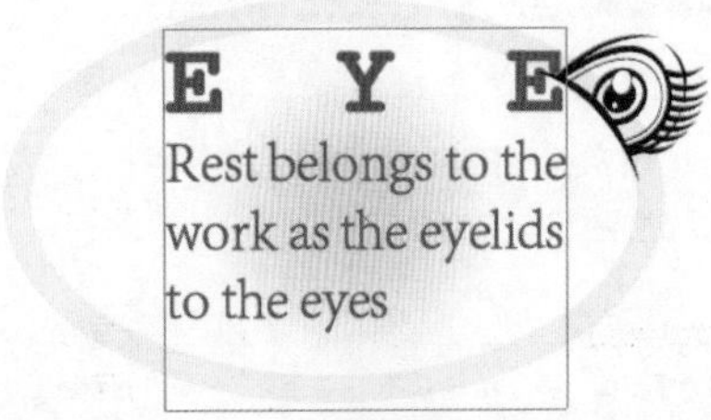

图10-183

### 10.8.10 导入文本

在Illustrator中，我们可以将其他程序创建的文本导入。与直接复制其他程序中的文字然后粘贴到Illustrator中相比，导入文本可以保留字符和段落的格式。

如果要将文本导入到新文件中，可以执行"文件>打开"命令，选择要打开的文本文件，

单击"打开"按钮，可将文本导入到新建的文件中。如果要将文本导入到当前文件中，可以执行"文件>置入"命令，在打开的对话框中选择要导入的文本文件，单击"置入"按钮，即可将其置入到当前文件中。

知 识 拓 展

**Illustrator 支持的文本格式**

Illustrator 支持的文本格式包括：用于 Windows 97、98、2000、2002、2003 和 2007 的 Microsoft Word的文本；用于 Mac OS X 2004 和 2008 的 Microsoft Word的文本等。

### 10.8.11 将文本导出到文本文件

Illustrator中的文本可以导出为TXT格式的文本文件，以便于其他程序使用。使用文字工具选择要导出的文本，执行"文件>导出"命令，打开"导出"对话框，选择文件位置并输入文件名，在"保存类型"下拉列表中选择"文本格式(TXT)"，单击"存储"按钮，弹出"文本导出选项"对话框，选择一种平台和编码方法，然后单击"导出"按钮，即可导出文本。

## 11.1 符号

符号是一种可以在文档中大量重复使用的对象。例如，如果将鲜花创建为符号，我们就可以将该符号的实例多次添加到图稿中，而无须单独绘制每一朵鲜花。

### 11.1.1 符号的用途

符号可以简化复杂对象的制作和编辑过程，尤其是Web设计、地图和技术图纸等包含大量重复对象的图稿，使用符号可以节省时间并显著地减小文件的大小。

当我们使用一个符号样本创建符号时，可以生成大量相同的对象（它们称为符号实例），每个符号实例都链接到"符号"面板中的符号样本或符号库。当修改面板中的符号样本时，画板中所有与之链接的符号实例都会自动更新，如图11-1、图11-2所示。

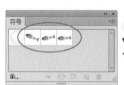

图11-1

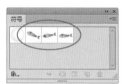

图11-2

符号可以导出为 SWF 和 SVG 格式。当以 SWF格式导入到 Flash 时，可以将符号类型设置为"影片剪辑"。在 Flash 中，还可以选择其他类型。此外，我们也可以在 Illustrator 中指定 9 格切片缩放，以便将符号用于用户界面组件时能够适当缩放。

### 11.1.2 "符号"面板

"符号"面板用于创建、编辑和管理符号，如图11-3所示。

图11-3

● 符号库菜单 ：单击该按钮，可以打开下拉菜单选择一个预设的符号库。

● 置入符号实例 ：选择面板中的一个符号，单击该按钮，即可在画板中创建该符号的一个实例。

● 断开符号链接 ：选择画板中的符号实例，单击该按钮，可以断开它与面板中符号样本的链接，该符号实例就成为可单独编辑的对象。

● 符号选项 ：单击该按钮，可以打开"符号选项"对话框。

● 新建符号 ：选择画板中的一个对象，单击该按钮，可将其定义为符号。

● 删除符号 ：选择面板中的符号样本，单击该按钮可将其删除。

实用技巧

**不同类型的文档与"符号"面板**

　　在新建文件时，"配置文件"选项的下拉列表中提供了不同的文件类型，预设了文件大小、颜色模式以及分辨率等参数，Illustrator也为每种类型的文档设置了相应的"符号"面板，选择不同的配置文件时，"符号"面板的内容是不一样的。

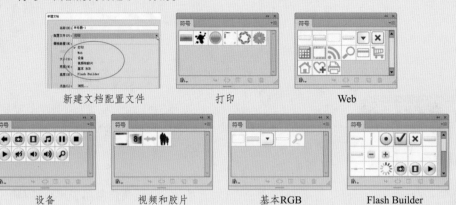

新建文档配置文件　　　　　　打印　　　　　　　　Web

　　设备　　　　　　　视频和胶片　　　　　　基本RGB　　　　　Flash Builder

# 11.2 创建符号

　　Illustrator的工具箱中包含8种符号工具，如图11-4所示。分别是符号喷枪工具 、符号位移器工具 、符号紧缩器工具 、符号缩放器工具 、符号旋转器工具 、符号着色器工具 、符号滤色器工具 、符号样式器工具 。其中，符号喷枪工具 用于创建符号实例，其他工具用于编辑符号实例。

图11-4

## 11.2.1 实例演练：使用符号喷枪工具创建符号

　　符号喷枪工具 就像一个粉雾喷枪，可以一次将大量相同的对象添加到画板上。使用符号喷枪工具 创建的一组符号实例称为符号组。我们可以在一个符号组中添加不同的符号，从而创建符号实例混合集。

❶打开光盘中的素材文件，如图11-5所示。执行"窗口>符号"命令，打开"符号"面板。

图11-5

❷选择一个符号，如图11-6所示。使用符号喷枪工具 在画板中单击或单击并拖动鼠标即可创建符

号组，如图11-7所示。

图11-6　　　　　　　　　　图11-7

提示

　　使用符号喷枪工具 时，单击一次鼠标，可以创建一个符号。如果按住鼠标按键不放，则符号会以鼠标单击点为中心向外扩散。

❸保持符号组的选取状态。在"符号"面板中选择粉色蘑菇符号样本，如图11-8所示，使用符号喷枪工具 在画板中单击，可以向符号组中添加该符号实例，如图11-9所示。在画面中添加黄色蘑菇符号，如图11-10、图11-11所示。如果要删除符号实例，可按住Alt键在它上方单击。

图11-8

图11-9

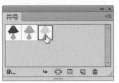

图11-10

图11-11

实用技巧

**符号工具快捷键**

使用任意一个符号工具时，按下键盘中的]键，可增加工具的直径；按下[键，则减小工具的直径；按下Shift+]键，可增加符号的创建强度；按下Shift+[键，则减小强度。此外，在画板中，符号工具光标外侧的圆圈代表了工具的直径，圆圈的深浅代表了工具的强度，颜色越浅，强度值越小。

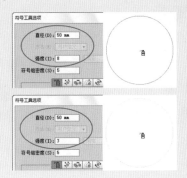

## 11.2.2 实例演练：移动、堆叠和旋转符号

编辑符号组时，所使用的符号工具仅影响"符号"面板中选定的符号。如果要同时修改多种符号，可在"符号"面板中按住Ctrl键单击它们，再进行处理。

❶我们继续使用上一个文件进行编辑，使用选择工具 ▶ 选择符号组，如图11-12所示。在"符号"面板中选择想要编辑的符号样本，如图11-13所示。

图11-12                    图11-13

❷使用符号位移器工具 ⊛ 在符号实例上单击并拖动鼠标可将其移动，如图11-14、图11-15所示。

图11-14                    图11-15

❸按住Shift键单击一个符号实例，可将其调整到其他符号实例的上方，如图11-16所示；按住Shift+Alt键单击，可将其调整到其他符号实例的下方，如图11-17所示。

图11-16                    图11-17

❹使用符号旋转器工具 ◉ 在符号实例上单击或拖动鼠标可进行旋转操作，如图11-18、图11-19所示。在"符号"面板中选择其他蘑菇符号，分别调整角度，如图11-20所示。

图11-18                    图11-19

图11-20

## 11.2.3 实例演练：调整符号的大小和密度

❶打开光盘中的素材文件。使用选择工具 ▶ 选择符号组，如图11-21所示。在"符号"面板中选择符号样本，如图11-22所示。

图11-21　　　　　　　图11-22

❷使用符号缩放器工具 ⬙ 在符号实例上单击可进行放大操作，如图11-23所示；按住Alt键单击则缩小符号，如图11-24、图11-25所示。

图11-23　　　　　　　图11-24

图11-25

❸使用符号紧缩器工具 ⬙ 在符号组上单击或单击并拖动鼠标，可以让符号实例向光标处聚拢，如图11-26所示；按住Alt键操作，可以使符号实例扩散开，如图11-27所示。

图11-26　　　　　　　图11-27

## 11.2.4 实例演练：调整符号的颜色和透明度

❶打开光盘中的素材文件，使用选择工具 ▶ 选择

符号组，如图11-28所示。在"符号"面板中选择铅笔符号样本，如图11-29所示。

图11-28　　　　　　　图11-29

❷在"色板"或"颜色"面板中设置一种填充颜色，如图11-30所示。使用符号着色器工具 ⬙ 在符号实例上单击可以为符号着色，如图11-31所示；连续单击，可增加颜色的浓度，如图11-32所示；用紫色和粉红色填充另外两个铅笔符号，如图11-33所示。如果要还原符号的颜色，可按住Alt键单击。

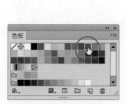

图11-30　　　　　　　图11-31

图11-32　　　　　　　图11-33

❸使用符号滤色器工具 ⬙ 在符号实例上单击可以使符号呈现透明效果，如图11-34所示，连续单击可增加透明度直到在画面中消失，如图11-35所示；按住Alt键单击可还原符号的不透明度。

图11-34　　　　　　　图11-35

## 11.2.5 实例演练：为符号添加图形样式

❶我们继续使用上一个文件进行编辑，使用选择工具 ▲ 选择符号组，如图11-36所示。在"图形样式"面板中选择一种样式，如图11-37所示。

图11-36　　　　　　图11-37

❷使用符号样式器工具 ◎ 在符号实例上单击，可以将所选样式应用到符号中，如图11-38、图11-39所示。按住Alt键单击可清除样式。

图11-38　　　　　　图11-39

## 11.2.6 符号工具选项

双击工具箱中的任意符号工具，都可以打开"符号工具选项"对话框，如图11-40所示。对话框的顶部是直径、强度和密度等常规选项。单击对话框中的各个符号图标，则可以显示特定于该工具的选项。

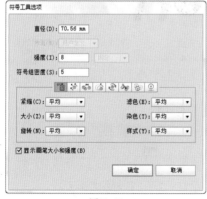

图11-40

- 直径：用来设置符号工具的画笔大小。在使用符号工具时，也可以按下[键减小画笔直径，或按下]键增加画笔直径。

- 方法：用来指定符号紧缩器、符号缩放器、符号旋转器、符号着色器、符号滤色器和符号样式器工具调整符号实例的方式。选择"用户定义"，可根据光标位置逐步调整符号；选择"随机"，则在光标下的区域随机修改符号；选择"平均"，会逐步平滑符号。

- 强度：用来设置符号工具的更改速度，该值越大，更改的速度越快。

- 符号组密度：用来设置符号组的吸引值，该值越大，符号的密度就越大。如果当前选择了整个符号组，则修改该值时，将影响符号组中所有符号的密度，但不会影响符号的数量。

- 显示画笔大小和强度：选择该选项后，在使用工具时会显示工具的大小。

### 知识拓展

#### 特定符号工具的选项

●单击"符号工具选项"对话框中的符号喷枪工具按钮 ❋，可以显示"紧缩"、"大小"、"旋转"、"滤色"、"染色"和"样式"等选项。它们用来控制新符号实例添加到符号组的方式，并且每个选项都提供了两种选择方式。选择"平均"，可以添加一个新符号，它具有画笔半径内现有符号实例的平均值；选择"用户定义"，则会为每个参数应用特定的预设值。

●单击"符号工具选项"对话框中的符号缩放器工具按钮 ◎，可以显示特定于该工具的选项。选择"等比缩放"，可保持缩放时每个符号实例的形状一致；选择"调整大小影响密度"，在放大时，可以使符号实例彼此远离；缩小时，可以使符号实例彼此聚拢。

## 11.2.7 使用符号库

符号库是预设的符号集合。Illustrator为用户提供了大量有用的符号库，包括3D符号、图表和箭头等。单击"符号"面板底部的符号库菜单按钮 🔖，或执行"窗口>符号库"命令，在打开的下拉菜单中可以选择一个符号库，如图11-41所示。打开的符号库会出现在一个单独的面板中，如图11-42所示。

图11-41

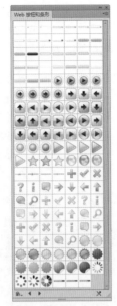

图11-42

在Illustrator中，用户还可以创建自定义的符号库。操作方法是，先将符号库中所需的符号添加到"符号"面板中，然后执行"符号"面板菜单中的"存储符号库"命令，打开"将符号存储为库"对话框。如果将符号库存储到Illustrator默认的"符号"文件夹中，则符号库的名称会自动显示在"符号库"下拉菜单和"打开符号库"下拉菜单中。如果将符号库存储到其他文件夹，可

以从"符号"面板菜单中选择"打开符号库>其他库"命令将其打开。

### 11.2.8 从其他文档中导入符号库

执行"窗口>符号库>其他库"命令，或从"符号"面板菜单中选择"打开符号库> 其他库"命令，在弹出的对话框中选择一个文件，如图11-43所示，单击"打开"按钮，即可将该文件中的符号库导入到"符号库"面板及面板菜单中（不是"符号"面板），如图11-44、图11-45所示。

图11-43

图11-44

图11-45

## 11.3 编辑符号

在图稿中创建符号实例以后，可以通过修改符号样本来影响符号实例，也可以用其他符号样本替换现有的符号，或者将符号扩展为普通对象。此外，用户还可以将任何图形创建为自定义的符号。

### 11.3.1 实例演练：将对象定义为符号

Illustrator中的大部分对象，如绘制的图形、复合路径、文本、位图图像、网格对象或是包含以上对象的编组对象都可以创建为符号。

❶打开光盘中的素材文件。使用选择工具 选择图形，如图11-46所示。

❷将它拖动到"符号"面板中，此时会弹出"符号选项"对话框，如图11-47所示。输入新符号的名称，单击"确定"按钮，即可将对象创建为符号，如图11-48所示。

图11-46        图11-47

图11-48

实用技巧

**符号创建技巧**

默认情况下，将一个对象定义为符号
时，所选对象会自动变为符号实例。如果不
希望它变为实例，可以在创建符号时按住
Shift键。如果不想在创建新符号时打开"新
建符号"对话框，则可在创建符号时按住
Alt键。

## 11.3.2 实例演练：替换符号

❶打开光盘中的素材文件。使用选择工具 选择
符号组，如图11-49所示。

图11-49

❷在"符号"面板中选择另外一个符号样本，如
图11-50所示，执行面板菜单中的"替换符号"命
令，可以使用该符号替换当前符号组中所有的符
号实例，如图11-51所示。

图11-50

图11-51

## 11.3.3 实例演练：重新定义符号

当一个符号组中包含多个符号时，如果只想
替换一种符号实例，而不影响其他符号实例，可
以通过重新定义符号的方法来操作。

❶打开光盘中的素材文件，如图11-52所示，这
个符号组中包括黑色和灰色两种符号，双击"符
号"面板中的灰色符号，进入到符号的编辑状
态，如图11-53、图11-54所示。

图11-52

图11-53

图11-54

❷使用选择工具 选取字母"K"，如图11-55所示，按
下Delete键删除，再将笑脸图形放大，将图形向右移
动以位于符号的中心（显示十字）的位置，修改完成
后，在画面的空白区域双击，或单击文档左上角的
按钮，返回文档编辑状态，如图11-56所示。画面中所
有使用该样本创建的符号实例都会更新，其他符号实
例则保持不变，如图11-57所示。

图11-55

图11-56

图11-57

221

### 11.3.4 扩展符号实例

选择画板中的符号实例，如图11-58所示，单击"符号"面板中的断开符号链接按钮 ⇌ ，断开符号和符号实例之间的链接，再执行"对象>扩展"命令，即可扩展符号实例，将其转换为常规的对象，如图11-59所示。

图11-58

图11-59

# 11.4 图表的种类

图表可以直观展示统计信息，是将数据"形象化"、"可视化"的重要手段。Illustrator的工具箱中包含9种图表工具，如图11-60所示，可以制作9种不同类型的图表，如图11-61所示。

- 柱形图图表：以坐标轴的形式显示统计数据，数据值越大，柱形越高，是最常用的图表。

- 堆积柱形图图表：以柱形的高度体现数据的大小，在该类型的图表中，比较数据会堆积在一起。这种堆积形式可以显示某类数据的总量，便于观察到每一个分量在总量中所占的比例。

图11-60

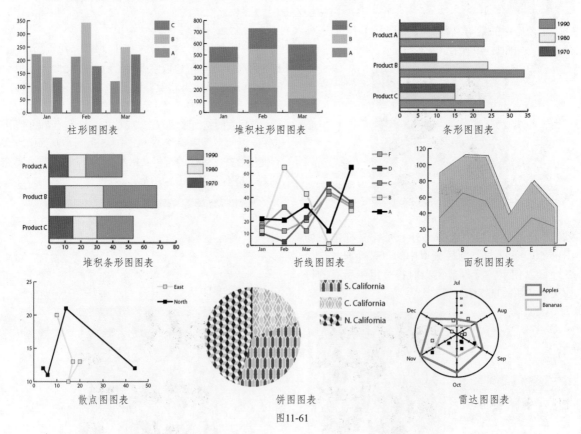

柱形图图表　　　　堆积柱形图图表　　　　条形图图表

堆积条形图图表　　　　折线图图表　　　　面积图图表

散点图图表　　　　饼图图表　　　　雷达图图表

图11-61

- 条形图图表：用横条的宽度显示统计数据的大小。

- 堆积条形图图表：与条形图图表类似，不同之处在于，该类型的图表会将比较数据堆积在一起。

- 折线图图表：以点显示统计数据，用不同颜色的折线连接不同组的点，每列数据对应于折线图中的一条线。折线图图表适合显示数据随时间发展的变化趋势，对于确定一个项目的进程很有用。

- 面积图图表：以点显示统计数据，用不同颜色的折线连接不同组的点，并对形成的区域给予填充。

- 散点图图表：图表的X、Y坐标轴都是数据坐标轴，都有测量值，但没有类别。在两组数据的交汇处形成坐标点，使用直线连接点。

- 饼图图表：把数据的总和作为一个圆形，各组统计数据依据其所占的比例将圆形划分，数据的百分比越高，它在总量中所占的面积越大。

- 雷达图图表：以一种环形的方式显示数据的比较结果。

## 11.5 创建图表

在Illustrator中，用户不仅可以使用各种图表工具创建图表，还可以用Microsoft Excel数据、文本文件中的数据创建图表。

### 11.5.1 实例演练：创建任意大小的图表

❶选择柱形图工具 ，在画板中单击并拖出一个矩形框，定义图表的大小，如图11-62所示。如果按住Alt键拖动，可以从中心绘制；按住 Shift 键，则可以将图表限制为一个正方形。

❷放开鼠标后，弹出图表数据对话框，如图11-63所示，单击一个单元格，然后在窗口顶部的文本框中输入数据，该数据会出现在所选的单元格中，如图11-64所示。

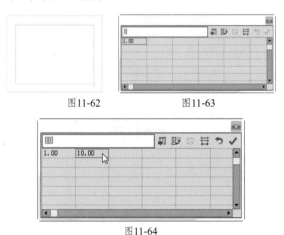

图11-62　　　　　图11-63

图11-64

> **提示**
>
> 按下键盘中的↑、↓、←、→键可以切换单元格；按下Tab键可以输入数据并选择同一行中的下一单元格；按下回车键可以输入数据并选择同一列中的下一单元格。如果希望 Illustrator 为图表生成图例，则可删除左上角单元格的内容并保留此单元格为空白。

❸单元格的左列用于输入类别标签，如年、月、日。如果要创建只包含数字的标签，则需要使用直式双引号将数字引起来。例如，2012年应输入"2012"，如果输入全角引号"2012"，则引号也会显示在年份中。数据输入完成后，单击 ✔ 按钮即可创建图表，如图11-65、图11-66所示。

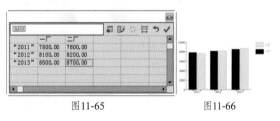

图11-65　　　　　图11-66

图表数据对话框按钮

- 导入数据按钮██：单击该按钮，可以导入应用程序创建的数据。

- 换位行/列按钮██：单击该按钮，可以转换行与列中的数据。

- 切换x/y按钮██：创建散点图图表时，单击该按钮，可以对调x轴和y轴的位置。

- 单元格样式按钮██：单击该按钮，可在打开的"单元格样式"对话框中定义小数点后面包含几位数字，以及调整图表数据对话框中每一列数据间的宽度，以便在对话框中可以查看更多的数字，但不会影响图表。

- 恢复按钮██：单击该按钮，可以将修改的数据恢复到初始状态。

**实用技巧**

### 创建指定大小的图表

使用图表工具在画板中单击，会弹出"图表"对话框，输入数值可以创建具有精确的宽度和高度的图表。

### 11.5.2 实例演练：使用Microsoft Excel数据创建图表

从电子表格应用程序（如 Lotus1-2-3 或 Microsoft Excel）中复制数据后，可以粘贴在 Illustrator 的图表数据对话框。

❶打开光盘中的Microsoft Excel文件，如图11-67所示。

❷在Illustrator中新建一个文档。选择柱形图工具██，在画板中单击并拖动鼠标，定义图表的大小，放开鼠标按键，弹出图表数据对话框，输入年份信息，如图11-68所示。

图11-67

图11-68

❸切换到Microsoft Excel文件窗口。在"一厂"、"二厂"和"三厂"上拖动鼠标，将它们选择，如图11-69所示。按下Ctrl+C快捷键复制。切换到Illustrator中。在如图11-70所示的单元格中拖动鼠标，将它们选择。按下Ctrl+V快捷键，粘贴数据，如图11-71所示。

图11-69

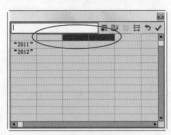

图11-70

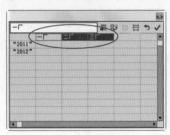

图11-71

④切换到Microsoft Excel文件窗口。选择并复制如图11-72所示的数据。在Illustrator中，选择如图11-73所示的单元格，按下Ctrl+V快捷键粘贴数据，如图11-74所示。

图11-72

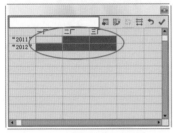

图11-73

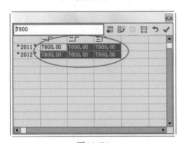

图11-74

⑤单击 ✔ 按钮，创建图表，如图11-75所示。

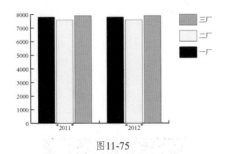

图11-75

## 11.5.3 实例演练：导入文本文件创建图表

❶打开光盘中用Windows的记事本创建的纯文本格式的文件，如图11-76所示。

❷使用柱形图工具 在画板中单击并拖动鼠标定义图表大小，放开鼠标按键，弹出图表数据对话框。

❸单击导入数据按钮 ，在打开的对话框中选择该文件，即可导入到图表中，如图11-77所示，图11-78所示为创建的图表。

图11-76

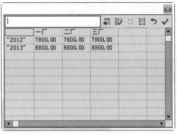

图11-77

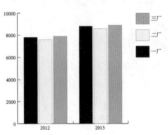

图11-78

### 知 识 拓 展

#### 使用文本文件数据时的注意事项

在文本文件中，数据只能包含小数点或小数点分隔符（如应输入732000，而不是732,000），并且，该文件的每个单元格的数据应由制表符隔开，每行的数据应由段落回车符隔开。例如，在记事本中输入一行数据，数据间的空格部分需要按下Tab键隔开，再输入下一行数据（可按下回车键换行）。

数据间的空格需按下Tab键　　输入下一行数据

## 11.5.4 实例演练：修改图表数据

❶打开光盘中的素材文件，使用选择工具 ▶ 选择图表，如图11-79所示。

❷执行"对象>图表>数据"命令，打开图表数据对话框，修改图表数据，如图11-80所示。单击 ✔ 按钮关闭对话框，即可更新文档中的图表数据，如图11-81所示。

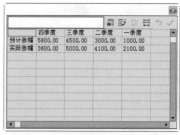

图11-80

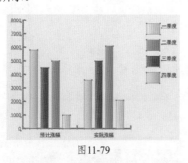

图11-79

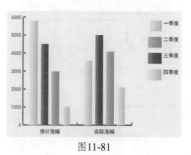

图11-81

# 11.6 设置图表格式

在Illustrator中，可以用多种方式来设置图表格式。例如，可以更改图表轴的外观和位置、添加投影、移动图例、组合显示不同的图表类型；也可以修改底纹的颜色，修改字体和文字样式；移动、对称、切变、旋转或缩放图表，对图表应用透明、渐变、混合、画笔描边、图表样式和其他效果。

## 11.6.1 图表编辑要点

图表是与其数据相关的编组对象，因此，绝不可以取消图表编组；如果取消图表编组，就无法更改图表。要编辑图表，应使用直接选择工具 ▶ 和编组选择工具 ▶+ 在不取消图表编组的情况下选择要编辑的部分。

还有一点非常重要的是，要了解图表的图素是如何相关的。例如，带图例的整个图表是一个组。所有数据组是图表的次组；相反，每个带图例框的数据组是所有数据组的次组。每个值都是其数据组的次组。此外，不要取消图表中对象的编组，或者将它们重新编组。

## 11.6.2 常规图表选项

使用选择工具 ▶ 选择图表，执行"对象>图表>类型"命令，打开"图表类型"对话框，如图11-82所示。在对话框中可以设置所有类型的图表的常规选项。

● 数值轴：用来确定数值轴（此轴表示测量单位）出现的位置，包括"位于左侧"、"位于

右侧"和"位于两侧"，如图11-83~图11-85所示。

图11-82

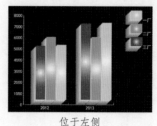

位于左侧

图11-83

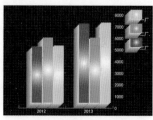

位于右侧

图11-84

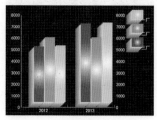

位于两侧

图11-85

- 添加投影：选择该选项后，可以在柱形、条形或线段后面，以及对整个饼图图表添加投影，如图11-86所示。

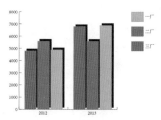

图11-86

- 在顶部添加图例：默认情况下，图例显示在图表的右侧水平位置，如图11-87所示。选择该选项后，图例会显示在图表的顶部，如图11-88所示。

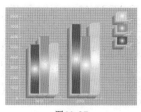

图11-87

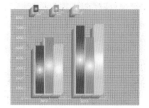

图11-88

- 第一行在前：当"簇宽度"大于 100% 时，可以控制图表中数据的类别或群集重叠的方式。使用柱形或条形图时此选项最有帮助。图11-89、图11-90所示是设置"群集宽度"为120%，并选择该选项时的图表效果。

图11-89

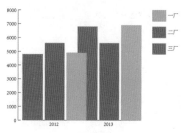

图11-90

- 第一列在前：可在顶部的"图表数据"窗口中放置与数据第一列相对应的柱形、条形或线段。该选项还确定"列宽"大于 100% 时，柱形和堆积柱形图中哪一列位于顶部；以及"条宽度"大于 100% 时，条形和堆积条形图中哪一列位于顶部。图11-91、图11-92所示是设置"列宽"为120%，并选择该选项时的图表效果。

图11-91

227

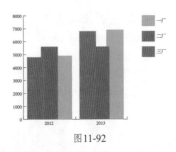

图11-92

### 11.6.3 设置柱形图与堆积柱形图格式

在"图表类型"对话框中，除了面积图图表外，其他类型的图表都有一些附加的选项。单击"类型"选项内的柱形图按钮 ▆▆ 或堆积柱形图按钮 ▆▆，可以显示如图11-93所示的选项。

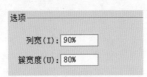

图11-93

● 列宽：用来设置图表中柱形之间的空间。大于100%的值会导致柱形相互堆叠；小于100%的值会在柱形之间保留空间；值为100%时，会使柱形相互对齐。图11-94、图11-95所示是分别设置该值为80%和120%的图表效果。

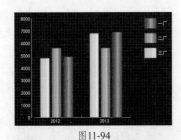

图11-94

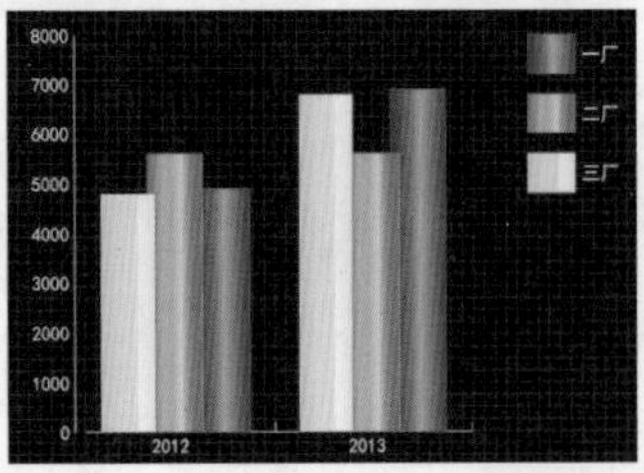

图11-95

● 簇宽度：用来设置图表数据群集之间的空间数量。图11-96、图11-97所示是分别设置该值为90%和110%的图表效果。

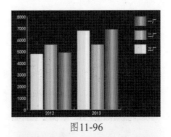

图11-96

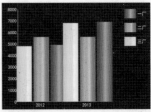

图11-97

### 11.6.4 设置条形图与堆积条形图格式

在"图表选项"对话框中，单击条形图图表按钮 ▆ 或堆积条形图图表按钮 ▆ 时，可以显示如图11-98所示的选项。

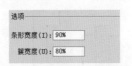

图11-98

● 条形宽度：用来设置图表中条形之间的宽度。大于100%的值会导致条形相互堆叠；小于100%的值会在条形之间保留空间；值为100%时，会使条形相互对齐。图11-99、图11-100所示是分别设置该值为70%和120%的图表效果。

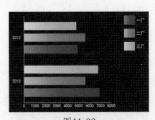

图11-99

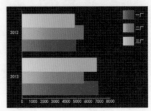

图11-100

- 簇宽度：用来设置图表中数据群集的空间数量。图11-101、图11-102所示是分别设置该值为70%和110%的图表效果。

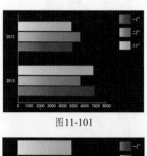

图11-101

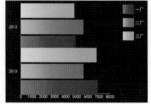

图11-102

## 11.6.5 设置折线图、雷达图与散点图格式

在"图表选项"对话框中，单击折线图图表按钮 、雷达图图表按钮 或散点图图表按钮 时，可以显示如图11-103所示的选项。

图11-103

- 标记数据点：选择该选项后，可以在每个数据点上置入正方形标记。图11-104所示是未选择该选项时的图表，图11-105所示为选择该选项后的图表。

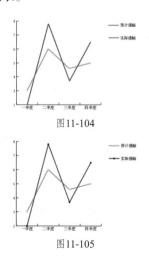

图11-104

图11-105

- 线段边到边跨 X 轴：选择该选项后，可以沿水平 (x) 轴从左到右绘制跨越图表的线段。散点图图表没有该选项。图11-106所示是未选择该选项时的图表，图11-107所示为选择该选项后的图表。

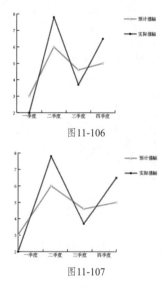

图11-106

图11-107

- 连接数据点：选择该选项后，可以添加便于查看数据间关系的线段。图11-108所示是未选择该选项时的图表，图11-109所示为选择该选项后的图表。

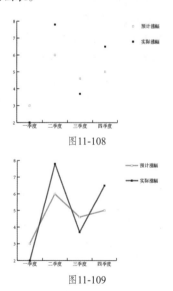

图11-108

图11-109

- 绘制填充线：选择该选项后，可根据"线宽"文本框中输入的数值创建更宽的线段，并且"绘制填充线"还会根据该系列数据的规范来确定用何种颜色填充线段。选择"连接数据点"时此选项才有效。图11-110、图11-111所

示为选择该选项后，分别设置"线宽"为3和5的图表效果。

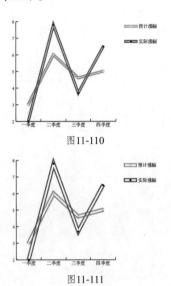

图11-110

图11-111

## 11.6.6 设置饼图格式

在"图表类型"对话框中，单击饼图图表按钮 ⊙ 时，可以显示如图11-112所示的选项。

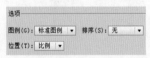

图11-112

● 图例：用来设置图表中图例的位置。选择"无图例"时，不会创建图例，如图11-113所示；选择"标准图例"时，可在图表外侧放置列标签，如图11-114所示；选择"楔形图例"时，可将标签插入到对应的楔形中，如图11-115所示。

图11-113

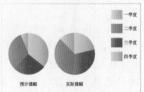

图11-114

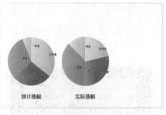

图11-115

● 位置：用来设置如何显示多个饼图。选择"比例"时，可按照比例调整饼图的大小，如图11-116所示；选择"相等"时，所有的饼图具有相同的直径，如图11-117所示；选择"堆积"时，饼图互相堆积，每个图表按照相互间的比例调整大小，如图11-118所示。

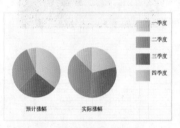

图11-116

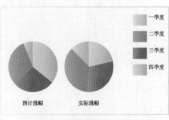

图11-117

图11-118

● 排序：用来设置饼图的排列顺序。选择"全部"时，饼图按照从大到小的顺序顺时针排列，如图11-119所示；选择"第一个"时，最大的饼图被放置在顺时针方向的第一个位置，其他饼图按照输入的顺序顺时针排列，如图11-120所示；选择"无"时，饼图按照输入的顺序顺时针排列，如图11-121所示。

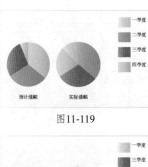

图11-119

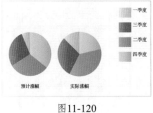

图11-120

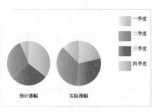

图11-121

## 11.6.7 设置图表轴的格式

除了饼图外，所有的图表都有显示图表的测量单位的数值轴，我们可以选择在图表的一侧显示数值轴或者两侧都显示数值轴。条形、堆积条形、柱形、堆积柱形、折线和面积图也有在图表中定义数据类别的类别轴，我们可以控制每个轴上显示多少个刻度线，改变刻度线的长度，并将前缀和后缀添加到轴上的数字。

**数值轴**

使用选择工具 ![cursor] 选择图表，如图11-122所示，执行"对象>图表>类型"命令或双击任意一个图表工具，打开"图表类型"对话框，在对话框顶部的下拉菜单中选择"数值轴"选项，如图11-123所示。

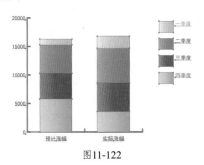

图11-122

图11-123

- "刻度值"选项组：用来设置数值轴、左轴、右轴、下轴或上轴上的刻度线的位置。默认情况下，"忽略计算出的值"选项未被选择，此时Illustrator会根据"图表数据"对话框中输入的数值自动计算坐标轴的刻度。如果选择"忽略计算出的值"选项，则可以手动输入刻度线的位置。创建图表时，Illustrator会接受数值设置或者输入最小值、最大值和标签之间的刻度数量。

- "刻度线"选项组：在"长度"选项下拉列表中可以选择刻度线的长度，包括"无"、"短"和"全宽"，如图11-124~图11-126所示。在"绘制"选项内可以输入"个刻度线/刻度"的数量，该值决定了数值轴上的两个刻度之间分成几部分间隔，图11-127、图11-128所示是分别设置该值为2和5时图表的效果。

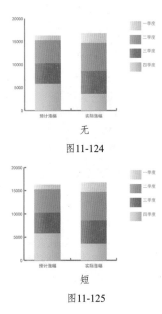

无

图11-124

短

图11-125

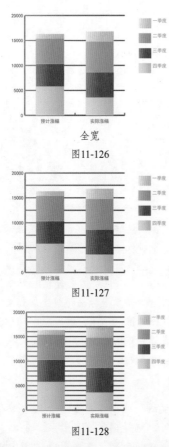

全宽

图11-126

图11-127

图11-128

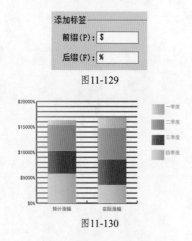

- "添加标签"选项组：可以为数值轴、左轴、右轴、上轴或下轴上的数字添加前缀和后缀。例如，可以将美元符号或百分号添加到轴数字中，如图11-129、图11-130所示。

图11-129

图11-130

### 类别轴

在"图表类型"对话框顶部的下拉菜单中选择"类别轴"选项，如图11-131所示。

图11-131

- 长度：用来设置类别轴刻度线的长度，包括"无"，如图11-132所示，"短"，如图11-133所示，"全宽"，如图11-134所示。

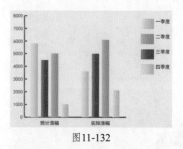

图11-132

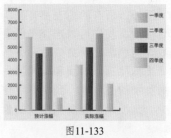

图11-133

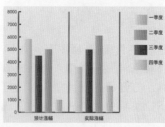

图11-134

- 绘制：用来设置类别轴上两个刻度之间分成几部分间隔，图11-135、图11-136所示是分别设置该值为2和4时的图表效果。

- 在标签之间绘制刻度线：勾选该项时，可以在标签或列的任意一侧绘制刻度线。取消勾选，则标签或列上的刻度线居中。

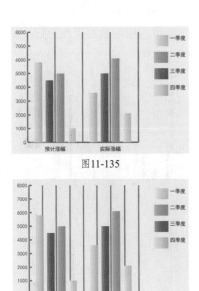

图11-135

图11-136

## 11.6.8 实例演练：修改图表样式

创建图表后，所有对象会编为一组，使用编组选择工具 ⬦⁺ 可以选择图表中的图例和文本等内容进行修改。

❶打开光盘中的素材文件，如图11-137所示。这个文件中的图表和文字经过简单编辑，饼图已经从图表中分离出来，为的是可以做成3D立体效果。

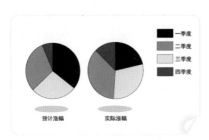

图11-137

❷使用编组选择工具 ⬦⁺ 选择不同的饼图图形，取消它们的描边，填充不同的颜色，如图11-138、图11-139所示。

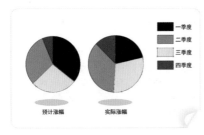

图11-138

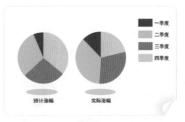

图11-139

❸用选择工具 ▶ 按住Shift键选择两个图表，如图11-140所示，执行"效果>3D>凸出和斜角"命令，在打开的对话框中设置参数，如图11-141所示。单击对话框底部的"更多选项"按钮，显示全部选项，单击新建光源按钮 ⬚，添加光源并移动到如图11-142所示的位置。单击"确定"按钮关闭对话框，生成立体图表，如图11-143所示。

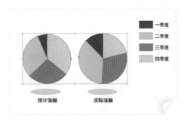

图11-140

图11-141

图11-142

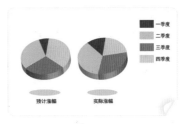

图11-143

233

❹创建图表时，Illustrator 会使用默认的字体和字号大小生成图表中的文本。用编组选择工具 ▷⁺ 按住Shift键选择文字。在控制面板中设置它的颜色为棕色，文字大小为11pt，如图11-144所示。

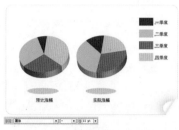

图11-144

❺在空白区域单击，完成图表的修饰，如图11-145所示。我们还可以用编组选择工具 ▷⁺ 选择每个图表图形，略微移动位置使它们分开，形成如图11-146所示的效果。

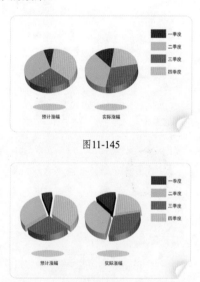

图11-145

图11-146

### 11.6.9 实例演练：组合不同的图表类型

在一个图表中，可以出现不同的图表类型。例如，可以让一组数据显示为柱形图，其他数据组显示为折线图。

❶打开光盘中的素材文件，如图11-147所示。用编组选择工具 ▷⁺ 在黑色的图表图例上连续单击三次，将编组的所有黑色柱形都选中，如图11-148所示。

❷双击工具箱中任意一个图表工具，打开"图表类型"对话框，单击折线图图表按钮，如图11-

149所示，即可将所选数据组改为折线图，图11-150所示。

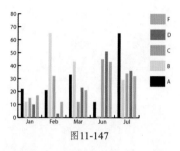

图11-147

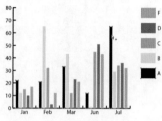

图11-148

图11-149

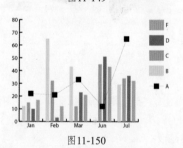

图11-150

💡提示

只有散点图不能与其他图表类型组合。此外，如果和其他图表类型一起使用堆积柱形图，应确保由堆积柱形图表示的所有数据组都使用相同的轴。如果有的数据组使用右轴而其他数据组使用左轴，则柱形高度可能会发生重叠。

# 11.7　将图形添加到图表中

Illustrator中的图表不仅可以修改文字格式，应用透明、渐变、混合、画笔描边、图表样式和其他效果，还允许用户使用自定义的图形替换图表中的柱形图和标记。

## 11.7.1　创建图表设计

使用"设计"命令可以将选择的图形对象创建为图表中替代柱形和图例的设计图案。图11-151所示为一个图形对象，将它选择后，执行"对象>图表>设计"命令，打开"图表设计"对话框，如图11-152所示。

图11-151　　　　　　　图11-152

● 新建设计：单击该按钮，可以将当前选择的对象创建为一个新的设计图案，如图11-153所示。

图11-153

● 删除设计：在对话框中选择一个设计图案后，单击该按钮可以将其删除。

● 重命名：选择对话框左侧的一个设计图案，然后单击该按钮，可在打开的"重命名"对话框中修改当前设计图案的名称。

● 粘贴设计：在对话框中选择一个设计图案后，单击该按钮，可以将它粘贴到画板中，以便对图案进行编辑。图案修改完成后，可以使用"设计"命令将它重新定义为一个新的设计。

● 选择未使用的设计：单击该按钮，可以选择所有未被使用的设计。

## 11.7.2　对图表应用柱形设计

定义好设计图案后，选择一个图表对象，执行"对象>图表>柱形图"命令，打开"图表列"对话框，在左侧的"选取列设计"列表中单击自定义的图案的名称，该图案便会出现在对话框右侧的预览窗口中，单击"确定"按钮，可以使用该图案替换图表中的柱形和标记。例如，图11-154所示为原图表，图11-155所示为在"图表列"对话框中选择的图案，图11-156所示为使用该图案替换柱形后的效果。

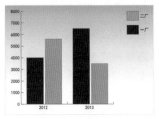

图11-154

图11-155

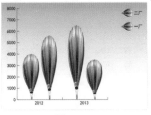

图11-156

在"图表列"对话框的"列类型"选项下拉列表中，包含了用于缩放与排列图案的各种选项。

● 垂直缩放：根据数据的大小在垂直方向伸展或压缩图案，但图案的宽度保持不变。

● 一致缩放：根据数据的大小对图案进行等比缩放，如图11-157所示。

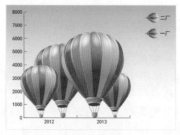

图11-157

● 重复堆叠：选择该选项后，对话框下面的选项将被激活。在"每个设计表示"文本框中可以输入每个图案代表几个单位。例如，输入100，表示每个图案代表100个单位，Illustrator会以该单位为基准自动计算使用的图案数量。单位设置完成后，需要在"对于分数"选项中设置不足一个图案时如何显示图案。选择"截断设计"选项，表示不足一个图案时使用图案的一部分，该图案将被截断；选择"缩放设计"选项，表示不足一个图案时图案将被等比缩小，以便完整显示。图11-158所示是设置"每个设计表示"为1000，并选择"截断设计"选项时的图表效果，图11-159所示是设置"每个设计表示"为1000，并选择"缩放设计"选项时的图表效果。

● 局部缩放：选择该选项后，可以对局部图案进行缩放。操作方法请参阅"11.7.5 实例演练：局部缩放图形"。

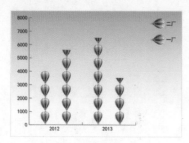

图11-158

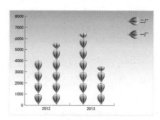

图11-159

● 旋转图例设计：选择该选项后，图例中的图案将被旋转90°，如图11-160所示；取消选择时，图案不会旋转，如图11-161所示。

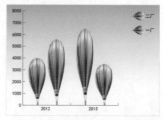

图11-160

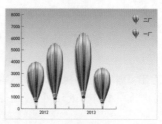

图11-161

### 11.7.3 对折线图和散点图应用标记设计

折线图和散点图图表可以应用标记设计，即用设计图案替换图表中的点。用编组选择工具选择图表中的标记和图例，但不要选择线段，然后执行"对象>图表>标记"命令，打开"图表标记"对话框，如图11-162所示。选择一个图案，单击"确定"按钮，可以使用该图案替换图表中正方形的点。例如，图11-163所示为一个折线图图表，图11-164所示为替换点后的图表。

图11-162

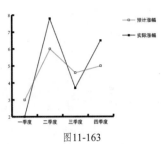

图11-163

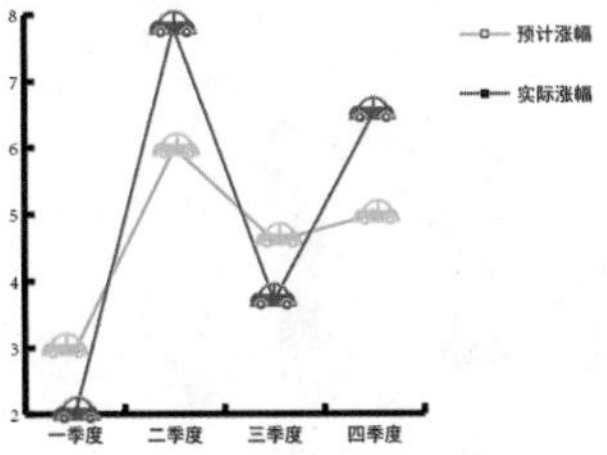

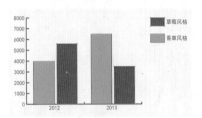

图11-164

## 11.7.4 实例演练：将图形添加到图表

❶打开光盘中的素材文件。使用选择工具 ▶ 选择草莓女孩素材，如图11-165所示，执行"对象>图表>设计"命令，打开"图表设计"对话框，单击"新建设计"按钮，将它保存为一个新建的设计图案，如图11-166所示，单击"确定"按钮关闭对话框。选择香草女孩素材，也将它定义为设计图案，如图11-167、图11-168所示。

图11-165

图11-166

图11-167

图11-168

❷使用编组选择工具 ▶⁺ 在品红色的图表图例上单击3下，选择这组图形，如图11-169所示。执行"对象>图表>柱形图"命令，打开"图表列"对话框，单击新建的设计图案，在"柱形图类型"选项下拉列表中选择"垂直缩放"，取消"旋转图例设计"选项的勾选，如图11-170所示，单击"确定"按钮关闭对话框，使用女孩素材替换原有的图形，如图11-171所示。

图11-169

图11-170

图11-171

❸使用编组选择工具 ▶⁺ 在绿色的图表图例上单击3下，如图11-172所示。执行"对象>图表>柱形图"命令，替换图形，如图11-173、图11-174所示。

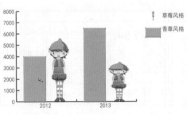

图11-172

图11-173

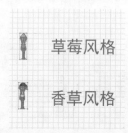

图11-174

❹使用编组选择工具 ▶⁺ 拖出一个选框选中右上角的图例，如图11-175所示，双击缩放工具 ⌷，打开"缩放"对话框，将图形等比放大150%，如图11-176所示。调整图形的位置，与文字的底边对齐，如图11-177所示，在画面空白区域单击，完成图表的制作，效果如图11-178所示。

图11-175

图11-176

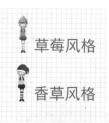

图11-177

图11-178

### 11.7.5 实例演练：局部缩放图形

❶打开光盘中的素材文件，如图11-179所示。选择直线段工具 ╱，按住Shift键在绿色树干上绘制一条直线，如图11-180所示。通过直线用来定义图案缩放的起始位置，在应用该图案时，直线以上的部分会产生缩放，直线以下的部分保持不变。

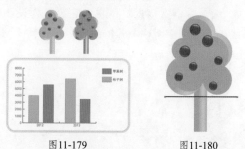

图11-179　　　　图11-180

❷执行"视图>参考线>建立参考线"命令，将直线创建为参考线，如图11-181所示。执行"视图>参考线>锁定参考线"命令，解除参考线的锁定。解除锁定后，该命令前面的"√"号会消失，如图11-182所示。

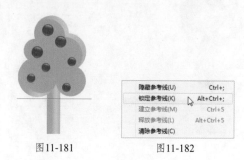

图11-181　　　　图11-182

❸用选择工具 ![] 将创建为参考线的直线和图案同时选择，如图11-183所示。执行"对象>图表>设计"命令，打开"图表设计"对话框，单击"新建设计"按钮，将它们保存为一个新建的设计图案，如图11-184所示，然后关闭对话框。

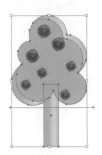

图11-183

图11-184

❹使用编组选择工具 ![] 在绿色的图表图例上单击3下，如图11-185所示。执行"对象>图表>柱形图"命令，打开"图表列"对话框，单击新建的设计图案，然后在"柱形图类型"选项下拉列表中选择"局部缩放"，如图11-186所示。单击"确定"按钮关闭对话框，图表效果如图11-187所示。用同样的方法将红色果树创建为设计图案，应用在图表中，执行"视图>参考线>隐藏参考线"命令隐藏参考线，图表效果如图11-188所示。

❺双击工具箱中任意一个图表工具，打开"图表类型"对话框，设置列宽为100%，簇宽度为90%，如图11-189、图11-190所示。

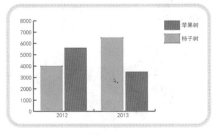

图11-185

图11-186

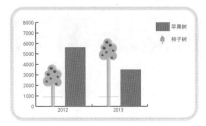

图11-187

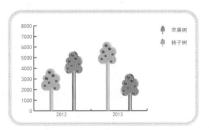

图11-188

图11-189

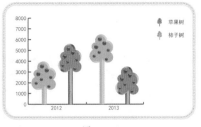

图11-190

# 功能篇

## 第12章

## Web图形与动画

---

## 12.1  关于Web图形

　　Illustrator 提供了大量网页设计编辑工具，可以制作切片、优化图像输出图像等。设计 Web 图形时，所要关注的问题与设计印刷图形截然不同。例如，使用 Web 安全颜色，平衡图像品质和文件大小以及为图形选择最佳文件格式等。

### 12.1.1  使用Web 安全颜色

　　颜色是网页设计的重要方面，然而，我们在自己的电脑屏幕上看到的颜色未必能在其他系统上的Web 浏览器中同样的效果显示。例如，在"颜色"面板和"拾色器"对话框中调整颜色时，经常出现一个警告图标 ，如图12-1所示，它表示当前设置的颜色不能在其他Web浏览器上显示为相同的效果。Illustrator会在该警告旁边提供与当前颜色最为接近的Web安全颜色。单击它，即可将当前颜色替换为最与其接近的Web 安全颜色，如图12-2所示。

图12-1　　　　　　　　图12-2

> 💡 **提示**
>
> 　　创建Web图形时，可以选择"颜色"面板菜单中的"Web 安全RGB"命令，或者在"拾色器"对话框中选择"仅限Web颜色"选项，这样就可以始终在Web安全颜色模式下工作。

### 12.1.2  像素预览模式

　　Illustrator中的像素对齐功能对网页设计师非常重要，通过它可以让对象中的所有水平和垂直段都对齐到像素网格上，以便让描边呈现清晰的外观。如果要启用该功能，可以选择"变换"面板中的"对齐像素网格"选项。此后在任何变换操作中，对象都会根据新的坐标重新对齐像素网格，绘制的新对象也会具有像素对齐属性。

　　如果要了解 Illustrator 如何将对象划分为像素，可以打开一个矢量文件，如图12-3所示，执行"视图>像素预览"命令，然后用缩放工具 放大图稿，当视图放大到 600%时，就可以查看像素网格，如图12-4所示。

图12-3

图12-4

**实用技巧**

**从模板中创建Web文档**

　　Illustrator提供了专用的Web设计模板，包括网页和横幅等。执行"文件>从模板新建"命令，在打开的对话框中选择"空白模板"文件夹，其中就包含了Web模板。

## 12.2 切片和图像映射

　　网页包含许多元素，如HTML 文本、位图图像和矢量图等。在 Illustrator 中，可以使用切片来定义图稿中不同 Web 元素的边界。例如，如果图稿包含需要以 JPEG 格式进行优化的位图图像，其他部分更适合作为 GIF 文件进行优化，则可以

使用切片隔离位图图像，然后分别对它们进行优化，以便减小文件的大小，使下载更加容易。

### 12.2.1 切片的种类

　　Illustrator中包含两种切片，如图12-5所示。子切片是用户创建的用于分割图像的切片，它带有编号并显示切片标记。创建子切片时，Illustrator 会自动在当前切片周围生成用于占据图像其余区域的自动切片。编辑切片时，Illustrator还会根据需要重新生成子切片和自动切片，如图12-6所示。

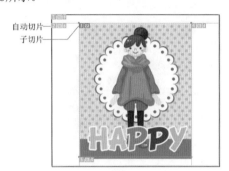

自动切片
子切片

图12-5

图12-6

### 12.2.2 实例演练：创建切片

❶打开光盘中的素材文件。选择切片工具 ✐，在图稿上单击并拖出一个矩形框，如图12-7所示，放开鼠标后，即可创建一个切片，如图12-8所示。按住Shift键拖动鼠标可以创建正方形切片，按住Alt键拖动鼠标可以从中心向外创建切片。

图12-7　　　　　　图12-8

241

❷按下Ctrl+Z快捷键撤销操作。使用选择工具 ，选择多个对象，如图12-9所示，执行"对象>切片>建立"命令，可以为每一个对象创建一个切片，如图12-10所示。如果执行"对象>切片>从所选对象创建"命令，则可以将所选对象创建为一个切片，如图12-11所示。

图12-9　　　　　　　　图12-10

图12-11

> 💡提示
>
> 选择一个切片后，执行"对象>切片>复制切片"命令，可以基于当前切片创建一个新的切片。

❸执行"文件>恢复"命令，撤销所有操作。按下Ctrl+R快捷键显示标尺，如图12-12所示。在水平标尺和垂直标尺上拖出参考线，如图12-13所示。执行"对象>切片>从参考线创建"命令，可以按照参考线的划分方式创建切片，如图12-14所示。

图12-12　　　　　　　　图12-13

图12-14

> 🔗 相关知识链接
>
> 关于参考线的创建和编辑方法，请参阅"3.8.2 实例演练：参考线"。

**12.2.3** 实例演练：创建图像映射

图像映射是指将图像的一个或多个区域（称为热区）链接到一个URL地址上，当用户单击热区时，Web浏览器会载入所链接的文件。

❶打开光盘中的素材文件，如图12-15所示。使用选择工具 选择要链接到URL的对象，如图12-16所示。

图12-15　　　　　　图12-16

❷打开"属性"面板，在"图像映射"下拉列表中选择图像映射的形状，在URL文本框中输入一个相关或完整的URL链接地址，如图12-17所示。

图12-17

❸设置完成后，单击面板中的浏览器按钮 ，启动计算机中默认的浏览器链接到URL位置进行验证，如图12-18所示。

图12-18

**两种图像映射方法**

执行"对象>切片>切片选项"命令，打开"切片选项"对话框，在URL选项中输入网址，也可以在图稿中建立链接。使用图像映射与使用切片创建链接的主要区别在于图稿导出为网页的方式。使用图像映射时，图稿作为单个图像文件保持原样；而使用切片时，图稿被划分为多个单独的文件。此外，图像映射可链接多边形或矩形区域，切片只能链接矩形区域。

## 12.2.4 实例演练：选择与编辑切片

❶打开光盘中的素材文件，如图12-19所示。使用切片选择工具 单击一个切片，将其选择，如图12-20所示。如果要选择多个切片，可按住 Shift 键单击各个切片。

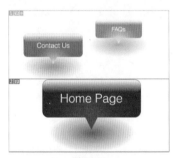

图12-19

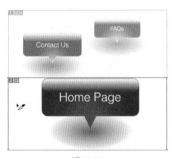

图12-20

提示

自动切片显示为灰色，无法选择和编辑。

❷单击并拖动切片即可移动其位置， Illustrator 会根据需要重新生成子切片和自动切片，如图12-21所示。按住Shift键拖动则可将移动限制在垂直、水平或45°对角线方向上。

❸按住Alt键拖动切片，或执行"对象>切片>复制切片"命令，可以复制切片，如图12-22所示。

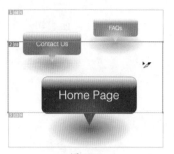

图12-21

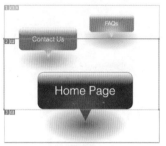

图12-22

❹拖动切片定界框的控制点可以调整切片的大小，如图12-23、图12-24所示。

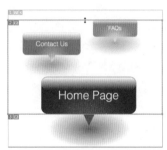

图12-23

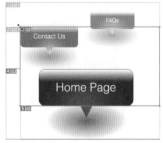

图12-24

提示

如果要将所有切片的大小调整到画板边界，可以执行"对象>切片>剪切到画板"命令。

## 12.2.5 设置切片选项

切片选项决定了切片内容如何在生成的网页中显示，以及如何发挥作用。使用切片选择工具 选择一个切片，如图12-25所示，执行"对象>切片>切片选项"命令，打开"切片选项"对话框。

### 图像

如果希望切片区域在生成的网页中为图像文件，可以在"切片类型"下拉列表中选择"图像"，对话框中会显示如图12-26所示的选项。

图12-25

图12-26

- 名称：可输入切片的名称。

- URL/目标：如果希望图像是HTML链接，可以输入URL和目标框架。设置切片的URL链接地址后，在浏览器中单击该切片图像时，即可链接到URL选项中设置的地址上。

- 信息：可输入当鼠标位于图像上时，浏览器的状态区域中所显示的信息。

- 替代文本：用来设置浏览器下载图像时，未显示图像前所显示的替代文本。

### 无图像

如果希望切片区域在生成的网页中包含HTML文本和背景颜色，可以在"切片类型"下拉列表中选择"无图像"，对话框中会显示如图12-27所示的选项。

图12-27

- 显示在单元格中的文本：用来输入所需的文本。但要注意的是，输入的文本不要超过切片区域可以显示的长度。如果输入了太多的文本，它将扩展到邻近的切片并影响网页的布局。

- 文本是HTML：使用标准的HTML标记设置文本格式。

- 水平/垂直：可更改表格单元格中文本的对齐方式。

- 背景：用来设置切片图像的背景颜色。如果要创建自定义的颜色，可以选择"其他"选项，然后在打开的"拾色器"对话框中进行设置。

### HTML文本

选择文本对象，并执行"对象>切片>建立"命令创建切片后，才能在"切片类型"下拉列表中选择"HTML文本"选项，此时，对话框中会显示如图12-28所示的选项。我们可以通过生成的网页中基本的格式属性将Illustrator文本转换为HTML文本。如果要编辑文本，可更新图稿中的文本。设置"水平"和"垂直"选项，可以更改表格单元格中文本的对齐方式。在"背景"选项中可以选择表格单元格的背景颜色。

图12-28

## 12.2.6 划分切片

使用切片选择工具 ![] 选择一个切片，如图12-29所示，执行"对象>切片>划分切片"命令，打开"划分切片"对话框，如图12-30所示。在对话框中设置选项可以将所选切片划分为多个切片。

图12-29

图12-30

- 水平划分为：可以设置切片的水平划分数量。选择"个纵向切片，均匀分隔"单选钮时，可以在它前面的文本框中输入划分的精确数量。例如，如果希望水平划分为4个切片，可输入4，如图12-31所示；选择"像素/切片"单选钮时，可以在它前面的文本框中输入水平切片的间距，Illustrator会自动划分

切片，图12-32所示是设置间距为10的划分结果。

- 垂直划分为：可以设置切片的垂直划分数量，它也包含两种划分方式。

图12-31

图12-32

## 12.2.7 组合切片

使用切片选择工具 ![] 选择多个切片，如图12-33所示，执行"对象>切片>组合切片"命令，可以将它们组合为一个切片，如图12-34所示。如果被组合的切片不相邻，或者具有不同的比例或对齐方式，则新切片可能与其他切片重叠。

图12-33

图12-34

## 12.2.8 锁定切片

锁定切片可以防止由于操作不当而调整了切片的大小或移动了切片。如果要锁定单个切片，可在"图层"面板中将其锁定，如图12-35、图12-36所示。如果要锁定所有切片，可以执行"视图>锁定切片"命令。再次执行该命令，可解除锁定。

245

图12-35

图12-36

### 12.2.9 显示与隐藏切片

执行"视图>隐藏切片"命令，可以隐藏画板中的切片。如果要重新显示切片，可以执行"视图>显示切片"命令。

> **提示**
>
> 执行"编辑>首选项>切片"命令，可以在打开的"首选项"对话框中设置切片线条的颜色，以及是否显示切片的编号。

### 12.2.10 释放与删除切片

使用切片选择工具 选择切片，执行"对象>切片>释放"命令，可以释放切片，对象将恢复为创建切片前的状态。如果按下Delete键，则可将其删除。如果要删除当前文档中所有的切片，可以执行"对象>切片>全部删除"命令。

## 12.3 优化切片

创建切片后，可以使用"存储为Web所用格式"命令对切片进行优化，以减小图像文件的大小。

### 12.3.1 存储为Web所用格式

执行"文件>存储为Web所用格式"命令，打开"存储为Web所用格式"对话框，如图12-37所示。在对话框中可以设置优化选项以及预览优化的结果，设置完成后，单击"存储"按钮，即可将图稿保存为可以在Web上使用的格式。

- 显示选项：单击"原稿"选项卡，可以显示没有优化的图像；单击"优化"选项卡，可以显示应用了当前优化设置的图像；单击"双联"选项卡，可以并排显示图像的两个版本，即优化前和优化后的图像，如图12-38所示。

图12-38

**知识拓展**

**通过文件大小平衡图像品质**

在 Web 上发布图像时，创建较小的图形文件非常重要。使用较小的文件，Web 服务器能够更加高效地存储和传输图像，而用户则能够更快地下载图像。在"存储为Web所用格式"对话框中显示多个版本时，每一个窗口的下面都显示了图像的格式、文件大小以及估计的下载时间等信息。通过观察这些信息，可以对参数和优化结果进行对比，找出一个最佳的优化方案。

- 缩放工具 ：单击可放大图像的显示比例，按住Alt键单击则缩小图像的显示比例。

- 抓手工具 ：放大窗口的显示比例后，可使用该工具在窗口内移动图像。

图12-37

- 切片选择工具 ：当图像包含多个切片时，可以使用该工具选择窗口中的切片，以便对其进行优化。

- 吸管工具 /吸管颜色：使用吸管工具 在图像上单击，可以拾取单击点的颜色。拾取的颜色会显示在该工具下方的颜色块中。

- 切换切片可视性 ：单击该按钮，可以显示或隐藏切片。

- 注释区域：在对话框中，每个图像下面的注释区域都会显示一些信息。其中，原稿图像的注释显示了文件名和文件大小，如图12-39所示；优化图像的注释区域显示了当前优化选项、优化文件的大小以及颜色数量等信息，如图12-40所示。

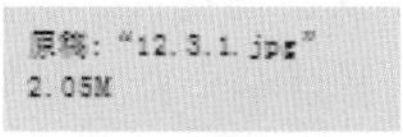

原稿："12.3.1.jpg"
2.05M

图12-39

GIF                100% 仿色
319.4K              "可选择"调板
                       256 色

图12-40

- 缩放文本框：可输入百分比值来缩放窗口，也可以单击按钮 ，在打开的下拉列表中选择预设的缩放值。

- 状态栏：当光标在图像上移动时，状态栏中会显示光标所在位置图像的颜色信息，如图12-41所示。

- 预览：单击该按钮，可以使用默认的浏览器预览优化的图像，同时，还可以在浏览器中查看图像的文件类型、像素尺寸、文件大小、压缩规格和其他 HTML 信息，如图12-42所示。

图12-41

图12-42

### 12.3.2 选择最佳的文件格式

不同类型的Web图形需要存储为不同的文件格式，才能够以最佳的方式显示，并创建为适合Web上发布和浏览的文件大小。在"存储为Web所用格式"对话框中，可以为Web图形选择文件格式，如图12-43所示。

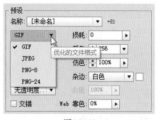

图12-43

Web图形格式可以是位图（栅格）也可以是矢量图。位图格式（GIF、JPEG、PNG）与分辨率有关，这意味着位图图像的尺寸会随显示器分辨率的不同而发生变化，图像品质也可能会发生改变。矢量格式（SVG和SWF）与分辨率无关，我们可以对图形进行放大或缩小，而不会降低其品质。矢量格式也可以包含栅格数据。在"存储为Web所用格式"中可以将图稿导出为SVG和SWF格式。

相关知识链接

关于GIF、JPEG、PNG等格式的详细说明，请参阅"1.1.2 文件格式"。

### 12.3.3 在优化时调整图稿大小

在"存储为 Web所用格式"对话框中，"图像大小"选项组可以调整图像的大小，如图12-44

所示。其中"原稿"选项内显示了原始图像的大小。在"宽度"和"高度"选项中可以输入新的像素尺寸，也可在"百分比"选项中指定图像大小的百分比，从而调整图像的大小。勾选"剪切到画板"选项，可以剪切图片图稿以匹配文档的画板边界，画板边界外部的图稿将被删除。

图12-44

## 12.3.4 自定义颜色表

GIF和PNG-8文件支持8位颜色，可以显示多达256种颜色。确定使用哪些颜色的过程称为建立索引，因此，GIF和PNG-8格式图像有时也称为索引颜色图像。

在"存储为Web所用格式"对话框中，将文件格式设置为GIF或PNG-8以后，如图12-45所示，即可在"颜色表"选项组中自定义图像中的颜色，如图12-46所示。适当减少颜色数量可以减小图像的文件大小，同时保持图像的品质。

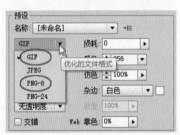

图12-45

图12-46

- 添加颜色：选择对话框中的吸管工具 🖊️，在图像中单击拾取颜色后，单击"颜色表"选项组中的 🔲 按钮，可以将当前颜色添加到颜色表中。通过新建颜色可以添加在构建颜色表时遗漏的颜色。

- 选择颜色：单击颜色表中的一个颜色即可选择该颜色，光标在颜色上方停留还会显示颜色的颜色值，如图12-47所示。如果要选择多个颜色，可以按住Ctrl键分别单击它们。按住Shift键单击两个颜色时，可以选择这两个颜色之间的行中的所有颜色。如果要取消选择所有颜色，可在颜色表的空白处单击。

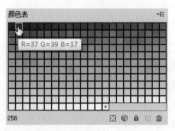

图12-47

- 修改颜色：双击颜色表中的颜色，可以打开"拾色器"修改颜色，如图12-48所示。关闭"拾色器"对话框后，调整前的颜色会出现在色板的左上角，新颜色出现在右下角，如图12-49所示。

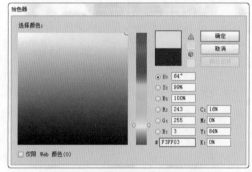

图12-48

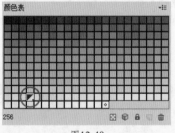

图12-49

- 将颜色映射到透明度：如果要在优化的图像中添加透明度，可以在颜色表中选择一种或多种颜色，如图12-50所示，然后单击"颜色表"选项组底部的 ⊠ 按钮，即可将所选颜色映射至透明，如图12-51所示。

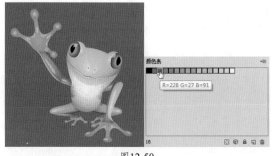

图12-50

图12-51

- 将颜色转换为最接近的 Web 调板等效颜色：选择一种或多种颜色，单击"颜色表"选项组底部的 按钮，可以将当前颜色转换为Web调板中与其最接近的Web安全颜色。

- 锁定和解锁颜色：选择一种或多种颜色，单击"颜色表"选项组底部的 按钮，可以锁定所选的颜色。在减少颜色表中的颜色数量时，如果想要保留某些重要的颜色，可以将其锁定。如果要取消颜色的锁定，可以将其选择，然后再单击 按钮。

- 删除颜色：选择一种或多种颜色后，单击"颜色表"选项组底部的 按钮，可以删除所选颜色。删除颜色可以减小文件的大小。

## 12.4 创建动画

在 Illustrator 中，可以方便、快速地创建动画所需的各种图稿，通过画笔、符号、混合等功能简化动画的制作流程。将文件保存为GIF或SWF格式后，便可以导入到Flash中制作动画。我们还可以将Illustrator图稿复制并粘贴到 Flash 中，或者将其直接移动到 Flash Player 中。

### 12.4.1 关于Flash图形

Flash (SWF) 文件格式是一种基于矢量的图形文件格式，它用于适合 Web 的可缩放小尺寸图形。由于这种文件格式基于矢量，因此，图稿可以在任何分辨率下保持其图像品质，并且非常适于创建动画帧。在 Illustrator 中，可以在图层上创建单独的动画帧，然后将图像图层导出到网站上使用的单独帧中。也可以在 Illustrator 文件中定义符号以减小动画的大小。在导出后，每个符号仅在 SWF 文件中定义一次。

**提示**

可以使用"文件>导出"命令或"文件>存储为Web所用格式"命令将图稿存储为SWF 文件。"导出"命令可以对动画和位图压缩进行最大程度的控制。"存储为Web所用格式"命令对在切片布局中混合使用 SWF 和位图格式可以进行较大程度的控制。

**知 识 拓 展**

**动画制作技巧**

- 在Illustrator中创建Flash动画时，应为动画中的每一帧创建单独的图层。

- 要确保图层的顺序与动画帧的播放顺序一致。

- 可以使用符号来创建动画对象，这样能够减小动画文件的大小，并简化作品。

### 12.4.2 实例演练：制作图层动画

Illustrator 中有许多可用来创建 Flash 动画的方法。最容易的一种是在单独的 Illustrator 图层上放置每个动画帧，并在导出图稿时选择"AI 图层到SWF 帧"选项。

❶打开光盘中的素材文件，如图12-52所示。它包含两个图层，如图12-53所示。"图层1"是背景，"图层2"中是一个卡通形象。我们要通过调整卡通人的动作制作动画。

图12-52　　　　　　图12-53

❷选择这个卡通人，按下Alt键向右拖动进行复制，如图12-54所示。

图12-54

❸这个卡通人已经编组，选取图形时可以使用编组选择工具 ▶⁺，先来调整蓝色气球和眼泪的位置，如图12-55所示；调整气球线时要使用直接选择工具 ▶，在如图12-56所示的锚点上单击，选取锚点后拖到气球下面，如图12-57所示；用同样的方法调整第三个卡通人，将气球移动到左侧，泪珠的位置接近地面，效果如图12-58所示。

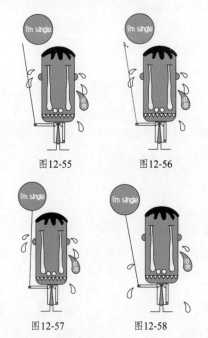

图12-55　　　　　　图12-56

图12-57　　　　　　图12-58

❹使用选择工具 ▶ 选取卡通人，对齐排列在一起，如图12-59所示。选择"图层2"，单击 ▾☰ 按钮打开面板菜单，选择"释放到图层（顺序）"

命令，如图12-60所示，将对象释放到单独的图层中，如图12-61所示。

图12-59　　　　　　图12-60

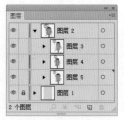

图12-61

❺执行"文件>导出"命令，打开"导出"对话框，在"保存类型"下拉列表中选择"Flash（＊.SWF）"格式，单击"保存"按钮，弹出"SWF选项"对话框，在"导出为"下拉列表中选择"AI图层到SWF帧"，如图12-62所示；单击"高级"按钮，切换到下一个面板，设置参数如图12-63所示；单击"确定"按钮保存文件。在保存该文件的文件夹中，双击它，就可以查看动画效果了，如图12-64所示。

图12-62　　　　　　图12-63

图12-64

功能篇

第13章

任务自动化

## 13.1　创建动作

　　动作是指在单个文件或一批文件上播放的一系列任务，如菜单命令、面板选项、工具动作等。例如，我们可以将修改文档颜色模式、绘制图形、对图形应用效果等操作录制为动作，此后需要进行相同的操作时，便可以使用动作来自动完成。

### 13.1.1　"动作"面板

　　"动作"面板可以记录、播放、编辑和删除各个动作，还可以存储和载入动作文件，如图13-1所示。

图13-1

● 切换项目开/关 ✓：如果动作集、动作和命令前显示有该图标，表示这个动作集、动作和命令可以执行；如果动作集或动作前没有该图标，表示该动作集或动作不能被执行；如果某一命令前没有该图标，则表示该命令不能被执行。

● 切换对话开/关 □：如果命令前显示该图标，表示动作执行到该命令时会暂停，并打开相应的对话框，此时可修改命令的参数，按下"确定"按钮可继续执行后面的动作；如果动作集和动作前出现该图标并变为红色，则表示该动作中有部分命令设置了暂停。

● 动作集：动作集是一系列动作的集合。

● 动作：动作是一系列命令的集合。

● 命令：录制的操作命令。单击命令前的 ▶ 按钮可以展开命令列表，显示该命令的具体参数。

● 停止播放/记录 ■：用来停止播放动作和停止记录动作。

● 开始记录 ●：单击该按钮，可记录动作。处于记录状态时，按钮会变为红色。

● 播放当前所选的动作 ▶：选择一个动作后，单击该按钮可以播放该动作。

● 创建新动作集 □：单击该按钮，可创建一个新的动作集，以保存新建的动作。

● 创建新动作 □：单击该按钮，可创建一个新的动作。

● 删除 🗑：选择动作集、动作和命令后，单击该按钮可将其删除。

### 13.1.2　实例演练：录制动作

❶打开光盘中的素材文件，如图13-2所示。单击"动作"面板中的创建新动作集按钮 □，打开"新建动作集"对话框，输入动作集名称，如图

13-3所示，单击"确定"按钮，新建一个动作集，如图13-4所示。我们下面录制的动作会保存在该动作集中，以便与其他动作进行区分，如果没有创建新的动作集，则录制的动作会保存在当前选择的动作集中。

图13-2

图13-3

图13-4

❷单击创建新动作按钮 ▣ ，打开"新建动作"对话框，输入动作的名称，如图13-5所示，单击"记录"按钮，新建一个动作，此时开始记录按钮会变为红色，如图13-6所示。

图13-5

图13-6

❸执行"选择>全部"命令，选择图稿。执行"对象>封套扭曲>用变形建立"命令，打开"变形选项"对话框，选择"旗形"样式并设置参数，如图13-7所示，对图像进行扭曲，效果如图13-8所示。

图13-7

图13-8

❹执行"文件>存储为"命令，将文件保存为AI格式。执行"文件>关闭"命令，关闭文档。

❺单击"动作"面板中的停止播放/记录按钮 ■ ，完成动作的录制，如图13-9所示。

图13-9

### 13.1.3 实例演练：对文件播放动作

❶打开光盘中的素材文件，如图13-10所示。使用选择工具 ▶ 单击图像，将其选择。

❷在"动作"面板中选择我们前面创建的"变形动作"，如图13-11所示。单击播放选定的动作按钮 ▶ ，即可播放该动作，Illustrator会将该图像也处理为旗帜状扭曲效果，如图13-12所示。

图13-10

图13-11

图13-12

## 13.1.4 实例演练：批处理

批处理命令可以对文件夹中的所有文件播放动作，也可以为带有不同数据组的数据驱动图形合成一个模板。通过批处理来完成大量相同的、重复性的操作可以节省时间，提高工作效率。

❶在进行批处理前，首先应该在"动作"面板中记录好动作，在"存储为"和"关闭"命令的切换项目开/关按钮上单击，从动作中排除这两个命令，如图13-13所示，其次将需要处理的文件保存到一个文件夹中，如图13-14所示。

❷在以上工作完成后，执行"动作"面板菜单中的"批处理"命令，如图13-15所示，打开"批处理"对话框。

图13-13

图13-14

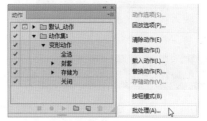

图13-15

❸在"播放"选项中选择要播放的动作，在"源"选项中选择"文件夹"，然后单击"选取"按钮，选择要处理的文件所在的文件夹，如图13-16所示，在"目标"选项中选择"文件夹"，单击"选取"按钮，指定处理后的文件的保存位置，如图13-17所示。最后单击"确定"按钮即可进行批处理，处理后的图像效果如图13-18所示。

图13-16

图13-17

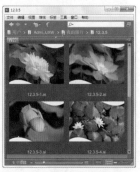

图13-18

## 13.2 编辑动作

在Illustrator中创建动作后，可以在动作中加入各种命令、插入停止，也可以在播放动作时修改参数设置或者重新记录动作。

### 13.2.1 实例演练：在动作中插入不可记录的任务

在Illustrator中，并非所有的任务都能直接记录为动作。例如，"效果"和"视图"菜单中的命令，用于显示或隐藏面板的命令，以及使用选择、钢笔、画笔、铅笔、渐变、网格、吸管、实时上色和剪刀等工具。虽然它们不能直接记录为动作，但可以插入到动作中。

❶在"动作"面板中选择一个命令，如图13-19所示。执行面板菜单中的"插入菜单项"命令，如图13-20所示，打开"插入菜单项"对话框。

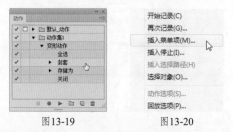

图13-19                    图13-20

❷执行"效果>像素化>彩色半调"命令，该命令将显示在对话框中，如图13-21所示。单击"确定"按钮，即可在动作中插入该命令，如图13-22所示。

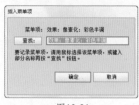

图13-21

图13-22

### 13.2.2 插入停止

如果编辑操作中有动作无法记录的任务，如使用绘图工具进行的操作等，可在动作中插入停止，让动作播放到某一步时暂停，以便手动进行操作处理。完成任务后，单击"动作"面板中的 ▶ 按钮，可播放后续的动作。

在"动作"面板中选择一个命令，如图13-23所示。执行"动作"面板菜单中的"插入停止"命令，打开"记录停止"对话框，输入提示信息并选择"允许继续"选项，以便停止动作以后，可以继续播放动作，如图13-24所示，单击"确定"按钮，即可插入停止，如图13-25所示。

图13-23                    图13-24

图13-25

### 13.2.3　播放动作时修改设置

如果要在播放动作的过程中修改某个动作命令的设置，可以插入一个模态控制，当播放到这一命令时使动作暂停，我们就可以在打开的对话框中修改参数，或者使用工具处理对象。

模态控制由"动作"面板中的命令、动作或动作集左侧的 ☐ 图标来表示。如果要为动作中某个命令启用模态控制，可单击该命令名称左侧的框，如图13-26所示。如果要为动作中所有命令启用或停用模态控制，可单击动作名称左侧的框，如图13-27所示。如果要为动作集中所有动作启用或停用模态控制，可单击动作集名称左侧的框，如图13-28所示。如果要停用模态控制，可单击 ☐ 图标。

図13-26　　　　　図13-27

図13-28

### 13.2.4　指定回放速度

在Illustrator中，我们可以根据需要调整动作的播放速度，以便对动作进行调试，观察每一个命令产生的结果。执行"动作"面板菜单中的"回放选项"命令，打开"回放选项"对话框，如图13-29所示。

図13-29

- 加速：默认设置，以正常的速度播放动作，动作的播放速度较快。

- 逐步：完成每一个命令时都显示处理结果，然后再进入到下一个命令，动作的播放速度较慢。

- 暂停：选择该选项并在它右侧的文本框中输入时间，可指定播放动作时的每个命令之间暂停的时间量。

### 13.2.5　编辑和重新记录动作

如果要向动作组中添加新的动作，可以选择一个动作或者命令，单击开始记录按钮 ●，此时可记录其他命令，完成后，单击停止播放/记录按钮 ■，新动作就会添加到所选动作或命令的后面。

如果要重新记录单个命令，可以选择与要重新记录的动作类型相同的对象。例如，如果一个任务只可用于矢量对象，重新记录时必须也选择一个矢量对象。在"动作"面板中双击该命令，然后在打开的对话框中输入新值，再单击"确定"按钮记录修改结果。

### 13.2.6　从动作中排除命令

在播放动作时，如果要排除单个命令，可单击该命令左侧的切换项目开关 ✔，清除该图标，如图13-30所示。如果要排除一个动作或动作集中的所有命令或动作，可单击该动作名称或动作集名称左侧的切换项目开关 ✔ 图标，清除该图标，如图13-31所示。如果要排除所选命令之外的所有命令，可按住Alt键单击该命令前的 ✔ 图标。

図13-30　　　　　図13-31

## 13.3 脚本

脚本是使用一种特定的描述性语言，依据一定的格式编写的可执行文件，又称作宏或批处理文件。

### 13.3.1 运行脚本

如果要运行脚本，可以从"文件>脚本"下拉菜单中选择一个脚本，或执行"文件>脚本>其他脚本"命令，然后导航到一个脚本。运行脚本时，计算机会执行一系列操作，这些操作可能只涉及Illustrator，也可能涉及其他应用程序，如文字处理、电子表格和数据库管理程序。

### 13.3.2 安装脚本

用户可以将脚本复制到计算机的硬盘上。如果将脚本放置到 Adobe Illustrator CC脚本文件夹中，该脚本将出现在"文件>脚本"下拉菜单中。如果将脚本放置到硬盘上的另一个位置，则可以通过选择"文件>脚本>其他脚本"命令，在Illustrator 中运行该脚本。

## 13.4 数据驱动图形

数据驱动图形是专为用于协同工作环境而设计的，它能够快捷又精确地制作出图稿的多个版本，简化设计者与开发者在大量出版环境中共同合作的方式。例如，如果要根据同一模板制作 500 个各不相同的 Web 横幅，可借助数据驱动图形，使用引用数据库的脚本来自动生成 Web 横幅。

### 13.4.1 数据驱动图形的应用

在Web设计、出版等行业，制作大量的相似格式的图形时，传统工作方式一直是由手工完成的。当更新含有新数据的图形时非常麻烦，修改网页中的信息也需要花很多的时间。

Illustrator中的数据驱动图形功能可以简化这种工作流程。通过"变量"面板，设计师可以将作品中的要素——图像、文本、图表或者绘制的图形定义为变量，然后制定草案来代替这些变量。例如，有一个需要每周更新销售和信息报告的网站，每种产品和一个销售数据对应并且有一个图像去标识它。首先需要设计师制作一个模板，其中包括用来放置产品名称的格式化文本块，放置图表的图表框以及放置图像的图像框，然后用"变量"面板将上述的每一项定义为一个变量。使用简单的数据，设计师就能够创建数个数据组，标明产品的名称和图像是如何显现在网页上的。

模板设计被确定和通过后，它就会被移交给开发商。开发商把模板中的变量链接到数据库，以便自动为每个数据组创建一个独特的图形。加入新的产品或者修改已存在的产品成为一项简单的数据管理工作，而不需要动用其他的部门和资源。

下面举些例子来说明数据驱动图形是如何担当不同任务角色的。

- 对于设计师来说，可以通过创建一个模板来控制作品中的动态元素。当把模板交付生产时，可确保只有可变数据改变。

- 对于开发人员来说，可以把变量和数据组作为代码直接写入某个 XML 文件，然后，设计师就可以把变量和数据组导入一个 Illustrator 文件，从而根据技术要求完成一项设计。

- 对于负责制作的人员来说，可以用 Illustrator 中的脚本、批处理命令或者诸如 Adobe GoLive 6.0 这类 Web 制作工具来渲染最终图稿，还可以用 Adobe Graphics Server 这类动态图像服务器进一步自动完成渲染过程。

### 13.4.2 "变量"面板

"变量"面板可以处理变量和数据组，如图 13-32所示。文档中每个变量的类型和名称均列在面板中，如果变量绑定到一个对象，则"对象"列将显示绑定对象在"图层"面板中显示的名称。

图13-32

- 捕捉数据组 📷：建立一个链接变量后，单击该按钮，可创建新的数据组。如果修改变量的数值，则数据组的名称将以斜体字显示。

- 变量类型/变量名称：显示了变量的类型和名称。其中，👁 为可视性变量；T 为文本字符串变量；🖼 为链接的文件变量；📊 为图表数据变量；∅ 为无类型（未绑定）变量。

- 上一数据组◀/下一数据组▶：单击上一数据组按钮◀可转到上一个数据组，单击下一数据组按钮▶则转到下一个数据组。

- 锁定变量 🔒：单击该按钮，可以锁定变量。变量被锁定后，不能进行新建、删除和编辑等操作。

- 建立动态对象 🖼：将变量绑定至对象，以制作对象的内容动态。

- 建立动态可视性 👁：将变量绑定至对象，以制作对象的可视性动态效果。

- 取消绑定变量 🔗：取消变量与对象之间的绑定。

- 新建变量 🔳：单击该按钮可以创建未绑定变量，变量前会显示一个∅状图标。

- 删除变量 🗑：用来删除变量。如果删除绑定至某一对象的变量，则该对象会变为静态。

## 13.4.3 创建变量

在 Illustrator 中可以创建4种类型的变量，分别是图表数据、链接的文件、文本字符串和可视性。变量类型显示了对象的哪些属性是动态的。

- 如果要创建可视性变量，可以选择要显示或隐藏的对象，然后单击"变量"面板中的建立动态可视性按钮 👁。建立可视性变量后，可以隐藏或显示对象。

- 如果要创建文本字符串变量，可以选择文字对象，然后单击"变量"面板中的建立动态对象按钮 🖼。建立文本字符串变量后，可以将任意属性应用到该文本上。

- 如果要创建链接文件变量，可以选择链接的文件，然后单击"变量"面板中的建立动态对象按钮 🖼。建立链接文件变量后，可以自动更新链接图形。

- 如果要创建图表数据变量，可以选择图表对象，然后单击"变量"面板中的建立动态对象按钮 🖼。建立图表数据变量后，可以将图表数据链接到数据库，修改数据库时，图表会自动更新数据。

- 如果要创建变量但不将其与对象绑定，可以单击"变量"面板中的新建变量按钮 🔳。随后要将一个对象绑定到该变量，可选择相应的对象和变量，然后单击建立动态可视性按钮 👁，或单击建立动态对象按钮 🖼。

## 13.4.4 使用数据组

数据组就是变量及其相关数据的集合。创建数据组时，要抓取画板上当前所显示动态数据的一个快照。单击"变量"面板中的捕捉数据组按钮 📷，即可创建新的数据组。当前数据组的名称显示在"变量"面板的顶部，如图13-33所示，单击◀按钮和▶按钮可以切换数据组，如图13-34所示。如果变更某变量的值导致不再反映该组中所存储的数据，则该数据组的名称将以斜体显示。此时可以新建一个数据组，或者更新该数据组以使用新的数据覆盖原数据。

图13-33

图13-34

# 功能篇

## 第14章

## 打印

## 14.1 打印

"文件"菜单中的"打印"命令可以打印Illustrator图稿。在该命令的对话框中，每类选项（从"常规"选项到"小结"选项）都是为了指导用户完成文档的打印过程而设计的。

### 14.1.1 "打印"对话框选项

执行"文件>打印"命令，打开"打印"对话框，如图14-1所示。要显示一组选项，可以在对话框左侧选择该组的名称，如图14-2所示。

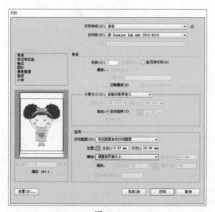

图14-1

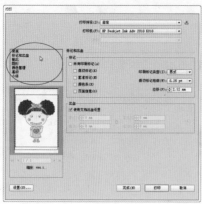

图14-2

- 常规：可以设置页面大小和方向、指定要打印的页数、缩放图稿，指定拼贴选项以及选择要打印的图层。

- 标记和出血：可以选择印刷标记与创建出血。

- 输出：可以创建分色。

- 图形：可以设置路径、字体、PostScript 文件、渐变、网格和混合的打印选项。

- 颜色管理：可以选择一套打印颜色配置文件和渲染方法。

- 高级：可以控制打印期间的矢量图稿拼合（或可能栅格化）。

- 小结：可以查看和存储打印设置小结。

实用技巧

**打印渐变、网格和颜色混合**

直接在Illustrator中打印渐变、网格和颜色混合时，某些打印机可能难以平滑地打印因此，有可能出现不连续的色带，或者根本不能打印这样的文件。如遇这种情况，可以执行"文件>存储为"命令，将图稿导出为PDF格式，然后再从Adobe Reader、Photoshop，以及打印机程序中打印PDF图稿。

## 14.1.2 设置打印机和打印份数

在"打印"对话框中，Illustrator提供了打印机、打印份数的可选选项，如图14-3所示。

图14-3

- 打印预设：可以选择一个预设的打印文件，使用它来完成打印作业。

- 打印机：可以选择一种打印机。如果要打印到文件而不是打印机，可以选择"Adobe PostScript 文件"或"Adobe PDF"。

- PPD：PPD（PostScript Printer Description）文件用来定制用户指定的 PostScript 打印机驱动程序的行为。这个文件包含有关输出设备的信息，其中包括打印机驻留字体，可用介质大小及方向，优化的网频、网角、分辨率以及色彩输出功能。当打印到 PostScript 打印机、PostScript 文件或 PDF 时，Illustrator 会自动使用该设备的默认 PPD。在该选项下拉列表中也可以切换到其他 PPD。

- 份数：可以设置图稿的打印份数。

## 14.1.3 重新定位页面上的图稿

在"打印"对话框中，有一个预览图像，如图14-4所示，它显示了图稿在页面中的打印位置。在预览图像上单击并拖动鼠标，可以调整图稿的打印位置，如图14-5所示。如果要精确定义或者微调图稿的位置，可以在"X"和"Y"选项中输入数值，如图14-6所示。

图14-4　　　　图14-5

图14-6

## 14.1.4 打印多个画板

如果要将所有画板都作为单独的页面打印，可以在"打印"对话框中选择"全部页面"选项，如图14-7所示。如果要将各个画板作为单独页打印，可选择"范围"选项，然后指定要打印的画板。如果勾选"跳过空白画板"选项，在打印时，可自动跳过不包含图稿的空白画板。

图14-7

## 14.1.5 打印时自动旋转画板

在"打印"对话框中，"取向"选项组可以设置页面的方向，如图14-8所示。勾选"自动旋转"选项，文档中所有画板都可以自动旋转，以适应所选媒体的大小。如果要自定义打印方向，可以按下 其中的一个按钮。如果使用支持横向打印和自定页面大小的 PPD，则可以选择"横向"，使打印图稿旋转90°。

图14-8

## 14.1.6 在多个页面上拼贴图稿

默认情况下，Illustrator会将每个画板打印在一张纸上。如果图稿超过打印机上的可用页面大小，则我们可以将其打印在多个纸张上。

在"打印"对话框中选择"拼版"选项（如果文档有多个画板，应先选择"忽略画板"选项，或在"范围"选项中指定 1 页并在"缩放"下拉列表中选择"调整到页面大小"），然后在"缩放"下拉列表中选择一个选项，如图14-9所示。

图14-9

● 拼贴整页：可以将画板划分为全介质大小的页面以进行输出。

● 拼贴可成像区域：根据所选设备的可成像区域，将画板划分为一些页面。在输出大于设备可处理的图稿时，该选项非常有用，因为我们可以将拼贴的部分重新组合成原来的较大图稿。

### 14.1.7 调整页面大小

在"打印"对话框中，"介质大小"下拉列表中包含了Illustrator预设的打印介质选项，如图14-10所示。例如，如果要将图稿打印到A4纸上，可以选择"A4"选项。如果打印机的PPD文件允许，我们还可以自定义打印尺寸。操作方法是在"介质大小"下拉列表中选择"自定"选项，然后在"宽度"和"高度"文本框中指定一个自定义的页面大小，如图14-11所示。

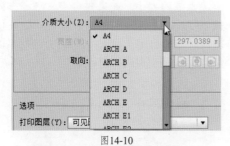

图14-10

图14-11

### 14.1.8 为打印缩放文档

如果要将一个超大的文档打印在小于图稿实际尺寸的纸张上，可以在"打印"对话框中调整文档的宽度和高度。

如果要自动缩放文档使之适合页面，可以在"缩放"下拉列表中选择"调整到页面大小"，如图14-12所示。缩放百分比由所选PPD定义的可成像区域决定。如果要自定义打印尺寸，可以选择"自定"选项，然后在"宽度"和"高度"文本框中输入介于1到1 000之间的数值，如图14-13所示。

图14-12

图14-13

**提示**

自定义"宽度"和"高度"值时，按下这两个选项中间的按钮，可进行等比缩放；让这个按钮弹起，则可进行非对称缩放。非对称缩放很有用。例如，当打印柔性版印刷机上用的胶片时，如果知道印版在印鼓上的安装方向，就可以用缩放补偿2%到3%的印版常见拉伸量。缩放并不影响文档中页面的大小，只是改变文档打印的比例。

### 14.1.9 修改打印分辨率和网频

在Illustrator中打印时，使用默认的打印机分辨率和网频时打印效果最快最好。但有些情况下可能需要更改打印机分辨率和网线频率，例如在画一条很长的曲线路径但因极限检验错误而不能打印、打印速度缓慢或者打印时渐变和网格出现色带等。

如果要修改打印分辨率和网频，可以单击"打印"对话框中的"输出"选项，然后在"打印机分辨率"下拉列表中选择所需选项，如图14-14所示。

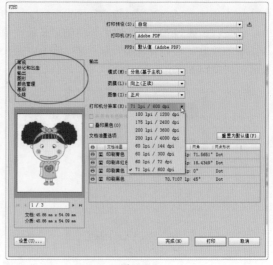

图14-14

**打印机分辨率、网频**

打印机分辨率以每英寸产生的墨点数(dpi) 度量。多数桌面激光打印机的分辨率为 600 dpi，照排机的分辨率为 1200 dpi 或更高。喷墨打印机所产生的实际上不是点而是细小的油墨喷雾，大多数喷墨打印机的分辨率都在 300 到 720 dpi 之间。

当打印到桌面激光打印机尤其是照排机时，还必须考虑网频。网频是打印灰度图像或分色稿所使用的每英寸半色调网点数。网频又叫网屏刻度或线网，以半色调网屏中的每英寸线数(lpi，即每英寸网点的行数) 度量。

## 14.1.10 打印分色

在印刷图像时，印刷商通常将图像分为四个印版（称为印刷色），分别用于图像的青色、洋红色、黄色和黑色四种原色。在这种情况下，要为每种专色分别创建一个印版。当着色恰当并相互套准打印时，这些颜色组合起来就会重现原始图稿。图14-15所示为用彩色激光打印机打印的复合图像与用照排机打印的四色分色图像的对比图。

如果要打印分色，可在"打印"对话框左侧列表中选择"输出"选项，然后将"模式"设置为"分色（基于主机）"或"In-RIP 分色"，为分色指定药膜、图像曝光和打印机分辨率，如图14-16所示，最后单击"打印"按钮进行打印。

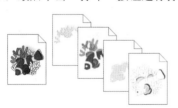

图14-15

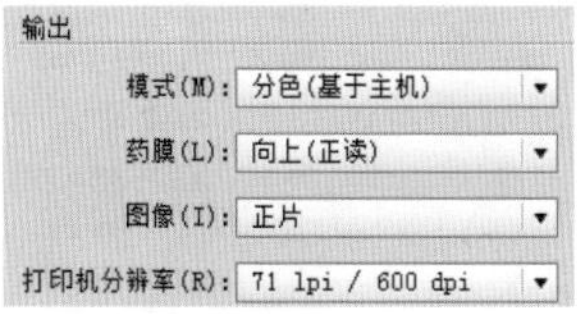

输出

| | |
|---|---|
| 模式(M)： | 分色(基于主机) ▼ |
| 药膜(L)： | 向上(正读) ▼ |
| 图像(I)： | 正片 ▼ |
| 打印机分辨率(R)： | 71 lpi / 600 dpi ▼ |

图14-16

**什么是分色**

将图像分成两种或多种颜色的过程称为分色。用来制作印版的胶片则称为分色片。

## 14.1.11 印刷标记和出血

标记是指为打印准备图稿时，打印设备需要精确套准图稿元素并校验正确颜色的几种标记，如图14-17所示。出血则是指图稿位于印刷边框、裁切线和裁切标记之外的部分。在"打印"对话框中，单击左侧列表中的"标记和出血"选项，可添加标记和出血，如图14-18所示。

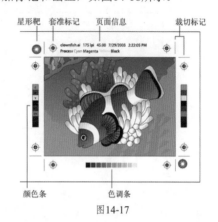

图14-17

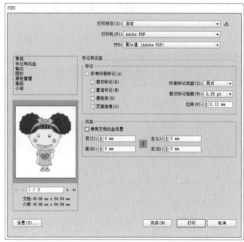

图14-18

在"标记"选项组中，可以选择需要添加的印刷标记的种类。还可以在西式和日式标记之间选择。在"出血"选项组中的"顶"、"左"、"底"和"右"文本框中输入相应值，可以指定出血标记的位置。

**提示**

出血大小取决于其用途。印刷出血（即溢出印刷页边缘的图像）至少要有 18 磅。如果出血的用途是确保图像适合准线，则不应超过 2 或 3 磅。

## 14.2 叠印

默认情况下，在打印不透明的重叠色时，上方颜色会挖空下方的区域。叠印可以防止挖空，使顶层的叠印油墨相对于底层油墨显得透明。图14-19所示为挖空的和使用叠印的颜色。

选择要叠印的一个或多个对象，在"属性"面板中选择"叠印填充"或"叠印描边"选项，即可设置叠印，如图14-20所示。设置叠印选项后，应使用"叠印预览"模式（执行"视图> 叠印预览"命令）来查看叠印颜色的近似打印效果。

图14-19

图14-20

> **提示**
>
> 如果在 100% 黑色描边或填色上使用"叠印"选项，那么黑色油墨的不透明度可能不足以阻止下边的油墨色透显出来。要避免透显问题，可使用四色（复色）黑色而不要使用 100% 黑色。

## 14.3 陷印

在进行分色版印刷时，如果颜色互相重叠或彼此相连处套印不准，便会导致最终输出时各颜色之间出现间隙。印刷商会使用一种称为陷印的技术，在两个相邻颜色之间创建一个小重叠区域（称为陷印），从而补偿图稿中各颜色之间的潜在间隙。

陷印有两种：一种是外扩陷印，其中较浅色的对象重叠较深色的背景，看起来像是扩展到背景中，如图14-21所示；另一种是内缩陷印，其中较浅色的背景重叠陷入背景中的较深色的对象，看起来像是挤压或缩小该对象，如图14-22所示。

如果要创建陷印，可以选择对象，然后执行"路径查找器"面板菜单中的"陷印"命令，如图14-23所示，或者使用"效果>路径查找器"下拉菜单中的"陷印"命令，将陷印作为效果来应用。

图14-21

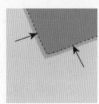

图14-22

图14-23

# 高级技巧篇

## 第 15 章

# Illustrator CC 操作技巧实例

**学习重点**

## 15.1 铅笔绘图——制作书籍封面

○菜鸟级　○玩家级　●专业级

◎实例类型：操作技巧类

◎难易程度：★★☆☆☆

◎使用工具：铅笔工具、椭圆工具、文字工具、矩形工具

◎实例描述：在这个实例中，我们将采用涂鸦的方式，使用铅笔工具绘制一只小鸟，用点、线、面构成一幅有艺术感的封面作品。

❶按下Ctrl+N快捷键打开"新建文档"对话框，创建一个A4大小的CMYK文件。

❷双击铅笔工具 ✐，打开"铅笔工具选项"对话框设置参数，如图15-1所示。先徒手绘制鸟的身体，在控制面板中设置描边颜色为棕色，粗细为3pt，无填色。使用椭圆工具 ⬭ 绘制鸟的眼睛，眼珠部分还使用铅笔工具绘制，如图15-2所示。

图15-1　　　　图15-2

❸绘制鸟嘴，设置描边粗细为2pt，在画面中绘制一些随意的线条，设置描边粗细为1pt，如图15-3

所示。绘制一些大小不同的图点图形作为装饰，如图15-4所示。

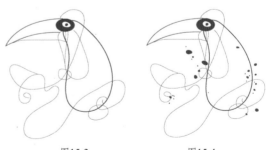

图15-3　　　　　　　图15-4

❹使用文字工具 T 在画面右下角单击，分别输入三行文字，在控制面板中设置字体为Arial，样式为Black，大小为39pt；在文字"world"上拖动鼠标将其选取，设置大小为74pt，如图15-5所示。最后，使用矩形工具 ▢ 分别绘制两个矩形，大矩形与画板大小相同，填充白色；小矩形填充黄色，按下Shift+Ctrl+[ 快捷键将这两个图形移至底层，效果如图15-6所示。

图15-5

图15-6

## 15.2 钢笔绘图——制作淘宝店招

- ○菜鸟级 　○玩家级 　●专业级
- ⊙实例类型：操作技巧类
- ⊙难易程度：★★★☆☆
- ⊙使用工具：文字工具、倾斜工具、删除锚点工具、钢笔工具
- ⊙实例描述：在这个实例中，我们将使用倾斜工具对文字进行倾斜处理，再使用删除锚点工具、直接选择工具改变路径形状，对文字的外观进行重新设计，使文字更具装饰性。

❶按下Ctrl+N快捷键打开"新建文档"对话框，设置文档大小，如图15-7所示。使用文字工具 T 在画面中单击，输入文字，在控制面板中设置字体及大小，如图15-8所示。

提示

　　店招位于网页顶部，是一个店铺的门头，用于清晰地传达店铺信息。

❷双击工具箱中的倾斜工具 ⿰，打开"倾斜"对话框，选择"水平"选项，设置倾斜角度为10°，如图15-9、图15-10所示。单击"确定"按钮关闭对话框。

图15-7

图15-9

图15-8

图15-10

③再次双击该工具，在打开的对话框中选择"垂直"选项，设置倾斜角度为-5°，如图15-11、图15-12所示。

图15-11

图15-17　　　　　　图15-18

⑦将光标放在左下角的锚点上，如图15-19所示，拖动锚点使笔画末端形成尖角，如图15-20所示。

图15-19　　　　　　　图15-20

⑧"美"字的两点用圆形代替。使用椭圆工具  创建一个椭圆形，如图15-21所示；双击倾斜工具 ，在打开的对话框中设置参数，使椭圆形与文字保持一致的角度，如图15-22、图15-23所示；使用选择工具 ▶ 按住Alt键拖动椭圆形进行复制，调整大小和填充颜色，如图15-24所示。

图15-12

④按下Shift+Ctrl+O快捷键将文字创建为轮廓，按下Shift+Ctrl+G快捷键取消编组，如图15-13所示。

图15-13

⑤选择删除锚点工具 ，将光标放在图15-14所示的位置，单击鼠标删除锚点，如图15-15所示；删除文字笔画上的其他锚点，如图15-16所示。

图15-21 　　　　　　图15-22

图15-23　　　　　　　图15-24

⑨选择编组选择工具 ，将光标放在如图15-25所示的路径上，单击鼠标选取该路径图形，按下Delete键删除。复制前面制作的椭圆形装饰文字，如图15-26所示。

图15-14　　　　图15-15　　　　图15-16

⑥使用直接选择工具 ▶ 创建一个矩形选框，选取文字左下方的锚点，如图15-17所示；将光标放在所选锚点（或所选锚点之间的路径）上，按住鼠标拖动，延长文字笔画，如图15-18所示。

图15-25　　　　　　图15-26

提示

使用编组选择工具 ▷⁺ 选取文字的偏旁部首时，应将光标放在其路径上，如果放在路径内，单击以后将会选取整个文字。

⓾使用选择工具 ▶ 选取文字"计"，将光标放在定界框的一角，按住Shift键拖动鼠标将文字缩小，如图15-27所示。

图15-27

⓫使用直接选择工具 ▷ 选取文字下方的锚点，如图15-28所示；将光标放在所选锚点之间的路径上，按住鼠标向下拖动，拉长文字的笔画，如图15-29所示。

图15-28 　　　　图15-29

⓬将言字旁的一点删除，用椭圆形装饰，如图15-30所示。

图15-30

⓭用直接选择工具 ▷ 选取图15-31所示的锚点，向右侧拖动，延长笔画，如图15-32所示。

图15-31 　　　　图15-32

⓮用钢笔工具 ✐ 绘制一个路径图形，连接文字，如图15-33所示；将文字"妆"的填充颜色设置为黄色，如图15-34所示。

图15-33 　　　　图15-34

⓯选择文字"划"，调整大小及位置，与文字"计"的笔画连接上，如图15-35所示；调整文字的笔画，使其更具装饰性，如图15-36所示，完成"美妆计划"字体设计，如图15-37所示。

图15-35 　　　　图15-36

图15-37

⓰用钢笔工具 ✐ 按照文字的轮廓绘制图形，来衬托文字，调整文字的颜色为白色和柠檬黄，如图15-38所示。

图15-38

⓱按下Ctrl+C快捷键复制图形，按下Ctrl+B快捷键粘贴到后面，填充深红色，略向下移动，如图15-39所示。

图15-39

⓲使用文字工具 T 输入文字，在"字符"面板中设置字体、字号大小及行间距，如图15-40、图15-41所示。使用倾斜工具 ⊿ 调整文字的倾斜度，如图15-42所示。

图15-40

图15-41 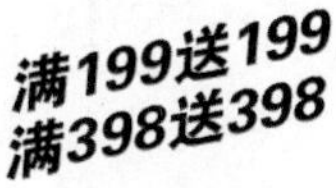　　　　　　图15-42

⓲设置文字的填充颜色为黄色。用钢笔工具 ✒ 绘制文字背景，如图15-43所示。

图15-43

⓳用同样的方法制作两行小字，如图15-44、图15-45所示。

图15-44

图15-45

㉑在画面下方输入文字，为文字设置不同的颜色，如图15-46所示。

㉒使用椭圆工具 ⬭ 按住Shift键创建圆形，按下

Shift+Ctrl+[ 键移至底层，衬托在文字后面，如图15-47所示。

图15-46

图15-47

㉓使用矩形工具 ▭ 创建一个与画板大小相同的矩形，单击"图层"面板底部的 ▣ 按钮，建立剪切蒙版，将画板以外的图形隐藏，如图15-48、图15-49所示。

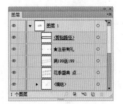

图15-48

图15-49

㉔按下Ctrl+O快捷键，打开光盘中的素材文件，如图15-50所示。

㉕将素材复制粘贴到店招文档中，效果如图15-51所示。

图15-50

图15-51

# 15.3　画笔绘图——制作国画荷塘雅趣

○菜鸟级　○玩家级　●专业级

⊙实例类型：操作技巧类

⊙难易程度：★★☆☆☆

⊙使用工具：矩形工具、钢笔工具、画笔工具

⊙实例描述：Illustrator画笔库中提供了丰富的画笔，非常适合表现手绘效果。这幅作品模拟的是水墨画效果，使用了颓废画笔和手绘画笔，表现出国画线条的遒劲和笔墨的质感。

❶使用矩形工具 ▇ 绘制一个与画板大小相同的矩形，填充浅灰色，如图15-52所示。在"图层"面板中锁定"图层1"，单击面板底部的 ▣ 按钮，新建一个图层，用来绘制荷花，如图15-53所示。

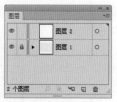

图15-52　　　　　　　图15-53

❷使用钢笔工具 ✎ 绘制荷花的花瓣，填充粉色的线性渐变，如图15-54所示。执行"窗口>画笔库>矢量包>颓废画笔矢量包"命令，打开该画笔库，选择如图15-55所示的画笔为花瓣的描边，设置描边粗细为0.25pt，颜色为粉红色，如图15-56所示。

图15-54　　　　　　　图15-55

图15-56

❸设置花瓣的不透明度为50%，如图15-57所示。再绘制另外两片花瓣，如图15-58所示。

图15-57　　　　　　　图15-58

❹绘制一个绿色的图形作为荷叶，如图15-59所示。设置荷叶的不透明度为50%。执行"效果>风格化>羽化"命令，设置羽化半径为3mm，使荷叶边缘变得柔和，如图15-60、图15-61所示。

图15-59　　　　　　　图15-60

图15-61

❺使用画笔工具 ✎ 由上而下绘制一条绿色的线，如图15-62所示，它与荷花的花瓣用的是相同的画笔效果，不同的是描边粗细为1pt。再绘制一条长一点的线，执行"窗口>画笔库>矢量包>手绘画笔矢量包"命令，打开该画笔库，选择如图15-63所示的画笔，设置描边粗细为0.1pt，混合模式为"正片叠底"，使线条呈现轻柔透明的效果，如

图15-64所示。再分别绘制两条短一点的线,如图15-65所示。

图15-62

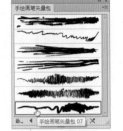

图15-63

图15-64

图15-65

⑥在荷叶右下方绘制一条路径,选择"颓废画笔矢量包03",如图15-66所示。设置描边粗细为10pt,混合模式为"正片叠底", 不透明度为50%,如图15-67所示,使荷叶带有纹理感。在稍往上的位置再绘制一条路径,如图15-68所示。

图15-66

图15-67

图15-68

⑦依然使用该画笔画出荷花的花蕊,描边粗细为1pt,小一点的花蕊描边为0.5pt,如图15-69所示。在荷叶边缘绘制一个大一点的图形,填充土黄色,如图15-70所示。设置混合模式为"正片叠底",不透明度为50%。为了使边缘变柔和,给图形设置了"羽化"效果,如图15-71所示,以此来表现宣纸晕湿的感觉。

图15-69

图15-70

图15-71

⑧在画面左上方绘制荷叶。先绘制一个土黄色的图形,如图15-72所示,在其上面绘制灰绿色的荷叶,如图15-73所示,再为其添加与大荷叶一样的纹理,如图15-74所示。

图15-72

图15-73

图15-74

⑨选择"颓废画笔矢量包04",如图15-75所示,绘制左侧荷叶的荷梗,设置描边粗细为0.25pt,如图15-76所示。

图15-75

图15-76

⓿绘制一个与画板大小相同的矩形，执行"窗口>色板库>图案>基本图形>基本图形_纹理"命令，载入该图案面板，选择"砂子"图案，如图15-77所示，以此来填充图形，使画面有纹理质感。最后，右画面右下方输入文字，再制作一枚印章，这样就成了一幅完整的国画作品了，如图15-78所示。

图15-78

图15-77

 提示

在绘制这幅国画时，有许多图形都超出了画框以外，绘制完成后，可以通过剪贴蒙版将画框以外的图形隐藏。

## 15.4 路径描边——制作装饰风格展会海报

○菜鸟级　○玩家级　●专业级

⊙实例类型：操作技巧类

⊙难易程度：★★☆☆☆

⊙使用工具：椭圆工具、直线段工具、矩形工具、钢笔工具

⊙实例描述：在这个实例中，我们将使用复制图形、原位粘贴、调整图形的大小、颜色及描边粗细制作有装饰感的艺术化文字。

❶选择椭圆工具 ，按住Shift键拖动鼠标绘制一个圆形，填充土黄色，无描边颜色，如图15-79所示。按下Ctrl+C快捷键复制圆形，按下Ctrl+F快捷键粘贴到前面，设置填充颜色为深棕色。使用选择工具 将光标放在定界框的一角，按住Alt+Shift快捷键拖动鼠标，将图形成比例缩小同时保持位置不变，如图15-80所示。

图15-79　　　　　图15-80

❷按下Ctrl+F快捷键再次原位粘贴图形，按下

Shift+X快捷键将填充颜色转换为描边颜色，设置描边粗细为12pt，保持位置不变将图形成比例放大，如图15-81所示。再次粘贴图形，设置描边颜色为橘红色，描边粗细为30pt，如图15-82所示。

图15-81　　　　　图15-82

❸用同样的方法制作出象牙白、绿色和暗黄色圆形，如图15-83所示。使用直线段工具 按住Shift键绘制一条直线，设置描边粗细为90pt，如图15-84所示。

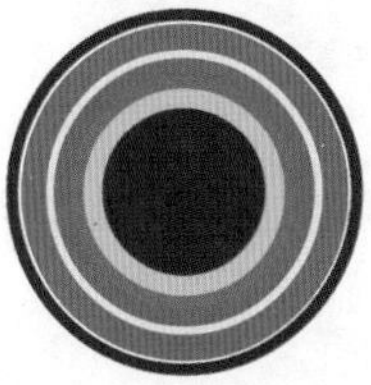

图15-83

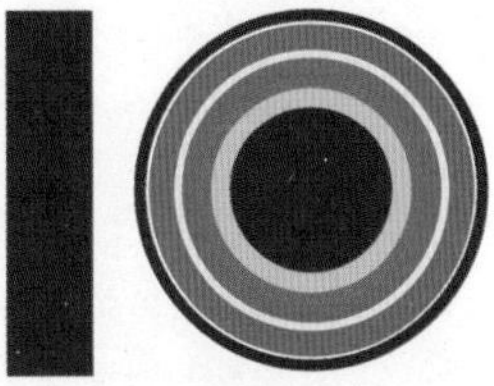

图15-84

❹复制直线并原位粘贴，设置描边颜色为橘红色，粗细为60pt，如图15-85所示。通过复制、粘贴与调整描边颜色的方法制作出如图15-86所示的效果。

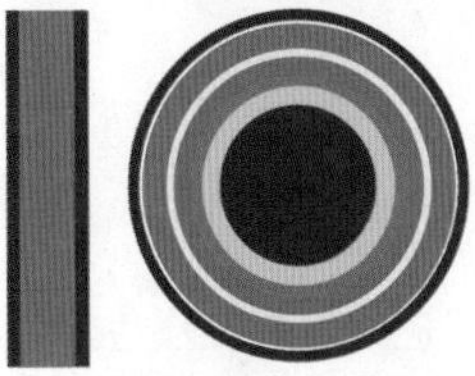

图15-85

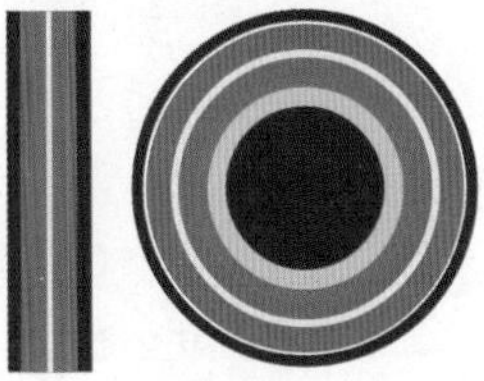

图15-86

❺使用矩形工具绘制一个与画板大小相同的矩形，作为背景。用钢笔工具绘制倾斜的色块与线条，如图15-87所示。绘制一些雨点图形作为装饰，在画面右上方输入文字，效果如图15-88所示。

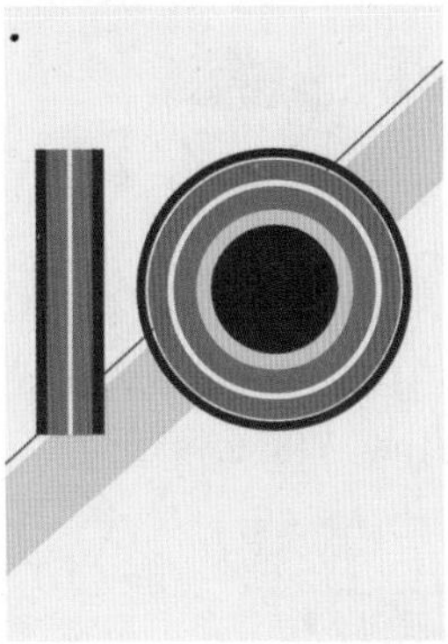

图15-87

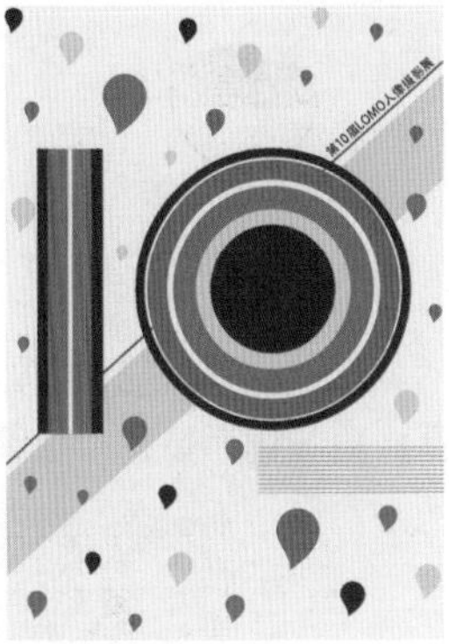

图15-88

## 15.5 路径轮廓化——制作漫画风格食品广告

○菜鸟级　○玩家级　●专业级

⊙实例类型：操作技巧类

⊙难易程度：★★☆☆☆

⊙使用工具：铅笔工具、选择工具

⊙实例描述：在这个实例中，我们将使用铅笔工具绘制一幅漫画，再将路径转换为轮廓，重新填色和描边。

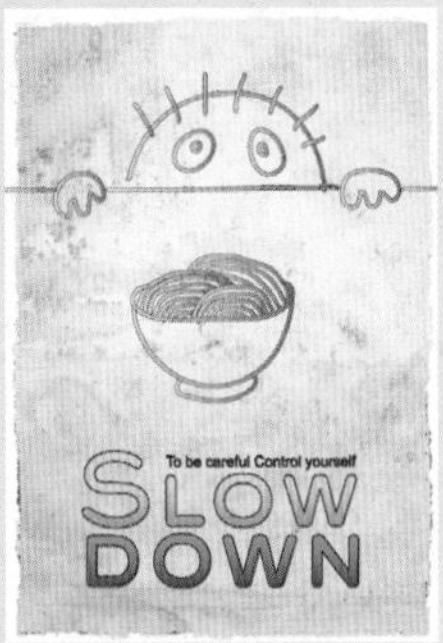


❶按下Ctrl+O快捷键，打开光盘中的素材文件，如图15-89所示。

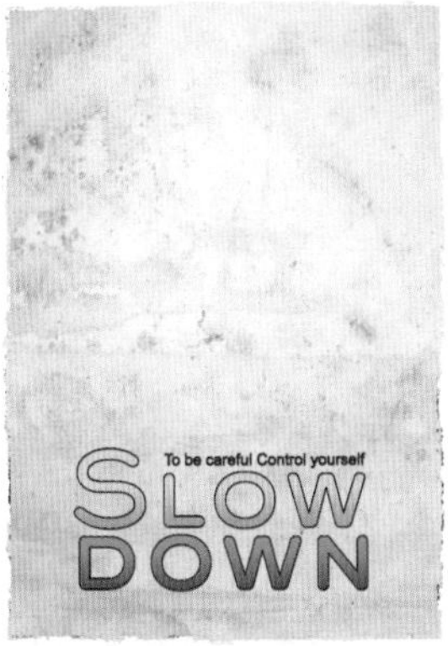


图15-89

❷使用铅笔工具绘制人物头像轮廓，按下Ctrl+F10快捷键打开“描边”面板，设置描边粗细为5pt，分别按下圆头端点和圆角连接按钮，使笔画呈现圆角效果，如图15-90、图15-91所示。

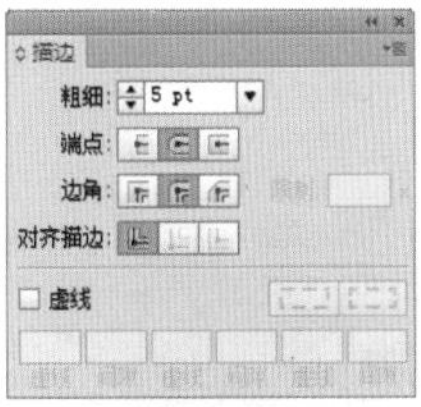


图15-90

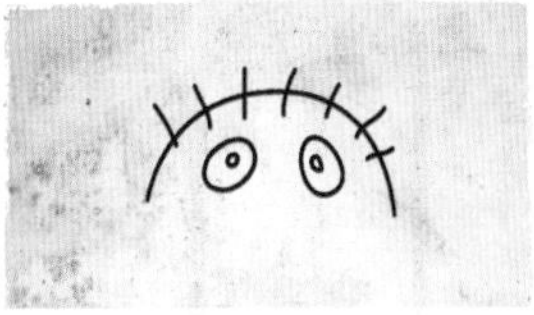

图15-91

❸绘制人物的手、桌子和大碗面条，如图15-92所示。使用选择工具选取这些路径，执行“对象>

路径>轮廓化描边"命令，将路径转换为轮廓，如图15-93所示。

图15-92　　　　　图15-93

❹单击"色板"中的"黄色-橙色"渐变，如图15-94所示，给描边转换成的图形填充渐变，再设置描边颜色为黑色，粗细为1pt，如图15-95所示。

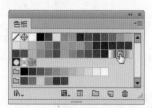

图15-94

图15-95

**提示**

虽然在Illustrator CC中已经可以在描边上应用渐变了，但是我们这个实例要达到的效果是将描边转换为图形后，再添加一次描边效果，因此，我们需要将路径进行"轮廓化描边"处理。

## 15.6　符号——扁平化图标设计

○菜鸟级　○玩家级　●专业级

⊙实例类型：操作技巧类

⊙难易程度：★★☆☆☆

⊙使用工具：选择工具、矩形网格工具、星形工具

⊙实例描述：在这个实例中，我们将使用符号库中的符号作为创作原形，通过断开符号的链接，对符号的外形、颜色进行编辑，制作出一组扁平化风格的图标。

❶打开光盘中的素材文件，如图15-96所示，手机所在图层处于锁定状态，如图15-97所示，我们将在"图层2"中绘制图标。

 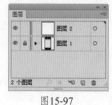

图15-96　　　　　图15-97

**提示**

图标的设计要以恰当的元素将词语转换为图形，让用户容易理解，体现出要表达的功能信息或操作提示。同时图标还应兼顾美观与功能性，带给用户成功的操作体验。

❷选择矩形网格工具▦，创建一个与手机屏幕大小相同的图形，创建过程中可按下↑键（↓键）增加（减少）水平分隔线的数量；按下→键（←键）增加（减少）垂直分隔线的数量，如图15-98

所示。单击"路径查找器"面板中的  按钮，分割网格图形。使用直接选择工具 ▷ 单击左上角的矩形，将其选取，在"颜色"面板中调整颜色，如图15-99、图15-100所示。

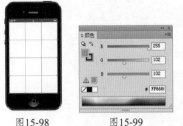

| 图15-98 | 图15-99 | 图15-100 |

❸依次选取其他矩形，重新填色，如图15-101所示；将描边设置为无，如图15-102所示。

| 图15-101 | 图15-102 |

❹按下Shift+Ctrl+F11快捷键打开"符号"面板，单击面板底部的 按钮，在打开的下拉菜单中选择"网页图标"命令，加载该符号库，选择"照片"符号，如图15-103所示，将其直接拖入画面中，如图15-104所示；单击"符号"面板底部的 按钮，断开符号链接，如图15-105所示，使符号可以作为图形进行编辑。

| 图15-103 | 图15-104 | 图15-105 |

❺将图形重新填色，如图15-106所示。使用星形工具 ☆ 绘制一个白色的八角星，如图15-107所示。

| 图15-106 | 图15-107 |

❻单击"符号"面板底部的 按钮，选择"Web按钮和条形"命令，加载该符号库，选择如图15-108

所示的符号，拖入画面中，使用选择工具 ▶ 将光标放在定界框的一角，按住Shift键拖动鼠标将图形成比例放大，如图15-109所示。

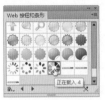

| 图15-108 | 图15-109 |

❼断开符号的链接，如图15-110所示，为图形重新填色，如图15-111所示。

| 图15-110 | 图15-111 |

❽将符号转换为图形后，可以用钢笔工具 ✎ 为图形添加装饰，或根据需要绘制新的图形，制作其他图标，如图15-112所示。其中游泳和餐具图标来自"地图"符号库，如图15-113所示。

| 图15-112 | 图15-113 |

❾选择文字工具 T，输入文字，在"字符"面板中设置字体及大小，如图15-114所示。在每个词语之间按下两次Tab键，使词语间隔一致；在每行间按下8次回车键，作为行间距，如图15-115所示。

| 图15-114 | 图15-115 |

# 15.7 混合——制作有纹理质感的插图

- ○菜鸟级　○玩家级　●专业级
- ⊙实例类型：操作技巧类
- ⊙难易程度：★★☆☆☆
- ⊙使用工具：铅笔工具、混合工具、椭圆工具
- ⊙实例描述：在这个实例中，我们将使用铅笔工具绘制轮廓，再通过混合制作出特殊的纹理感。

❶按下Ctrl+O快捷键，打开光盘中的素材文件，如图15-116所示。

图15-116

❷使用铅笔工具 ✐ 绘制人物头部，设置填充颜色为黑色，描边颜色为绿色，粗细为3pt，如图15-117所示。在大图形里面绘制一个非常小的图形，如图15-118所示。

图15-117

图15-118

❸使用选择工具 ▸ 按住Shift键选取这两个图形，按下Alt+Ctrl+B快捷键建立混合效果，双击工具箱中的混合工具 ⬚，打开"混合选项"对话框，在间距下拉列表中选择"指定的步数"，设置参数为15，使绿色描边之间保持些许空隙，如图15-119、图15-120所示。

图15-119

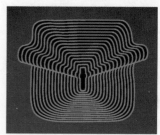

图15-120

❹用铅笔工具 ✐ 绘制人物的脖子、手臂、身体和腿，每个大图形中间都有一个小图形，如图15-121所示。使用选择工具 ▸ 选取各个部位的大图形及小图形，像制作头部混合一样，创建混合效果，如图15-122所示。

图15-121

图15-122

❺使用椭圆工具 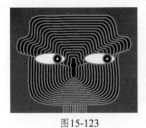 绘制眼睛。绘制出一只眼睛后，使用选择工具 ▲ 按住Alt键拖动可进行复制，如图15-123所示。使用钢笔工具 ✐ 绘制纸卷和纸盒图形，组成人物的鼻子和嘴巴，如图15-124所示。

图15-123　　　　　图15-124

❻在"装饰"图层前面单击，显示该图层，如图15-125、图15-126所示。

图15-125　　　　　图15-126

## 15.8　效果——制作涂抹风格海报

○菜鸟级　○玩家级　●专业级

⊙实例类型：操作技巧类

⊙难易程度：★★★☆☆

⊙使用工具：铅笔工具、钢笔工具、文字工具

⊙实例描述：将字母图形化，再添加"涂抹"效果，产生手绘的线条感。为了使线条变化更丰富，分别制作了三组文字，对"涂抹"效果中的角度、描边宽度、曲度、间距和变化做出调整。

❶使用铅笔工具 ✐ 画出文字图形，填充不同的颜色，如图15-127所示。在字母"O"上再画一个小圆形，如图15-128所示。使用选择工具 ▲ 选取这两个图形，按下"路径查找器"面板中的 ▣ 按钮，使两图形相减形成一个圆圈形，如图15-129所示。

图15-127

图15-128　　　　　图15-129

❷按下Ctrl+A快捷键全选，按下Ctrl+C快捷键复制，在以后的操作中会用到。执行"效果>风格化>涂抹"命令，打开"涂抹选项"对话框设置参数，使文字呈现涂鸦效果，如图15-130、图15-131所示。

图15-130

图15-131

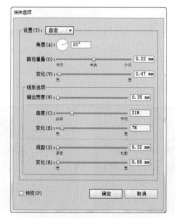

图15-134

❸按下Ctrl+F快捷键将复制的图形粘贴到前面，将填充设置为无。按下Alt+Shift+Ctrl+E快捷键打开"涂抹选项"对话框，调整角度和其他参数，增强手绘感，如图15-132、图15-133所示。再次粘贴图形，将填充设置为无。添加"涂抹"效果，设置参数如图15-134所示，效果如图15-135所示。

图15-135

❹使用钢笔工具✐在字母"i"的圆点上画上十字，执行"窗口>画笔库>艺术效果>艺术效果_粉笔炭笔铅笔"命令，在面板中选择"粉笔-涂抹"画笔，应用在路径上，如图15-136、图15-137所示。使用铅笔工具✐绘制一个背景图形，设置填充与描边颜色均为土黄色，描边粗细为0.25pt，如图15-138所示。

图15-132

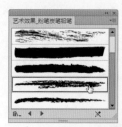

图15-136

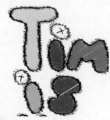

图15-137

图15-133

图15-138

❺添加"涂抹"效果，设置参数如图15-139所示，效果如图15-140所示。在画面中画出深红色的台词框，粉色的条纹，在字母上绘制一些小图形作为装饰，如图15-141所示。

图15-139

图15-140

图15-141

❻选择文字工具 **T** 在画面上方输入文字，在"字符"面板中设置字体和大小，如图15-142所示，设置文字的描边粗细为5pt，如图15-143所示。在台词框和画面空白位置也添加文字，如图15-144所示。

图15-142

图15-143

图15-144

## 15.9 3D效果——制作卡通狮子王模型

○菜鸟级　○玩家级　●专业级

⊙实例类型：操作技巧类

⊙难易程度：★★☆☆☆

⊙使用工具：钢笔工具、星形工具、椭圆工具

⊙实例描述：在这个实例中，我们将使用"凸出和斜角"命令制作一个立体的小狮子模型。制作时的窍门在于先将一个图形设置3D效果，然后在此基础上将3D效果应用于其他图形，通过适当调整角度、凸出厚度和光源位置等参数来表现不同部位的结构。

❶使用钢笔工具 ✎ 绘制小狮子的平面图，由四个部分组成，分别是耳朵、头、身体和尾巴，如图15-145所示。选择星形工具 ☆，在画面中按住鼠标拖动创建星形的同时，按住Ctrl键来调整星形角点的角度，按住↑键增加边数，如图15-146所示。

图15-145 　　　　　　 图15-146

❷使用选择工具 ▶ 选取小狮子的头部图形，执行"效果>3D>凸出和斜角"命令，在打开的对话框中设置参数，制作出一个立体模型，如图15-147、图15-148所示。

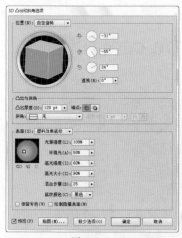 

图15-147 　　　　　　 图15-148

❸选取身体图形，按下Alt+Shift+Ctrl+E快捷键打开"3D凸出和斜角选项"对话框，设置凸出厚度参数为50pt，如图15-149所示，使身体图形的厚度小于头部，如图15-150所示。

图15-149 　　　　　　 图15-150

❹按下Ctrl+[ 快捷键将身体模型放在头部的后面，如图15-151所示。按住Alt键拖动身体模型进行复制，并将其放在最下面，如图15-152所示。

图15-151 　　　　　　 图15-152

❺选择尾巴图形，打开"3D凸出和斜角选项"对话框，调整模型的旋转角度、凸出厚度及光源位置，如图15-153、图15-154所示。

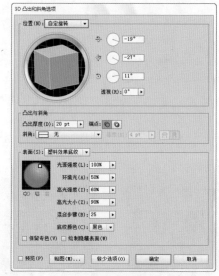

图15-153

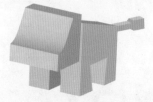

图15-154

❻选择红色图形，通过Ctrl+[ 和Ctrl+] 快捷键调整图形的前后位置，使该图形位于头部下面，如图15-155所示。为其设置3D效果，如图15-156、图15-157所示。

图15-155

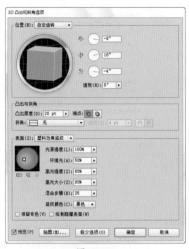

图15-156

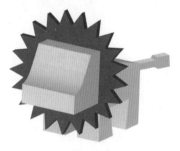

图15-157

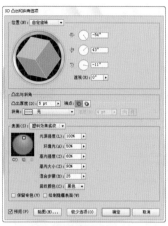

图15-158

图15-159

❽分别使用椭圆工具 ◯、钢笔工具 ✍ 绘制狮子的眼睛和鼻子，因为头部是有些倾斜的，在绘制完眼睛后，也要调整一下眼睛的角度，最终效果如图15-160所示。

图15-160

**提示**

选取一个图形后，使用吸管工具 ✍ 在其他模型上单击，可以复制模型的立体效果到所选图形。双击吸管工具可以打开"吸管选项"对话框，设置吸管工具的挑选与应用范围。

❼选择耳朵图形，设置3D效果，如图15-158所示。按住Alt键拖动耳朵图形进行复制，如图15-159所示。

## 15.10 文字——制作文字立方体

| | |
|---|---|
| ○菜鸟级 ○玩家级 ●专业级 | 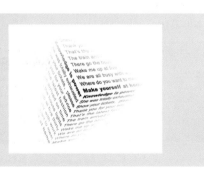 |
| ⊙实例类型：操作技巧类 | |
| ⊙难易程度：★★★★☆ | |
| ⊙使用工具：文字工具、矩形工具 | |
| ⊙实例描述：在这个实例中，我们会将文字定义为符号，给一个立方体的三个面贴图，然后在画面中隐藏三维模型，只显示贴图效果。 | |

❶选择文字工具 **T**，在画面中单击输入文字，每行结束后按下回车键换到下一行，在控制面板中设置字体及大小，如图15-161所示。在第一行文字上拖动鼠标将其选取，如图15-162所示。

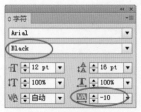

图15-161　　　　　图15-162

❷按下Ctrl+T快捷键打开"字符"面板，在字体样式下拉列表中选择"Black"，设置字距为-10，如图15-163、图15-164所示。

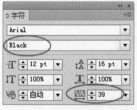

图15-163　　　　　图15-164

❸选择最后一行文字，设置字体样式及间距，如图15-165、图15-166所示。

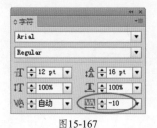

图15-165　　　　　图15-166

❹选择第二行文字，设置间距为-10，如图15-167、图15-168所示。逐一调整每行文字的间距，使文字看起来较整齐，如图15-169所示。

❺使用选择工具 ▶ 按住Alt键拖动文字进行复制。按下Alt+Ctrl+T快捷键打开"段落"面板，单击右对齐按钮 ≡，如图15-170所示，使文字都对齐到文本框右侧，如图15-171所示。

图15-167　　　　　图15-168

**Knowledge is power**
She was totally exhausted
Show your tickets, please
Thank you for your advice
That's the latest fashion
The train arrived on time
There go the house lights
Wake me up at five thirty
We are all busy with work
Where do you want to meet
**Make yourself at home**

图15-169

图15-170　　　　　图15-171

❻选择第一组文字，按下Shift+Ctrl+O快捷键将文字创建为轮廓，如图15-172所示。按下Shift+Ctrl+F11快捷键打开"符号"面板，单击面板底部的 按钮，弹出"符号选项"对话框，设置名称为"文字1"，如图15-173所示，单击"确定"按钮，新建符号会保存在"符号"面板中，如图15-174所示。用同样的方法将另一组文字也创建为符号，如图15-175所示。

图15-172　　　　　图15-173

图15-174　　　　　图15-175

❼选择矩形工具 ▢，在画面中单击弹出"矩形"对话框，设置宽度和高度均为65mm，单击"确定"按钮创建一个正方形，填充白色，无描边颜色，如图15-176、图15-177所示。

图15-176　　　　　图15-177

⓼执行"效果>3D>凸出和斜角"命令，在打开的对话框中设置参数，制作一个立方体，如图15-178、图15-179所示。

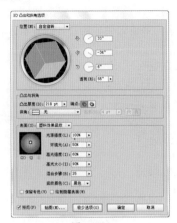

图15-178

图15-179

⓽不要关闭对话框，单击"贴图"按钮，打开"贴图"对话框，单击▼按钮在"符号"下拉列表中选择"文字1"，将其应用于1/6表面，在预览框中调整贴图符号大小，将光标放在符号贴图内，呈✛状时拖动鼠标可调整贴图位置，如图15-180、图15-181所示。

图15-180

图15-181

提示

在为模型贴图时，可以移动、缩放或旋转贴图，这一系列操作都是在"贴图"对话框的白色预览框内完成的，而非在视图窗口的模型上进行。

⓾单击▶按钮，选择要贴图的面，切换到4/6表面，在"符号"下拉列表中选择"文字1"，将光标放在符号的定界框外，在预览框中拖动鼠标将符号贴图旋转180°，如图15-182、图15-183所示。

图15-182

图15-183

⓫单击▶按钮，切换到5/6表面，在"符号"下拉列表中选择"文字2"，将符号贴图旋转180°，如图15-184、图15-185所示。

图15-184

图15-185

⓬勾选"三维模型不可见"选项，隐藏画面中的立方体，只显示贴图文字，如图15-186、图15-187所示。单击"确定"按钮关闭对话框。

图15-186

图15-187

⓭使用矩形工具 ▢ 在立方体左侧绘制一个矩形，填充白色线性渐变，在"渐变"面板中单击右侧的色标，设置不透明度为0%，使渐变呈现逐渐透明的效果，如图15-188、图15-189所示。

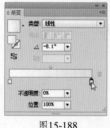

图15-188

图15-189

⓮使用选择工具 ▶ 在定界框外拖动鼠标，调整图形角度，使立方体边缘被渐变颜色中的白色覆盖，如图15-190所示。按住Alt键拖动图形复制到立方体的顶部，调整矩形角度，如图15-191、图15-192所示。最终效果如图15-193所示。

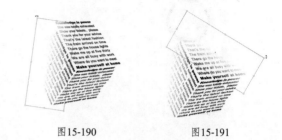

图15-190　　图15-191

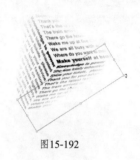

图15-192

图15-193

设计实践篇

第 16 章

**Illustrator CC 平面设计实例**

学习重点

## 16.1 充满创意的卡通风格名片

○菜鸟级 ○玩家级 ●专业级

◎实例类型：平面设计类

◎难易程度：★★☆☆☆

◎使用工具：椭圆工具、铅笔工具、直接选择工具、镜像工具、矩形工具、钢笔工具、文字工具、画板工具

◎实例描述：在这个实例中，我们将创建三个画板，使用基本绘图工具制作名片的正面、背面和效果图。

❶按下Ctrl+N快捷键打开"新建文档"对话框，设置画板数量为2，分别来制作明片的正面和背面，设置画板宽度为55mm，高度为90mm，如图16-1所示，单击"确定"按钮，如图16-2所示。

图16-1

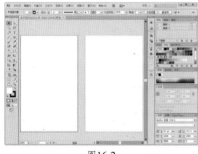

图16-2

❷使用椭圆工具 绘制一个椭圆形，填充皮肤色，如图16-3所示。使用铅笔工具 绘制头发，如图16-4所示。

图16-3 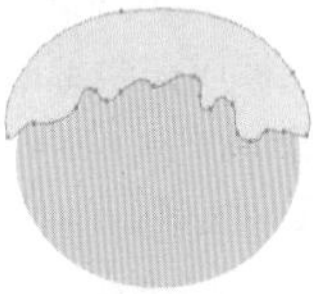　　　　图16-4

❸绘制椭圆形的眼镜，设置填充与描边颜色均为品红色，描边宽度为6pt，如图16-5所示。按下Shift+F6快捷键打开"外观"面板，单击"填色"选项下的"不透明度"属性，如图16-6所示，在弹出的面板中设置不透明度为30%，如图16-7所示，使眼镜的镜片变得透明，如图16-8所示。

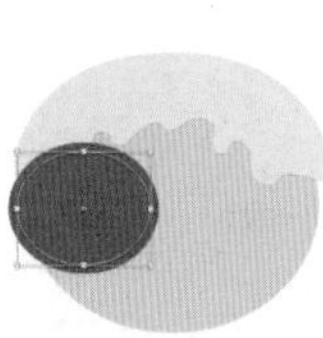

图16-6

图16-5

图16-7　　　　　　　　图16-8

❹使用选择工具 ▶ 选取椭圆形，按住Shift键向右拖动，在放开鼠标前按下Alt键进行复制，如图16-9所示。在两个镜片之间绘制一个矩形，绘制一个圆形的嘴巴，如图16-10所示。使用直接选择工具 ▶ 单击圆形上面的锚点，如图16-11所示，按下Delete键删除，形成一条弧线，如图16-12所示。

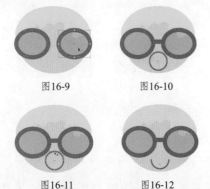

图16-9　　　　　　　　图16-10

图16-11　　　　　　　图16-12

❺使用椭圆工具 ⬭ 绘制人物的眼睛，眼睫毛可以用钢笔工具 ✎ 来画，效果如图16-13所示。选取组成眼睛的图形，按下Ctrl+G快捷键编组。选择镜像工具 ⚒，将光标放在脸部的中心位置，如图16-14所示，按住Alt键单击打开"镜像"对话框，选择"垂直"选项，单击"复制"按钮，如图16-15所示，镜像并复制出另一只眼睛，如图16-16所示。

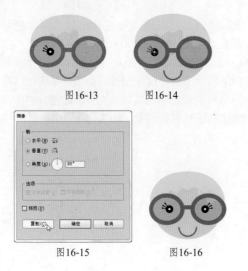

图16-13　　　　　　　图16-14

图16-15　　　　　　　图16-16

❻使用矩形工具 ▭ 在画板的左上角单击，如图16-17所示，弹出"矩形"对话框，设置参数与画板大小相同，如图16-18所示，创建一个矩形，填充浅蓝色，按下Shift+Ctrl+[ 快捷键将其移至底层，如图16-19所示。选择文字工具 T 在画面中单击输入文字，按下Esc键结束文字的输入状态，在控制面板中设置字体及大小，如图16-20所示。

图16-17　　　　　　　图16-18

图16-19　　　　　　　图16-20

❼使用文字工具 T 在画面中拖动鼠标创建文本框，如图16-21所示，放开鼠标后输入文字，如图16-22所示。

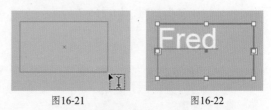

图16-21　　　　　　　图16-22

❽按下Alt+Ctrl+T快捷键打开"段落"面板，单击全部两端对齐按钮 ▤，使文字两端对齐到文本框，如图16-23、图16-24所示。将光标放在文本框的一角拖动，将文本框缩小，如图16-25所示。

图16-23　　　　　　　图16-24

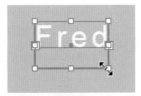

图16-25

⑨输入联系方式，设置文字大小为5pt，单击"段落"面板的居中对齐按钮 ≣，使文字居中对齐。使用选择工具 ▶ 框选背景及人物头像，如图16-26所示。按住Alt键拖到右侧的画板上，如图16-27所示，用来制作名片的背面。

图16-26

图16-27

⑩选取眼睛和嘴巴图形，按下Delete键删除。选取脸部和头发图形，如图16-28所示，单击"路径查找器"面板中的 🔲 按钮，将图形合并，如图16-29所示，按下Ctrl+] 快捷键将图形移到眼镜上方，如图16-30所示。

图16-28

图16-29

图16-30

⑪打开光盘中的素材文件，如图16-31所示。选取文字复制并粘贴到名片文档中，如图16-32所示。名片的正面和背面就制作完了，如图16-33所示。

图16-31

图16-32

图16-33

⑫选择工具箱中的画板工具 □，单击控制面板中的 🔲 按钮新建一个画板，在窗口中移动光标，新建画板也会随光标移动，将光标放在如图16-34所示的位置，单击鼠标确定新画板位置，如图16-35所示。在控制面板中单击参考点定位器 ⊞ 中的白色小方块，将参考点定位在画板左上角，设置画板宽度为210mm，高度为140mm，如图16-36所示。

图16-34

图16-35

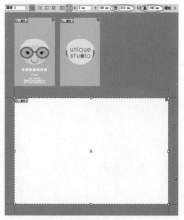

图16-36

⓭使用选择工具 ▶ 框选名片正面的所有文字和图形，按住Alt键拖动复制到画板3上面，然后在名片的蓝色背景上单击，如图16-37所示。按下Shift+F8快捷键打开"变换"面板，单击参考点定位器 ▦ 中的白色小方块，将参考点位置定位在图形的下边中点位置，设置高度为45mm，如图16-38所示，将图形缩小一半，如图16-39所示。我们要制作出名片折叠以后的立体效果。

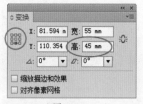

图16-37          图16-38          图16-39

⓮按住Shift键将背景、头像与文字一同选取，设置倾斜角度为-7°，如图16-40所示，使名片产生倾斜，如图16-41所示。使用钢笔工具 ✐ 绘制一个三角形，按下Shift+Ctrl+[ 快捷键将其移到名片后面，如图16-42所示。

图16-40          图16-41

图16-42

⓯绘制名片的投影，如图16-43所示。执行"效果>风格化>羽化"命令，设置半径为2mm，如图16-44、图16-45所示。

图16-43

图16-44

图16-45

⓰使用矩形工具 ▭ 绘制一个与画板大小相同的矩形，在"渐变"面板中设置渐变颜色，将矩形填充线性渐变，如图16-46、图16-47所示。

图16-46          图16-47

⓱用同样的方法制作出不同形象、颜色的名片，效果如图16-48所示。

图16-48

## 16.2 个性十足的光盘设计

❶按下Ctrl+O快捷键，打开光盘中的素材文件，如图16-49所示，这是一个光盘模板文件，图中用四个圆形参考线概括出光盘的结构。参考线位于"图层1"中，并处于锁定状态，如图16-50所示。

图16-49　　　　　　　　图16-50

❷单击"图层"面板底部的 🔲 按钮，新建"图层2"，如图16-51所示。我们将在这个图层中进行绘制。先来绘制光盘盘面上的圆形，根据参考线的位置，使用椭圆工具 ⬭ 按住Shift键绘制三个圆形，由大到小分别填充浅黄色、蓝色和白色，如图16-52所示。

图16-51　　　　　　　　图16-52

❸按下Ctrl+A快捷键全选，单击"路径查找器"面板中的分割按钮 🔳，如图16-53所示，使用直接选择工具 ▷ 单击最小的白色圆形，如图16-54所示，按下Delete键将其删除。

图16-53　　　　　　　　图16-54

❹选取蓝色圆形，按下Ctrl+C快捷键复制，在图形以外的空白区域单击，取消选择，按下Ctrl+V快捷键粘贴。使用矩形工具 🔲 在圆形上绘制一个矩形，如图16-55所示。选取这两个图形，单击"路径查找器"面板中的减去顶层按钮 🔳，制作出一个半圆形，如图16-56所示。

图16-55　　　　　　　　图16-56

❺用钢笔工具 ✐ 绘制如图16-57所示的四个图形，再用选择工具 ▶ 将它们与半圆形一同选取，单击"路径查找器"面板中的 🔳 按钮，通过图形相减制作出如图16-58所示的图形。

图16-57　　　　　　　　图16-58

❻将图形填充红色，放在光盘上方，作为卡通人的头发，如图16-59所示。用钢笔工具 ✐ 绘制眼睛，如图16-60所示；再画出黑色的眼珠，使用椭圆工

具 在眼珠上绘制白色的高光，在光盘左下方绘制一个红脸蛋，如图16-61所示。

示。在图形中间绘制一个白色的圆形，如图16-69所示。

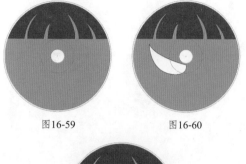

图16-59　　　　　　图16-60

图16-61

⑦将组成眼睛和红脸蛋的图形选取，如图16-62所示，按下Ctrl+G快捷键编组。双击镜像工具，打开"镜像"对话框，选择"垂直"选项，单击"复制"按钮，如图16-63所示，复制图形并做镜像处理，如图16-64所示。按住Shift键将图形向右侧拖动，如图16-65所示。

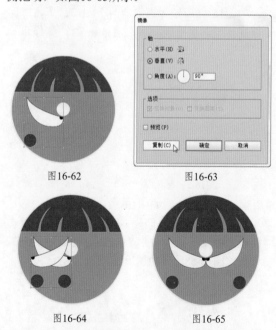

图16-62　　　　　　图16-63

图16-64　　　　　　图16-65

⑧使用多边形工具 绘制一个六边形，如图16-66所示。执行"效果>扭曲和变换>收缩和膨胀"命令，设置参数为62%，如图16-67所示，使图形产生膨胀，形成花瓣一样的效果，如图16-68所示

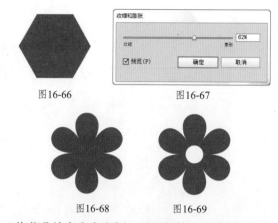

图16-66　　　　　　图16-67

图16-68　　　　　　图16-69

⑨将花朵放在光盘右侧。再用钢笔工具 绘制出嘴巴和汗珠图形，根据光盘结构设计的卡通人物就完成了，如图16-70所示。

图16-70

⑩在眼睛上绘制一个圆形，如图16-71所示。选择路径文字工具 ，按下Ctrl+T快捷键打开"字符"面板，设置字体及大小，如图16-72所示。将光标放在圆形上，单击设置插入点，如图16-73所示，输入文字，效果如图16-74所示。

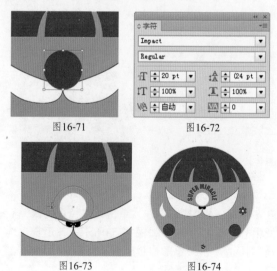

图16-71　　　　　　图16-72

图16-73　　　　　　图16-74

图16-76

**提示**

在图形或路径上输入文字，按下Esc键结束文字的编辑后，将光标放在文字框的一角，可以通过拖动鼠标调整文字框的角度从而改变文字的位置。

**11** 最后，在光盘下方输入其他文字，如图16-75所示。可以复制"图层1"，尝试不同的颜色搭配，制作出如图16-76、图16-77所示的效果。

图16-75

图16-77

## 16.3 艺术字体设计

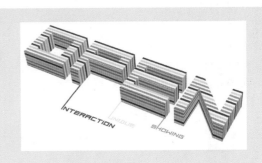

○菜鸟级 ○玩家级 ●专业级

⊙实例类型：平面设计类

⊙难易程度：★★★★☆

⊙使用工具：矩形工具、文字工具、直接选择工具

⊙实例描述：在这个实例中，我们将使用3D命令制作立体字，并用自定义的图案为立体字贴图。

**1** 按下Ctrl+O快捷键，打开光盘中的素材文件，如图16-78所示。

图16-78

**2** 选择矩形工具 ▥ ，绘制如图16-79所示的矩形。使用选择工具 ▶ 按住Alt键向下拖动矩形进行复制，在放开鼠标前按下Shift键，可保持垂直方向，如图16-80所示，连续按两次Ctrl+D快捷键进行再次变换，移动并复制出两个矩形，如图16-81所示。

图16-79          图16-80

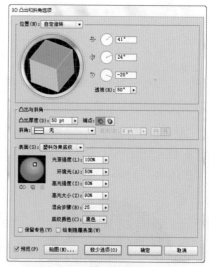

图16-81

❸分别选取每个矩形，填充不同的颜色，如图16-82所示。按下Ctrl+A快捷键全选，用同样的方法向下拖动图形进行复制，如图16-83所示，按下Ctrl+D快捷键再次变换，如图16-84所示。

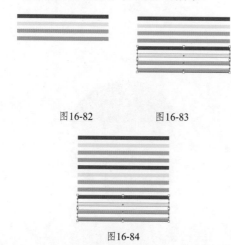

图16-82　　　图16-83

图16-87

图16-84

❹选取所有矩形，将其拖入到"符号"面板中，同时弹出"符号选项"对话框，如图16-85所示。单击"确定"按钮，将图形创建为符号，在"符号"面板中显示了刚刚创建的符号，如图16-86所示。

图16-85　　　图16-86

❺单击画面中的文字，将其选取，执行"效果>3D>凸出和斜角"命令，在打开的对话框中设置参数，如图16-87所示，使文字产生立体效果，如图16-88所示。

❻勾选"预览"选项，单击"贴图"按钮，打开"贴图"对话框，文字表面显示的红色参考线代表要贴图的区域，单击▾按钮在"符号"下拉列表中选择我们定义的符号，记住要勾选"贴图具有明暗调"选项，使贴图在三维对象上呈现明暗变化，如图16-89、图16-90所示。

图16-88

图16-89

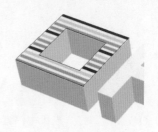

图16-90

❼继续为其他表面贴图。单击▸按钮，选择要贴图的面，切换到4/48表面时，在"符号"下拉列表中选择我们定义的符号，如图16-91、图16-92所示。

❽将光标放在符号定界框外，向逆时针方向拖动鼠标，将符号旋转90°，以改变贴图在对象表面的位置，如图16-93、图16-94所示。

图16-91

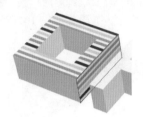

图16-92

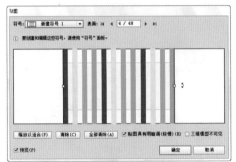

图16-93

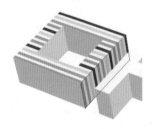

图16-94

❾单击▶按钮，切换到5/48表面添加符号，如图16-95所示；切换到8/48表面添加符号，图16-96所示。

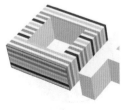

图16-95

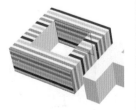

图16-96

❿单击▶按钮，切换到9/48表面添加符号，将符号朝顺时针方向旋转，然后再将光标放在符号内，移动符号的位置，使贴图的条纹能保持一致，不产生错位，如图16-97、图16-98所示。

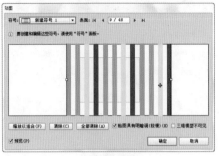

图16-97

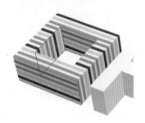

图16-98

⓫用同样的方法为其他文字贴图，效果如图16-99所示。

图16-99

⓬选择文字工具 T，在画面中单击输入文字，按下Esc键结束文字的输入，在工具选项栏中设置字体及大小，如图16-100所示。按下Shift+Ctrl+O快捷键将文字创建为轮廓，如图16-101所示。

图16-100

INTERACTION

图16-101

⓭执行"效果>3D>旋转"命令，打开"3D旋转选项"对话框，设置X、Y和Z轴的旋转参数，如图16-102所示，制作出与立体字有着相同透视关系的文字，如图16-103所示。

图16-102

图16-103

❹使用直接选择工具 ▷ 框选字母"I"上面的两个锚点，如图16-104所示，连续按键盘中的↑键将锚点向上移动，如图16-105所示，图中显示的蓝色框为文字的路径状态。

图16-104

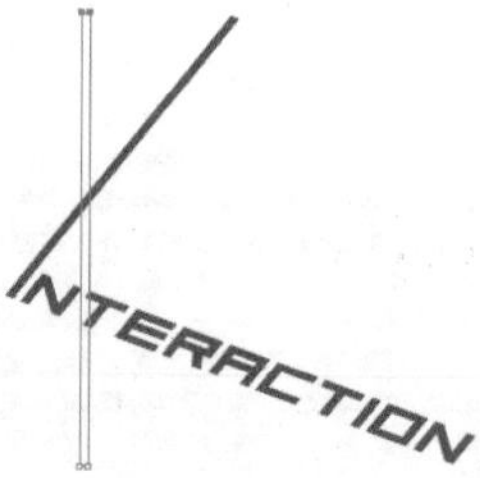

图16-105

❺使用选择工具 ▷ 将制作好的文字放在立体字下方，如图16-106所示。再用同样的方法制作出黄色和蓝色两组文字，效果如图16-107所示。

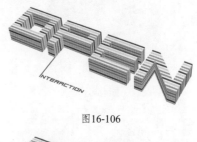

图16-106

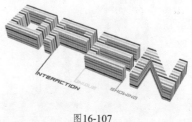

图16-107

## 16.4 QQ表情设计

| ○菜鸟级　○玩家级　●专业级 |
| --- |
| ⊙实例类型：平面设计类 |
| ⊙难易程度：★★☆☆☆ |
| ⊙使用工具：椭圆工具、渐变工具、钢笔工具 |
| ⊙实例描述：在这个实例中，我们将使用钢笔工具、椭圆工具绘制小猪的形象，通过填充渐变，调整渐变的类型、滑块的位置和不透明度表现色调的明暗。 |

❶使用椭圆工具 ◯ 绘制一个椭圆形，如图16-108所示。单击工具箱底部的 ■ 按钮，用渐变填充图形，如图16-109所示。

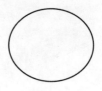

图16-108

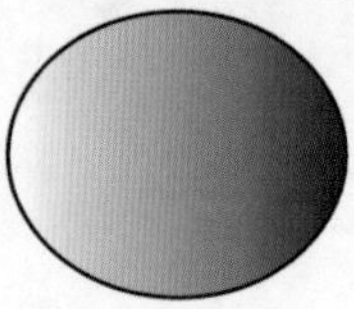

图16-109

❷单击"渐变"面板中的黑色色标，如图16-110所示，按住Alt键单击"色板"中的橘红色，改变色标的颜色，如图16-111、图16-112所示，渐变效果如图16-113所示。

图16-110

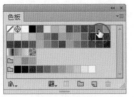
图16-111

图16-112

图16-113

❸在该色标左侧单击，添加一个渐变色标，按住Alt键单击"色板"中的橙黄色，如图16-114所示，在"渐变"面板中设置渐变类型为"径向"，将该色标的位置设置为70%，如图16-115所示，渐变效果如图16-116所示。选择渐变工具 ，从图形的左上方向右下方拖动鼠标重新填充渐变，以改变颜色的位置，呈现不同的明暗效果，如图16-117所示。

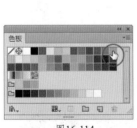
图16-114

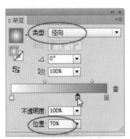
图16-115

图16-116

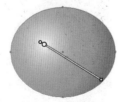
图16-117

❹使用钢笔工具 绘制小猪的耳朵，如图16-118所示，再用渐变工具 在图形上单击拖曳，改变渐

变的位置和方向，使最亮处位于耳朵的上方，如图16-119所示。

❺双击镜像工具 ，打开"镜像"对话框，选择"垂直"选项，单击"复制"按钮，如图16-120所示，复制图形并做镜像处理，如图16-121所示。

图16-118

图16-119

图16-120

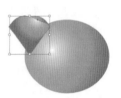
图16-121

❻按住Shift键将图形向右侧拖动，如图16-122所示。按下Shift+Ctrl+[ 快捷键将耳朵移到脸部图形后面，如图16-123所示。

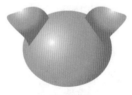
图16-122

图16-123

❼使用椭圆工具 按住Shift键绘制一个圆形，如图16-124所示。再分别绘制三个大小不同的圆形，组成小猪的眼睛，如图16-125所示。

图16-124

图16-125

❽使用选择工具 选取组成眼睛的图形，按住Alt键向右拖动，在放开鼠标前按下Shift键以保持水平方向，如图16-126所示。绘制小猪的鼻子，如图16-127所示。绘制小猪的鼻孔，在"渐变"面板中调整渐变颜色，如图16-128、图16-129所示。

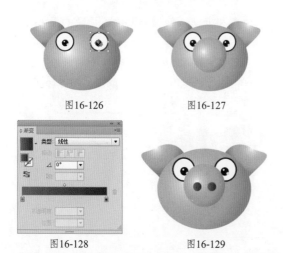

图16-126　　　　图16-127

图16-128　　　　图16-129

❾再给小猪绘制一个红脸蛋，填充径向渐变，如图16-130、图16-131所示。单击"渐变"面板中最右侧的滑块，设置不透明度为0%，如图16-132所示，使渐变边缘呈现透明状态，效果如图16-133所示。

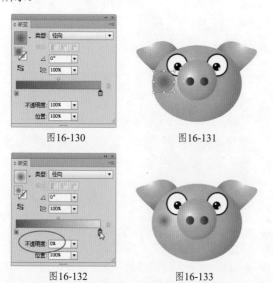

图16-130　　　　图16-131

图16-132　　　　图16-133

❿复制红脸蛋图形到右侧脸颊，如图16-134所示。使用钢笔工具 绘制小猪的嘴巴，如图16-135所示。

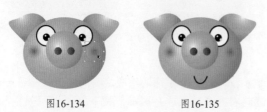

图16-134　　　　图16-135

⓫选取脸部图形，执行"效果>风格化>投影"命令，设置参数如图16-136所示，单击"颜色"按钮，在打开的"拾色器"中设置投影颜色为深棕

色，效果如图16-137所示，可爱的小猪图标就制作完了。

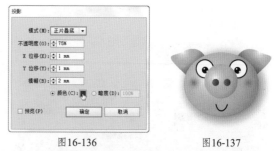

图16-136　　　　图16-137

⓬我们可以此为基础，克隆出若干小猪，然后将眼睛和嘴巴删除，如图16-138所示。再用钢笔工具重新绘制，表现出悠闲、满意的神态，如图16-139所示。用同样的方法制作出不同表情的小猪，如图16-140所示。图16-141所示为添加木纹背景的效果。

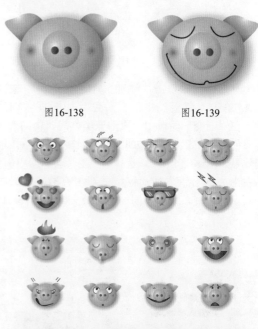

图16-138　　　　图16-139

图16-140

图16-141

294

## 16.5 手机APP设计

○菜鸟级 ○玩家级 ●专业级

⊙实例类型：平面设计类

⊙难易程度：★★★★☆

⊙使用工具：椭圆工具、钢笔工具、直接选择工具、渐变工具

⊙实例描述：在这个实例中，我们将使用"凸出和斜角"、"绕转"、"投影"等命令制作立体效果。将立体效果保存在"图形样式"面板中，可以方便地为其他图形添加相同的样式。

❶打开光盘中的素材文件，如图16-142所示。背景位于"图层1"中，处于锁定状态。文字已经创建为轮廓图形，便于编辑，如图16-143所示。

图16-142

图16-143

❷执行"效果>3D>凸出和斜角"命令，打开"3D凸出和斜角选项"对话框。勾选"预览"选项，拖动对话框左上角观景窗内的立方体，旋转文字的角度，单击 ⬜ 按钮添加新的光源，如图16-144、图16-145所示。

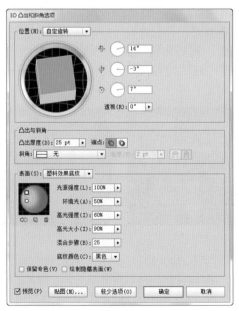

图16-144

图16-145

❸执行"效果>风格化>投影"命令，设置参数如图16-146所示，效果如图16-147所示。

图16-146

图16-147

❹保持立体字的选取状态，按住Alt键单击"图形样式"面板底部的 ⬜ 按钮，打开"图形样式选项"对话框，设置样式名称为"立体和投影效果"，如图16-148所示；单击"确定"按钮，创建的样式会保存在"图形样式"面板中，如图16-149所示。

图16-148

图16-149

> **提示**
>
> 　　由于立体字使用三种颜色进行填充，因此，创建为样式后，在"图形样式"面板中填充属性为无。每次应用该样式时，都要为图形重新设置填充颜色。

⑤使用圆角矩形工具 ▢ 创建一个圆角矩形，如图16-150所示；用选择工具 ▶ 按住Alt+Shift快捷键向右拖动图形进行复制，如图16-151所示；按下Ctrl+D快捷键再次复制图形，如图16-152所示；按住Shift键单击这三个图形，按下Ctrl+G快捷键编组，将描边设置为无。单击"图形样式"面板中的"立体和投影效果"，制作立体图形，如图16-153所示。

 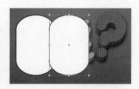

图16-150　　　　　　　　　图16-151

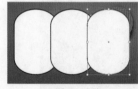 

图16-152　　　　　　　　　图16-153

⑥按下Ctrl+C快捷键复制该图形，按下Ctrl+B快捷键粘贴到后面，将光标放在定界框上，拖动鼠标调整图形大小。将填充颜色设置为绿色，如图16-154所示。在"外观"面板中单击"投影"属性，如图16-155所示，将其拖至面板底部的 🗑 按钮上，删除该图形的投影效果，如图16-156、图16-157所示。

图16-154　　　　　　　　　图16-155

图16-156　　　　　　　　　图16-157

⑦将该图形创建为样式，设置样式名称为"立体效果"，如图16-158、图16-159所示。

图16-158

图16-159

⑧使用圆角矩形工具 ▢ 创建五个图形，分别填充黄色和绿色，如图16-160所示。先将这五个图形编组，然后单击"图形样式"面板中的"立体效果"样式，为图形添加该样式，如图16-161所示。

图16-160　　　　　　　　　图16-161

⑨双击"3D凸出和斜角"属性，如图16-162所示，打开"3D凸出和斜角选项"对话框，设置"凸出厚度"为10pt，如图16-163、图16-164所示。

图16-162

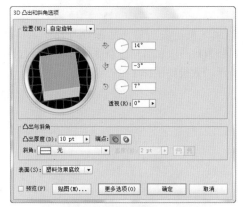

图16-163

图16-164

❿创建一个椭圆形，填充径向渐变，将两个色标均设置为黑色，右侧色标的不透明度为0%，如图16-165所示，使渐变呈现透明的过渡效果。将光标放在渐变上面的调节点上，单击并向下拖动，将渐变调整为椭圆形，如图16-166所示；使用选择工具 ▶ 将其拖到画面中，连续按下Ctrl+[ 快捷键，移动到绿色立体图形下方，拉开图形与背景的层次，如图16-167所示。

图16-165

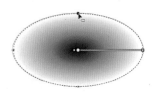

图16-166

图16-167

⓫用钢笔工具 ✐ 绘制三角形，填充黄色。使用选择工具 ▶ 通过移动复制的方法制作出其他三角形，并重新填色。单击"图形样式"面板中的"立体和投影效果"，将黄色和蓝色三角形的投影效果删除（在"外观"面板中操作），如图16-168所示。

⓬绘制一个外形如雨滴的图形，填充洋红色。使用编组选择工具 ▶+ 选取问号，按下Ctrl+C快捷键复制，按下Ctrl+V快捷键粘贴，使用选择工具 ▶ 调整问号的位置和角度，填充白色。将白色问号和雨滴图形编组，添加"图层样式"面板中的"立体效果"。双击"外观"面板中的"3D凸出和斜角"属性，将"凸出厚度"设置为10pt，如图16-169所示。

图16-168

图16-169

⓭使用星形工具 ✰ 绘制星形，填充绿色，添加立体效果，如图16-170所示。使用椭圆工具 ◯ 绘制椭圆形和圆形，组成一个鸡蛋的形状，然后添加"立体及投影效果"，如图16-171所示。

图16-170

图16-171

⓮使用选择工具 ▶ 将这些图形拖到画面中，复制、调整颜色、大小及角度，通过Ctrl+[ 快捷键和Ctrl+] 快捷键调整图形的前后位置，效果如图16-172所示。

⓯使用钢笔工具 ✐ 绘制五条开放式路径，将描边设置为不同的颜色，如图16-173所示。在绘制完一

条路径时，可以按住Ctrl键在画面空白处单击，然后再开始另一条路径的绘制。选取这些路径，按下Ctrl+G快捷键编组。执行"效果>3D>绕转"命令，打开"3D绕转选项"对话框，在偏移自选项中设置为"右边"，其他参数如图16-174所示，效果如图16-175所示。

图16-172

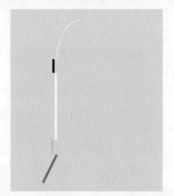

图16-173

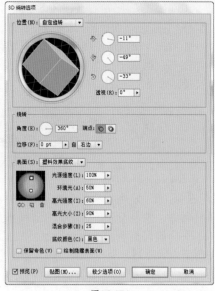

图16-174

图16-175

❶❻绘制飞机机翼图形，如图16-176所示；执行"效果>3D>凸出和斜角"命令，设置参数如图16-177所示，效果如图16-178所示。

图16-176

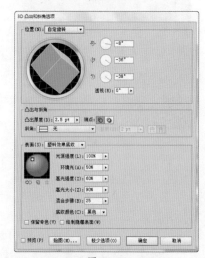

图16-177

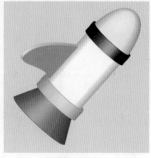

图16-178

⓱使用选择工具 ▶ 按住Alt键拖动机翼图形进行复制，双击"外观"面板中的"3D凸出和斜角"属性，在打开的对话框中调整角度及光源位置，制作出另一侧机翼，如图16-179、图16-180所示。

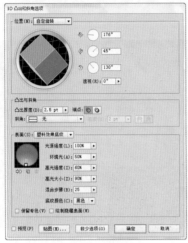

图16-179

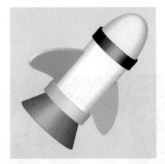

图16-180

⓲制作一个有立体感的圆形小窗，然后将组成飞机的图形编组。使用钢笔工具 ✍ 绘制一条路径，作为飞机的飞行轨迹，设置描边宽度为5pt，如图16-181所示。按下Alt+Shift+Ctrl+E快捷键打开"3D凸出和斜角选项"对话框，设置参数如图16-182所示，效果如图16-183所示。

图16-181

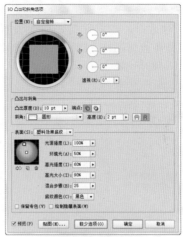

图16-182

图16-183

⓳使用选择工具 ▶ 按住Alt键拖动路径进行复制，将描边颜色设置为黄色，如图16-184所示；继续复制路径，分别设置为橙色和白色，如图16-185所示。

图16-184

图16-185

⓴选择椭圆工具 ◯，按住Shift键创建一个椭圆形，设置描边宽度为0.5pt，颜色为洋红色，无填充。使用直接选择工具 ▷ 框选右侧锚点，如图16-186所示，按下Delete键删除，如图16-187所示。

图16-186

图16-187

❷❶执行"效果>3D>绕转"命令，打开"3D绕转选项"对话框，在偏移自选项中设置为"右边"，其他参数如图16-188所示，制作出一个球体，如图16-189所示。

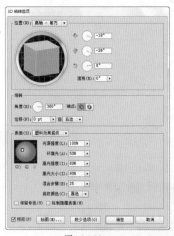

图16-188

图16-189

❷❷将球体移动到画面中，复制、调整大小，将描边设置为不同的颜色，使画面效果更加丰富，如图16-190所示。

图16-190

## 16.6 网页设计

○菜鸟级 ○玩家级 ●专业级

⊙实例类型：平面设计类

⊙难易程度：★★★☆☆

⊙使用工具：矩形工具、极坐标网格工具、文字工具、渐变工具

⊙实例描述：在这个实例中，我们将导入PSD文件作为设计素材，通过创建剪切蒙版将多余的图像隐藏，再根据图像的位置，制作和添加丰富的图形元素进行装饰。

❶前面讲到了APP设计，下面，我们来针对这款APP制作一个网页。按下Ctrl+N快捷键打开"新建文档"对话框，设置文档大小，如图16-191所示。

图16-191

💡提示

在"新建文档"对话框的"配置文件"下拉列表中有"Web"选项，选择该项后，在"大小"下拉列表中可以选择预设的几种网页尺寸。

❷选择矩形工具 ，将光标放在画板左上角，如图16-192所示，单击鼠标打开"矩形"对话框，设置参数如图16-193所示，创建一个与画板大小相同的矩形，填充黑色。

图16-192

图16-193

③执行"文件>置入"命令，打开"置入"对话框，置入光盘中的素材文件，取消"链接"选项的勾选，如图16-194所示，单击"置入"按钮，打开"Photoshop导入选项"对话框，单击"确定"按钮，导入文件，如图16-195、图16-196所示。

图16-194

图16-195　　　　　图16-196

④使用选择工具 ▶ 选取黑色矩形，按下Ctrl+C快捷键复制，在画板以外的区域单击，取消矩形的选取状态。按下Ctrl+F快捷键将复制的矩形粘贴到前面，如图16-197所示；单击"图层"面板底部的 ▣ 按钮，建立剪切蒙版，将画板以外的图像隐藏，如图16-198、图16-199所示。

图16-197　　　　　图16-198

图16-199

将图形创建剪切蒙版后，在画板中即为不可见状态。为了避免在制作过程中误将蒙版图形一同编辑，可以在"剪贴路径"子图层前面单击，将该图层锁定。

⑤使用文字工具 T 在画面中单击，输入文字，在控制面板中设置字体为Arista，大小为80pt，文字颜色为蓝色，如图16-200所示；在文字"what？"上拖动鼠标，将其选取，设置大小为95pt，再分别调整文字颜色，如图16-201所示。按住Ctrl键在文字以外的区域单击，结束文本的编辑状态。

图16-200

图16-201

⑥输入其他文字，设置字体为Arial，大小为18pt，如图16-202所示。

图16-202

⑦创建一个椭圆形，如图16-203所示；使用选择工具 ▶ 按住Alt键向右上方拖动图形进行复制，如图16-204所示；按住Shift键单击第一个椭圆形，将其一同选取，如图16-205所示；单击"路径查找器"面板中的 ▣ 按钮，通过图形相减形成一个月牙形状，如图16-206所示。

图16-203

图16-204

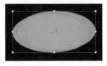

图16-205

图16-206

⑧执行"窗口>符号库>自然"命令，在"自然"面板中选择"植物2"，如图16-207所示，将其直

接拖入画面中，调整角度及大小，装饰在画面上方，如图16-208所示。

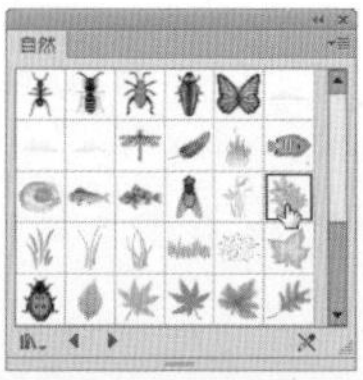


图16-207

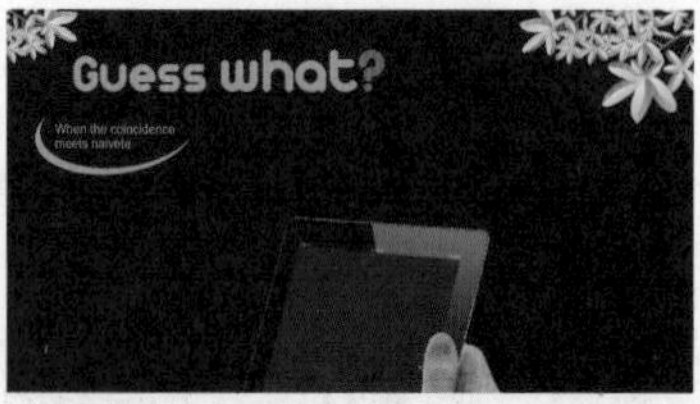


图16-208

⑨选择极坐标网格工具，在画面中单击，弹出“极坐标网格工具选项”对话框，设置网格图形的大小，如图16-209所示，单击“确定”按钮，创建极坐标网格图形，如图16-210所示。

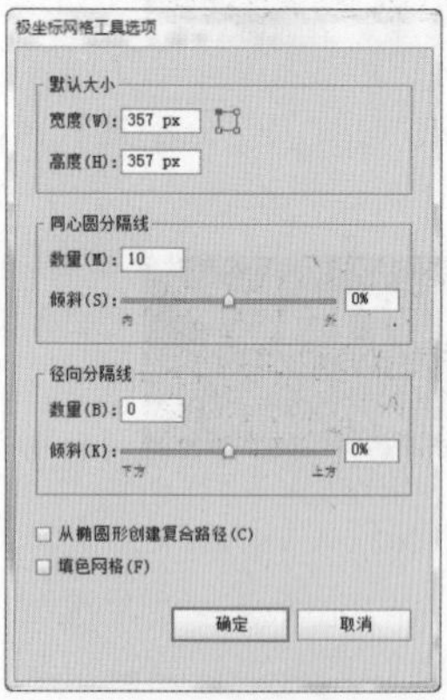


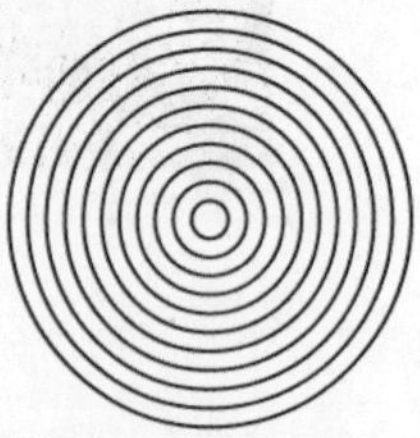

图16-209　　图16-210

⑩连续按两次Shift+Ctrl+G快捷键取消图形的编组状态。使用选择工具选取圆形，调整描边颜色，将中心区域的圆形删除，如图16-211所示。使用直接选择工具框选圆形下方的锚点，如图16-212所示；按下Delete键删除，如图16-213所示；将这五个半圆形选取，设置描边宽度为24pt，制作成彩虹图形，如图16-214所示。

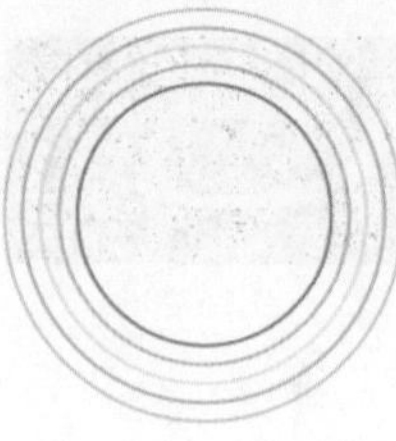

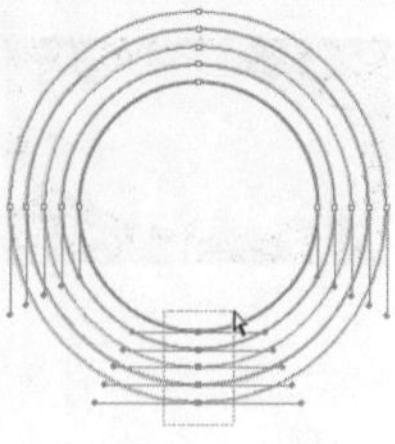

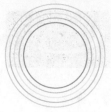

图16-211　　图16-212

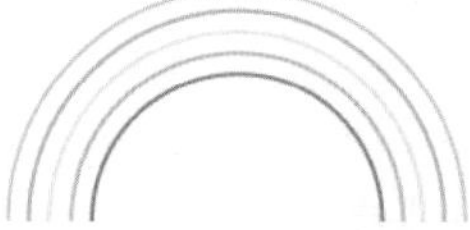

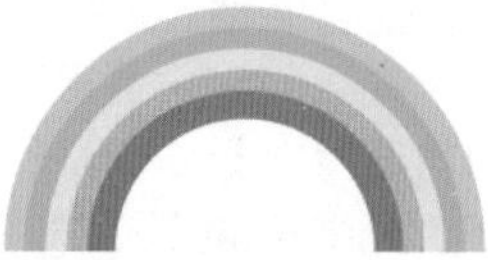

图16-213　　图16-214

⑪选取彩虹图形，执行“效果>风格化>羽化”命令，设置羽化半径为10px，如图16-215所示；将彩虹图形移动到iPad左上角，并适当调整其角度，如图16-216所示。

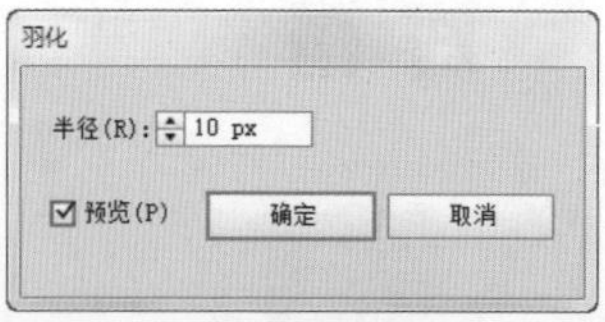


图16-215

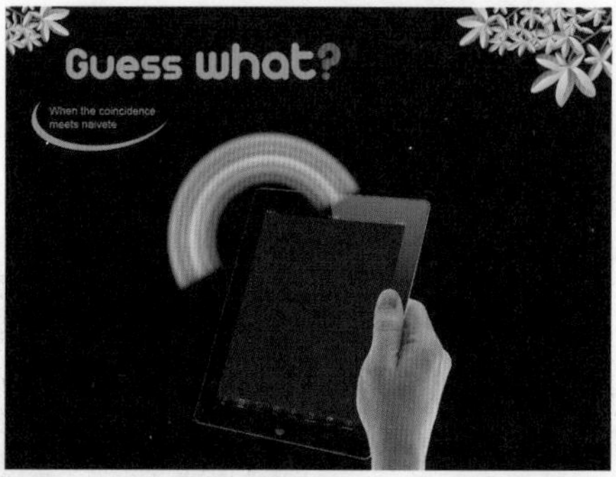


图16-216

⑫打开“APP设计”实例，如图16-217所示。这个实例中包含许多图形元素，对于已经编组的图形，可以使用编组选择工具进行选取，或双击编组图形，进入编组模式选取。

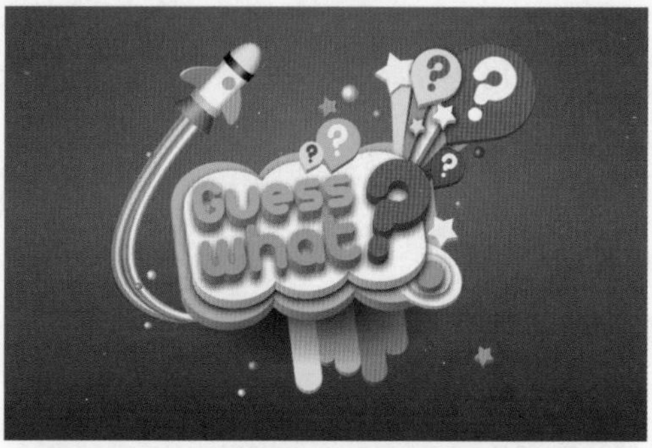


图16-217

⑬选取画面中的蓝色球体，按下Ctrl+C快捷键复制，切换到网页设计文档中，按下Ctrl+V快捷键粘贴，使用选择工具，将光标放在定界框的一角，拖动鼠标调整球体大小，如图16-218所示；按住Alt键拖动球体进行复制，调整大小及描边颜色，如图16-219所示。

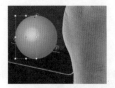

图16-218　　　　　图16-219

⓮复制并调整球体大小，由远及近，由小到大排列，如图16-220所示。使用选择工具 ▲ 创建一个矩形选框，将画面中的球体全部选取，再按住Shift键单击iPad图像、黑色背景图形，将它们从选取对象中减去，确保当前选取的是所有球体图形，然后，按下Ctrl+G快捷键编组。

图16-220

⓯在画面下方创建一个矩形，填充线性渐变，设置渐变色标的颜色为黑色，右侧色标的不透明度为0%，如图16-221、图16-222所示。

图16-221

图16-222

⓰选取渐变图形及球体，按下Shift+Ctrl+[ 快捷键移至底层，再按下Ctrl+] 快捷键上移一层，如图16-223所示。

图16-223

⓱复制一个球体图形，衬托在手的下方，设置不透明度为40%，如图16-224、图16-225所示。

图16-224　　　　　　　　图16-225

⓲单击"图层"面板底部的 ▣ 按钮，新建一个图层。将"APP设计"实例中的图形复制粘贴到网页文档中，调整大小及位置，效果如图16-226所示。

图16-226

## 16.7　纸艺蝙蝠侠

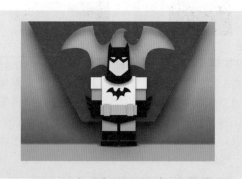

○菜鸟级　○玩家级　●专业级

⊙实例类型：平面设计类

⊙难易程度：★★★☆

⊙使用工具：矩形工具、钢笔工具、直接选择工具、镜像工具

⊙实例描述：在这个实例中，我们将为图形添加投影、羽化、外发光等效果，使平面图形立体化。操作中通过"外观"面板的设置，可以使新绘制的图形具有同上一图形相同的外观效果，也可以根据需要灵活的删除效果。

❶使用矩形工具  绘制一个矩形，填充黑色，无描边颜色，如图16-227所示；使用直接选择工具 ❘ 单击左上角的锚点，如图16-228所示；按下键盘上的→键（连续按7次），将锚点向右侧移动，如图16-229所示；用同样的方法移动右上角的锚点，制作出一个梯形，如图16-230所示。

图16-227　　　　图16-228

图16-229　　　　图16-230

❷执行"效果>风格化>投影"命令，为图形添加投影效果，如图16-231、图16-232所示。

图16-231　　　　　　　图16-232

❸打开"外观"面板菜单，取消"新建图稿具有基本外观"命令的勾选，如图16-233所示，使以下绘制的图形都带有"投影"效果。选择多边形工具

 ，按住鼠标拖动（同时按下↓键）创建一个三角形，如图16-234所示。

图16-233

图16-234

❹使用选择工具 ❘ 调整三角形的宽度，将三角形放在梯形的左上角，如图16-235所示；按住Alt键向右拖动三角形进行复制，如图16-236所示。

图16-235　　　　　　图16-236

❺使用钢笔工具 ✎ 绘制眼睛，如图16-237所示；保持该图形的选取状态，选择镜像工具 ❘ ，按住Alt键在黑色图形的中间位置单击，弹出"镜像"对话框，选择"垂直"选项，单击"复制"按钮，如图16-238所示，镜像并复制出一个图形，如图16-239所示。

图16-237    图16-238

图16-239

❻继续绘制脸部及身体图形，分别以浅黄色、灰色、黄色及黑色进行填充，如图16-240、图16-241所示。

图16-240    图16-241

❼在衣服上绘制一个蝙蝠图形，如图16-242所示；在"外观"面板中单击"投影"属性，如图16-243所示；将其拖至面板底部的 🗑 按钮上，删除该属性，如图16-244所示；使图形不具备投影效果，如图16-245所示。

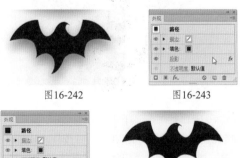

图16-242    图16-243

图16-244    图16-245

❽脚部由灰色和黑色两个图形组成，不带有投影效果。分别使用矩形工具 ▦ 和钢笔工具 ✐ 绘制左臂，如图16-246所示；使用选择工具 ▶ 按住Shift键选取组成左臂的图形，按下Ctrl+G快捷键编组，按下Shift+Ctrl+[ 快捷键将其移至底层。选择镜像工具 ⬡，按住Alt键在身体图形的中间位置单击，弹出"镜像"对话框，选择"垂直"选项，单击"复制"按钮，镜像并复制出右臂，如图16-247所示。

图16-246    图16-247

❾选取蝙蝠图形，按下Ctrl+C快捷键复制，在制作背景时会用到。单击"图层"面板底部的 🖿 按钮，新建"图层2"，如图16-248所示。在"图层1"的缩览图前面单击，锁定该图层，将"图层2"拖到"图层1"下方，如图16-249所示。

图16-248    图16-249

❿使用矩形工具 ▦ 创建一个矩形作为背景，填充蓝色，如图16-250所示。使用钢笔工具 ✐ 绘制背景上的装饰图形，如图16-251所示。

图16-250

图16-251

⓫按下Ctrl+V快捷键将前面复制的蝙蝠图形粘贴到画面中，调整一下大小，如图16-252所示。按住Shift键单击红色图形，将其一同选取，单击"路径查找器"面板中的减去顶层按钮，实现挖空效果，如图16-253所示。

图16-252

图16-253

⓬执行"效果>风格化>投影"命令，设置参数如图16-254所示，为图形添加投影效果，如图16-255所示。

图16-254

图16-255

⓭再次粘贴蝙蝠图形，填充黄色，调整大小，如图16-256所示；按下Ctrl+[ 快捷键向后移至红色图形下方，如图16-257所示。

图16-256

图16-257

⓮创建一个矩形，填充线性渐变。将两个色标都设置为深蓝色，单击右侧色标，设置不透明度为0%，如图16-258、图16-259所示。

图16-258

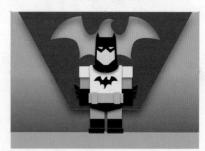

图16-259

⓯将左侧色标略向右拖动，然后按住Alt键拖动右侧色标，将其复制到渐变滑杆最左端，如图16-260所示，使图形的深色边缘变得柔和，如图16-261所示。

图16-260

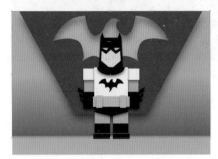

图16-261

⓰使用椭圆工具 ◯ 创建一个椭圆形，如图16-262所示；执行"效果>风格化>羽化"命令，设置半径为2mm，如图16-263所示；在"透明度"面板中设置图形的混合模式为"正片叠底"，不透明度为80%，如图16-264、图16-265所示。

图16-262

图16-263

图16-264

图16-265

⓱使用钢笔工具 ◢ 绘制一个黑色图形，按下Ctrl+[ 快捷键将其向后移动，如图16-266所示；按下Alt+Shift+Ctrl+E快捷键打开"羽化"对话框，设置半径为30mm。设置图形的混合模式为"正片叠底"，不透明度为60%，如图16-267所示。

⓲使用钢笔工具绘制一个略小于蝙蝠侠身体的图形，如图16-268所示。执行"效果>风格化>外发光"命令，设置参数如图16-269所示，效果如图16-270所示。通过外发光的设置，拉开人物与背景的距离。

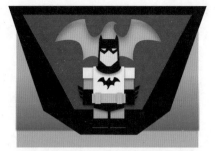

图16-266

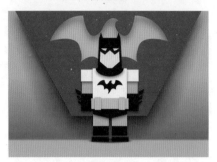

图16-267

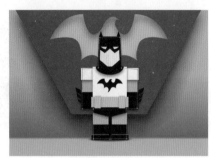

图16-268

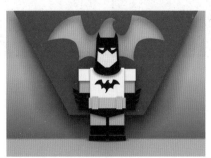

图16-269

图16-270

# 16.8 光影特效夜光小提琴

○菜鸟级　○玩家级　●专业级

⊙实例类型：特效类

⊙难易程度：★★★☆☆

⊙使用工具：矩形工具、钢笔工具、混合工具、路径文字工具、椭圆工具、旋转工具、光晕工具

⊙实例描述：先绘制小提琴的路径，制作出一红一黑两种路径，再将路径混合，添加渐变和光晕，形成了特殊的视觉效果。画面中的小提琴虚中带实，似乎要消失在黑暗里，而变化细腻的色彩和光线又仿佛流淌着旋律。

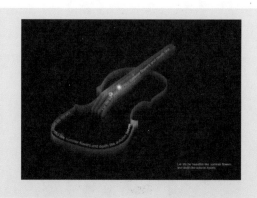

❶使用矩形工具 绘制一个与画面大小相同的矩形，填充黑色，单击"图层1"前面的▶图标，展开图层，锁定矩形路径所在的子图层，如图16-271所示。使用钢笔工具 绘制一个小提琴路径，如图16-272所示。

图16-271　　　　　　图16-272

❷绘制四根琴弦，如图16-273所示。选取组成小提琴的所有路径，按下Ctrl+G快捷键编组。使用选择工具 按住Alt键向下拖动编组图形进行复制，将描边颜色设置为黑色，按下Ctrl+[ 快捷键将黑色小提琴移至红色小提琴的后面，然后将它的位置向下调整，如图16-274所示。

图16-273　　　　　　图16-274

❸选取这两个小提琴图形，按下Alt+Ctrl+B快捷键建立混合效果，双击混合工具 ，设置混合间距为30，如图16-275、图16-276所示。

❹绘制一条路径，如图16-277所示。选择路径文字工具 ，在"字符"面板中设置字体及大小，如

图16-278所示。在路径上单击输入文字，文字会自动沿路径排列，如图16-279所示。在琴弦位置再绘制一条路径，用同样的方法制作出新的路径文字，如图16-280所示。

图16-275　　　　　　图16-276

图16-277　　　　　　图16-278

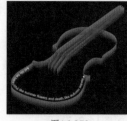

图16-279　　　　　　图16-280

❺在小提琴上绘制一个矩形，大小要完全覆盖小提琴。执行"窗口>色板库>渐变>水"命令，载入渐变库，选择如图16-281所示的渐变来填充矩形，设置混合模式为"正片叠底"，如图16-282、图16-283所示。

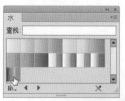

图16-281 图16-282

图16-283

❻该渐变的名称为"带地平线的水域",在"渐变"面板中可以看到它的冷暖色之间没有过渡,橙色与青色之间形成一条清晰的线,如图16-284所示。我们将渐变滑杆中间位置的滑块拖到面板外删除,此时橙色与青色之间有了自然的过渡,如图16-285、图16-286所示。

图16-284 图16-285

图16-286

❼使用椭圆工具 ⬭ 绘制椭圆形,填充白色的径向渐变,将其中一个滑块的不透明度设置为0%,使渐变产生透明感,如图16-287、图16-288所示。

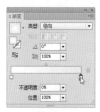

图16-287 图16-288

❽设置图形的混合模式为"叠加",如图16-289、图16-290所示。

图16-289 图16-290

❾绘制一个矩形,填充线性渐变,使用旋转工具 ⟳ 拖动矩形将其旋转,如图16-291所示。执行"效果>风格化>羽化"命令,设置羽化参数为14.11mm,使图形边缘变得柔和,如图16-292、图16-293所示。设置该图形的混合模式为"正片叠底",如图16-294所示。

图16-291 图16-292

图16-293 图16-294

❿使用光晕工具 ⬡ 在画面中拖动鼠标创建光晕图形,如图16-295所示。最后,在画面右下角输入文字,完成后的效果如图16-296所示。

图16-295

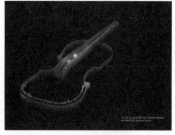

图16-296

# 16.9 俱乐部图标设计

○菜鸟级　○玩家级　●专业级

⊙实例类型：UI设计类

⊙难易程度：★★★★☆

⊙使用工具：钢笔工具、镜像工具、直接选择工具、渐变工具、混合工具、旋转工具、铅笔工具

⊙实例描述：以渐变、混合、内发光等多种技法来表现图标晶莹的质感。同时，不能忽略细节的表现，如制作光线和光源效果，以强化材质闪亮发光的特性；在背景中制作带有半透明渐变的放射形图案，能很好地烘托气氛，也使图标更加耐看。

## 16.9.1 制作对称图形

❶按下Ctrl+U快捷键显示智能参考线。使用钢笔工具 ✐ 绘制一条开放式路径，有智能参考线的提示，我们可以很方便地将路径的两个端点对齐在一条垂线上，如图16-297所示。按住Ctrl键切换为选择工具 ▶，单击路径将其选取。选择镜像工具 ⋈，将光标放在路径上方的端点上，如图16-298所示。

图16-297　　　　图16-298

❷按住Alt键单击鼠标，弹出"镜像"对话框，选择"垂直"选项，单击"复制"按钮，如图16-299所示，镜像并复制出一个同样的路径，如图16-300所示。

图16-299　　　　　　图16-300

❸我们要分别连接两条路径的端点，使其成为一个完整的图形。使用直接选择工具 ▷ 框选路径上方的两个端点，如图16-301所示。单击工具选项栏中

的连接所选终点按钮 ⌐，连接这两个端点。再选取下方的两个端点，如图16-302所示，同样进行连接。

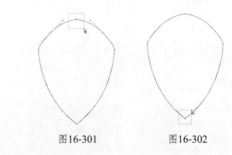

图16-301　　　　　　图16-302

## 16.9.2 表现玻璃质感

❶设置描边颜色为灰色，粗细为0.5pt。双击渐变工具 ▣，打开"渐变"面板，在"类型"下拉列表中选择"径向"，在渐变条上单击添加渐变色标，如图16-303、图16-304所示。

图16-303　　　　　　图16-304

❷按下Ctrl+C快捷键复制该图形，按下Ctrl+F快捷键贴在前面。使用直接选择工具 ▷ 移动图形上边的锚点，改变图形的外形，如图16-305所示。设置描边颜色为无。将灰色渐变调整为棕色，如图16-306、图16-307所示。

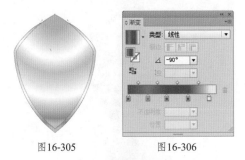

图16-305　　　　　　图16-306

图16-307

❸按下Ctrl+F快捷键执行"贴在前面"命令，再次粘贴图形。将填充颜色设置为橙色，无描边颜色，如图16-308所示。按下Ctrl+C快捷键复制该图形，在以后的操作中还会用到。使用选择工具 调整图形的定界框，将图形缩小。在调整宽度时要按住Alt键，使图形的左右两边同时缩放，如图16-309所示。

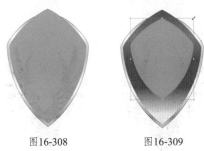

图16-308　　　　　　图16-309

❹按住Shift键单击棕色渐变图形，将它与橙色图形一同选取。按下Alt+Ctrl+B快捷键建立混合，双击混合工具 ，打开"混合选项"对话框，设置混合步数为20，如图16-310、图16-311所示。按下Ctrl+F快捷键粘贴橙色图形，如图16-312所示。

图16-310

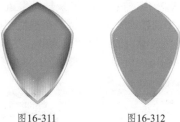

图16-311　　　　　　图16-312

❺执行"效果>风格化>内发光"命令，单击对话框右侧的颜色块，将发光颜色设置为深棕色，其他参数设置如图16-313所示，效果如图16-314所示。设置不透明度为60%，如图16-315所示。

图16-313

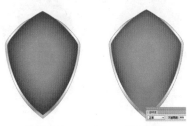

图16-314　　　　　　图16-315

❻绘制一个矩形，如图16-316所示；使用选择工具 按住Alt+Shift键向下拖动矩形，移动并复制产生新的图形，如图16-317所示；按下Ctrl+D快捷键再次执行该操作，复制出更多的图形，如图16-318所示。

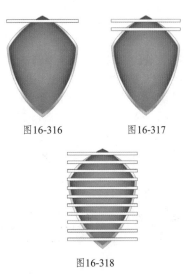

图16-316　　　　　　图16-317

图16-318

⑦选取所有矩形，按下Ctrl+G快捷键编组。在"渐变"面板中调整渐变颜色，将三个滑块都设置为白色，左右两侧滑块的不透明度为0%，中间滑块为100%，如图16-319所示，效果如图16-320所示。

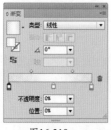
图16-319

图16-320

⑧按下Ctrl+F快捷键粘贴橙色图形，将橙色图形与矩形同时选取，如图16-321所示。按下Ctrl+7快捷键建立剪切蒙版，将橙色图形以外的区域隐藏，如图16-322所示。设置混合模式为"柔光"，如图16-323所示。

图16-321

图16-322

图16-323

⑨使用钢笔工具 绘制如图16-324所示的图形，用来表现高光部分。在"渐变"面板中调整渐变颜色，将两个滑块都设置为白色，左侧滑块的不透明度为60%，右侧滑块的不透明度为0%，如图16-325所示，创建如玻璃般闪亮的高光效果，如图16-326所示。

图16-324

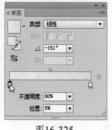
图16-325

图16-326

## 16.9.3 制作装饰物

①打开"符号"面板，单击右上角的 按钮，打开面板菜单，选择"打开符号库>至尊矢量包"命令，加载该符号库，选择"至尊矢量包05"符号，如图16-327所示，将其拖入画面中，如图16-328所示。单击"符号"面板底部的 按钮，断开符号链接，使其可以作为图形进行编辑，如图16-329所示。

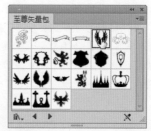
图16-327

图16-328

图16-329

②在"渐变"面板中调整渐变颜色，为符号图形填充径向渐变，如图16-330、图16-331所示。然后按下Ctrl+G快捷键将图形编组。

图16-330

图16-331

❸按下Shift+Ctrl+[ 快捷键将图形移至底层，放在玻璃图标后面，如图16-332所示。用钢笔工具 绘制一个图形，填充线性渐变，如图16-333、图16-334所示。

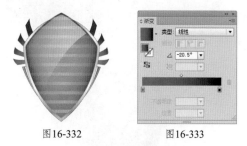

图16-332　　　　　　　图16-333

图16-334

❹选择镜像工具 ，在图形上会有一个呈高亮显示的中心点，如图16-335所示。将中心点拖到玻璃图形的尖角上，如图16-336所示，表示将以该点为中心做镜像。

图16-335　　　　　　　图16-336

❺拖动图形进行对称变换，在放开鼠标前按下Shift+Alt键，可镜像并复制出一个新的图形，如图16-337所示。按Shift键的作用是使变化方向呈水平状态，按Alt键则可以复制对象。再将这两个图形移至底层，如图16-338所示。

图16-337　　　　　　　图16-338

## 16.9.4 制作背景、文字和光线

❶锁定"图层1"。单击"图层"面板底部的 按钮，新建一个图层，将其拖到"图层1"下方，如图16-339所示。创建一个矩形，填充灰色，如图16-340所示。

图16-339　　　　　　　图16-340

❷绘制一个三角形，填充线性渐变，如图16-341、图16-342所示。

图16-341　　　　　　　图16-342

❸选择旋转工具 ，将光标放在三角形的一角上，如图16-343所示。按住Alt键单击，弹出"旋转"对话框，设置旋转角度为30º，单击"复制"按钮，如图16-344所示，旋转并复制出一个新的图形，如图16-345所示。

图16-343　　　　　　　图16-344

图16-345

❹连续按10次Ctrl+D快捷键，旋转并复制出更多的图形，形成一个圆，如图16-346所示。选取这些图形，按下Ctrl+G快捷键编组，再适当调整一下编组图形的整体高度，如图16-347所示。

❺使用铅笔工具 绘制一个图形，填充径向渐变，来表现投影效果，如图16-348、图16-349所示。

图16-346

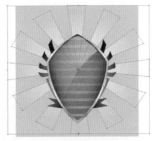
图16-347

图16-348

图16-349

❻执行"效果>风格化>羽化"命令，设置半径为20mm，如图16-350所示。使图形边缘变得模糊，如图16-351所示。

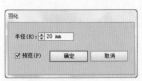
图16-350

图16-351

❼使用椭圆工具 绘制一个椭圆形，填充径向渐变，如图16-352、图16-353所示。

图16-352

图16-353

❽设置该图形的混合模式为"正片叠底"，如图16-354所示。使用文字工具 T 在画面中输入"Illustrator"，设置字体为Arial，大小为45pt，如图16-355所示。再输入两行小字，大小为14pt，如图16-356所示。

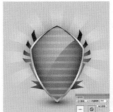

图16-354

图16-355

图16-356

❾按下Ctrl+C快捷键复制文字，按下Ctrl+F快捷键粘贴到前面，稍向左侧移动。按下Shift+Ctrl+O快捷键创建轮廓，将文字填充线性渐变，如图16-357、图16-358所示。

图16-357

图16-358

❿使用钢笔工具 绘制一个彩带，填充线性渐变，如图16-359、图16-360所示。

图16-359

图16-360

⓫再输入一行文字，设置大小为12.9pt，如图16-361所示。执行"效果>变形>弧形"命令，设置参数为15-362所示，使文字产生弧形弯曲，如图16-363所示。

图16-361

图16-362

图16-363

⓵⓶绘制一个矩形，填充线性渐变，如图16-364、图16-365所示。用这个矩形来表现光线，强调水晶图标的质感。

图16-364

图16-365

⓵⓷执行"效果>风格化>羽化"命令，设置半径为1mm，使图形边缘变得柔和，如图16-366、图16-367所示。设置混合模式为"强光"，如图16-368所示。

图16-366

图16-367

图16-368

⓵⓸复制出两个光线，适当调整一个角度，如图16-369所示。使用星形工具 ☆ 按住Shift键创建星形，填充线性渐变，如图16-370、图16-371所示。

图16-369

图16-370

图16-371

⓵⓹选择光晕工具 ◎，在画面左上方拖动鼠标创建光晕图形，如图16-372所示，完成俱乐部图标的制作，效果如图16-373所示。

图16-372

图16-373

315

## 16.10　唯美风格插画

○菜鸟级　　○玩家级　　●专业级

⊙实例类型：平面设计类

⊙难易程度：★★★★☆

⊙使用工具：钢笔工具、矩形工具、圆形工具

⊙实例描述：在这个实例中，我们将根据人物的动态绘制装饰元素，体现唯美风格。图形要有形式美感，构图精致、色彩协调。装饰纹样使用钢笔工具绘制，并将其创建为符号，以减小文档的大小。颜色的填充以渐变为主，体现出柔和的过渡效果。

❶执行"文件>置入"命令，打开"置入"对话框，选择光盘中的人物素材文件，取消"链接"选项的勾选，如图16-374所示，单击"置入"按钮，弹出如图16-375所示的对话框，单击"确定"按钮，置入图像，如图16-376所示。

图16-374

图16-375

图16-376

❷使用钢笔工具 ✐ 绘制人物右侧肩膀，如图16-377所示；选择吸管工具 ✐ ，按住Shift键在人物图像的肩膀位置单击，如图16-378所示，拾取颜色填充图形。

图16-377　　　　　　　　图16-378

❸将描边设置为无，如图16-379所示。在"图层1"前面单击，锁定该图层，单击面板底部的 ⬚ 按钮，新建一个图层，如图16-380所示。

图16-379　　　　　　　　图16-380

❹使用钢笔工具 ✐ 绘制卷发图形。在"渐变"面板中调整渐变颜色，将图形的填充与描边设置不同的渐变颜色，描边宽度为2pt，如图16-381~图16-383所示。

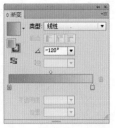

图16-381　　　　　图16-382

图16-383

⑤根据第一个图形的外观，再绘制一个小一点的图形，填充略深一些的渐变色，如图16-384、图16-385所示。绘制一个卷曲的图形，填充与第一个图形相同的渐变色，无描边，如图16-386所示。

图16-384　　　　　图16-385

图16-386

💡提示

　　　　在绘制图形时，要为其填充与其他图形相同的渐变色，在当前图形被选取的状态下，使用吸管工具 🖉 在取样对象上单击即可。

⑥按住Alt键拖动该图形进行复制，再分别选取每个部分，填充不同的颜色，制作出橙色、粉色、紫色和黄色卷发，如图16-387所示。

图16-387

⑦按下Shift+Ctrl+F11快捷键打开"符号"面板，单击 ▼ 按钮打开面板菜单，选择"选择所有未使用的符号"命令，如图16-388所示，按住Alt键单击面板底部的 🗑 按钮，删除符号，将"符号"面板清空，如图16-389所示。

图16-388

图16-389

⑧选取一个卷发图形，如图16-390所示，单击"符号"面板底部的 ◰ 按钮创建符号，弹出"符号选项"对话框，设置名称为"卷发1"，如图16-391所示；单击"确定"按钮，新建符号会保存在"符号"面板中，如图16-392所示。用同样的方法将其他卷发图形也创建为符号，并制作一个圆形符号，如图16-393所示。

图16-390　　　　　图16-391

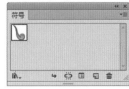

图16-392　　　　　图16-393

317

　　本实例将图形创建为符号，在表现人物卷发时反复使用的都是这几个符号实例，这样可以降低文档的大小。另外，每个符号都只是构成画面的一个装饰元素，可以使用选择工具 ▶ 选取它，像调整图形一样进行旋转、镜像和缩放等操作，使图形的排列更加秩序美观。本实例不需要使用工具箱中的符号编辑工具。

⑨在"符号"面板中将紫色符号拖到画面中，使用镜像工具 ▷ 在符号上拖动可以翻转符号，用选择工具 ▶ 调整符号大小、位置和角度，如图16-394所示。在其上面放置黄色符号，如图16-395所示。按住Alt键拖动符号进行复制，按照头发的走势排列，如图16-396所示。添加其他符号，按下Ctrl+]或Ctrl+[ 快捷键调整符号的前后位置，如图16-397所示。一组卷发制作完毕后，可以将它们选取，按下Ctrl+G快捷键编组。

图16-394

图16-395

图16-396

图16-397

　　使用选择工具 ▶ 选取画面中的符号，将光标放在符号定界框的左侧，向右侧拖动鼠标可镜像符号。

⑩制作另外一组卷发。先摆放大的符号，如图16-398、图16-399所示；再复制和制作小的符号，体现细节的变化，如图16-400所示。

图16-398

图16-399

图16-400

⑪用钢笔工具 ✎ 绘制右侧的头发，填充线性渐变。设置描边颜色为白色，粗细为0.75pt，如图16-401、图16-402所示。继续绘制头发，形态要婉转轻柔，如图16-403、图16-404所示。

图16-401

图16-402

图16-403

图16-404

⓬绘制较长的发丝，使头发有迎风飘舞之感，如图16-405所示。在手腕绘制装饰物，如图16-406所示。

图16-405

图16-406

⓭打开光盘中的素材文件，如图16-407、图16-408所示。

图16-407

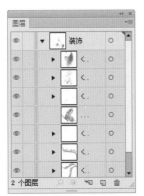

图16-408

⓮选择素材中的翅膀、羽毛、花朵、蝴蝶等装饰物，复制粘贴到人物文档中，如图16-409所示。

图16-409

提示

使用矩形工具 ▭ 绘制一个与画板大小相同的矩形，单击"图层"面板底部的 ▣ 按钮，建立剪切蒙版，将画板以外的图形隐藏。

⓯在眼睛上绘制眼影图形，填充径向渐变，单击右侧色标，将不透明度设置为0%，使渐变的边缘透明，如图16-410所示；选择渐变工具 ▣ ，将光标放在渐变的调节点上，将渐变调为椭圆形，如图16-411、图16-412所示。

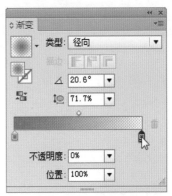

图16-410

图16-411

图16-412

⓰绘制眼线及睫毛，如图16-413所示。

图16-413

⓱单击"图层"面板底部的 按钮，新建"图层3"，如图16-414所示，将其拖至面板底层，如图16-415所示。将素材文档中的背景复制粘贴到人物文档中，效果如图16-416所示。

图16-414

图16-415

图16-416

# Illustrator常用快捷键

| 工具 | 快捷键 | 工具 | 快捷键 | 工具 | 快捷键 |
|---|---|---|---|---|---|
| 选择工具 | V | 直接选择工具 | A | 魔棒工具 | Y |
| 套索工具 | Q | 钢笔工具 | P | 转换锚点工具 | Shift+C |
| 文字工具 | T | 直线段工具 | \ | 矩形工具 | M |
| 椭圆工具 | L | 画笔工具 | B | 铅笔工具 | N |
| 剪刀工具 | C | 宽度工具 | Shift+W | 变形工具 | Shift+R |
| 自由变换工具 | E | 形状生成器工具 | Shift+M | 实时上色工具 | K |
| 实时上色选择工具 | Shift+L | 透视网格工具 | Shift+P | 透视选区工具 | Shift+V |
| 网格工具 | U | 渐变工具 | G | 吸管工具 | I |
| 混合工具 | W | 符号喷枪工具 | Shift+S | 抓手工具 | H |
| 缩放工具 | Z | 切换填色/描边 | X | 默认值 | D |
| 互换填色/描边 | Shift+X | 颜色 | , | 渐变 | . |
| 无 | / | 切换屏幕模式 | F | 显示/隐藏所有面板 | Tab |
| 显示/隐藏除工具箱外的所有面板 | Shift+Tab | 增加直径 | ] | 减小直径 | [ |
| 符号工具 - 增大强度 | Shift+} | 符号工具 - 减小强度 | Shift+{ | 切换绘图模式 | Shift+D |

| 菜单命令 | 快捷键 | 菜单命令 | 快捷键 | 菜单命令 | 快捷键 |
|---|---|---|---|---|---|
| 文件>新建 | Ctrl+N | 文件>从模板新建 | Shift+Ctrl+N | 文件>打开 | Ctrl+O |
| 文件>在 Bridge 中浏览 | Alt+Ctrl+O | 文件>关闭 | Ctrl+W | 文件>存储 | Ctrl+S |
| 文件>存储为 | Shift+Ctrl+S | 文件>存储副本 | Alt+Ctrl+S | 文件>文档设置 | Alt+Ctrl+P |
| 文件>打印 | Ctrl+P | 文件>退出 | Ctrl+Q | 编辑>还原 | Ctrl+Z |
| 编辑>重做 | Shift+Ctrl+Z | 编辑>剪切 | Ctrl+X | 编辑>复制 | Ctrl+C |
| 编辑>粘贴 | Ctrl+V | 编辑>贴在前面 | Ctrl+F | 编辑>贴在后面 | Ctrl+B |
| 编辑>就地粘贴 | Shift+Ctrl+V | 编辑>在所有画板上粘贴 | Alt+Shift+Ctrl+V | 编辑>颜色设置 | Shift+Ctrl+K |
| 编辑>键盘快捷键 | Alt+Shift+Ctrl+K | 对象>变换>再次变换 | Ctrl+D | 对象>排列>置于顶层 | Shift+Ctrl+] |
| 对象>排列>前移一层 | Ctrl+] | 对象>排列>后移一层 | Ctrl+[ | 对象>排列>置于底层 | Shift+Ctrl+[ |
| 对象>编组 | Ctrl+G | 对象>取消编组 | Shift+Ctrl+G | 对象>锁定>所选对象 | Ctrl+2 |
| 对象>全部解锁 | Alt+Ctrl+2 | 对象>隐藏>所选对象 | Ctrl+3 | 对象>显示全部 | Alt+Ctrl+3 |
| 对象>路径>连接 | Ctrl+J | 对象>混合>建立 | Alt+Ctrl+B | 对象>混合>释放 | Alt+Shift+Ctrl+B |
| 对象>封套扭曲>用变形建立 | Alt+Shift+Ctrl+W | 对象>封套扭曲>用网格建立 | Alt+Ctrl+M | 对象>封套扭曲>用顶层对象建立 | Alt+Ctrl+C |

| 菜单命令 | 快捷键 | 菜单命令 | 快捷键 | 菜单命令 | 快捷键 |
|---|---|---|---|---|---|
| 对象>实时上色>建立 | Alt+Ctrl+X | 对象>剪切蒙版>建立 | Ctrl+7 | 对象>剪切蒙版>释放 | Alt+Ctrl+7 |
| 文字>创建轮廓 | Shift+Ctrl+O | 选择>全部 | Ctrl+A | 选择>取消选择 | Shift+Ctrl+A |
| 选择>重新选择 | Ctrl+6 | 效果>应用上一个效果 | Shift+Ctrl+E | 效果>上一个效果 | Alt+Shift+Ctrl+E |
| 视图>预览 | Ctrl+Y | 视图>放大 | Ctrl++ | 视图>缩小 | Ctrl+- |
| 视图>画板适合窗口大小 | Ctrl+0 | 视图>全部适合窗口大小 | Alt+Ctrl+0 | 视图>实际大小 | Ctrl+1 |
| 视图>隐藏边缘 | Ctrl+H | 视图>隐藏画板 | Shift+Ctrl+H | 视图>标尺>显示标尺 | Ctrl+R |
| 视图>隐藏定界框 | Shift+Ctrl+B | 视图>显示透明度网格 | Shift+Ctrl+D | 视图>参考线>隐藏参考线 | Ctrl+; |
| 视图>参考线>锁定参考线 | Alt+Ctrl+; | 视图>智能参考线 | Ctrl+U | 视图>透视网格>显示网格 | Shift+Ctrl+I |

| 面板 | 快捷键 | 面板 | 快捷键 | 面板 | 快捷键 |
|---|---|---|---|---|---|
| 信息 | Ctrl+F8 | 变换 | Shift+F8 | 图层 | F7 |
| 图形样式 | Shift+F5 | 外观 | Shift+F6 | 对齐 | Shift+F7 |
| 属性 | Ctrl+F11 | 描边 | Ctrl+F10 | 字符 | Ctrl+T |
| 段落 | Alt+Ctrl+T | 渐变 | Ctrl+F9 | 画笔 | F5 |
| 符号 | Shift+Ctrl+F11 | 透明度 | Shift+Ctrl+F10 | 颜色 | F6 |

# Illustrator工具索引

| 工具图标/名称 | 章节 | 工具图标/名称 | 章节 | 工具图标/名称 | 章节 |
|---|---|---|---|---|---|
| 选择工具 | 7.1.1 | 直接选择工具 | 4.4.1 | 编组选择工具 | 3.5.3 |
| 魔棒工具 | 3.5.2 | 套索工具 | 4.4.1 | 钢笔工具 | 4.3 |
| 添加锚点工具 | 4.4.6 | 删除锚点工具 | 4.4.6 | 转换锚点工具 | 4.4.5 |
| 文字工具 | 10.1.2 | 直排文字工具 | 10.1.2 | 区域文字工具 | 10.2.1 |
| 垂直区域文字工具 | 10.2.1 | 路径文字工具 | 10.3.1 | 垂直路径文字工具 | 10.3.1 |
| 修饰文字工具 | 10.1.4 | 直线段工具 | 3.2.1 | 弧形工具 | 3.2.2 |
| 螺旋线工具 | 3.2.3 | 矩形网格工具 | 3.4.1 | 极坐标网格工具 | 3.4.2 |
| 矩形工具 | 3.3.1 | 圆角矩形工具 | 3.3.2 | 椭圆工具 | 3.3.3 |
| 多边形工具 | 3.3.4 | 星形工具 | 3.3.5 | 光晕工具 | 3.4.3 |
| 画笔工具 | 5.4.3 | 铅笔工具 | 4.2 | 平滑工具 | 4.4.9 |
| 路径橡皮擦工具 | 4.4.15 | 斑点画笔工具 | 5.4.4 | 橡皮擦工具 | 4.4.16 |
| 剪刀工具 | 4.4.13 | 刻刀工具 | 4.4.14 | 旋转工具 | 7.1.2 |
| 镜像工具 | 7.1.3 | 比例缩放工具 | 7.1.4 | 倾斜工具 | 7.1.5 |
| 整形工具 | 4.4.2 | 宽度工具 | 5.1.4 | 变形工具 | 7.2.1 |
| 旋转扭曲工具 | 7.2.2 | 缩拢工具 | 7.2.3 | 膨胀工具 | 7.2.4 |
| 扇贝工具 | 7.2.5 | 晶格化工具 | 7.2.6 | 皱褶工具 | 7.2.7 |
| 形状生成器工具 | 7.5.2 | 实时上色工具 | 5.3.1 | 实时上色选择工具 | 5.3.1 |
| 网格工具 | 6.2.2 | 透视网格工具 | 4.5.1 | 透视选区工具 | 4.5.3 |
| 混合工具 | 7.4.1 | 渐变工具 | 6.1.2 | 吸管工具 | 5.1.3 |

| 工具图标/名称 | | 章节 | 工具图标/名称 | | 章节 | 工具图标/名称 | | 章节 |
|---|---|---|---|---|---|---|---|---|
| | 度量工具 | 3.8.5 | | 符号喷枪工具 | 11.2.1 | | 符号位移器工具 | 11.2.2 |
| | 符号紧缩器工具 | 11.2.3 | | 符号缩放器工具 | 11.2.3 | | 符号旋转器工具 | 11.2.2 |
| | 符号着色器工具 | 11.2.4 | | 符号滤色器工具 | 11.2.4 | | 符号样式器工具 | 11.2.5 |
| | 柱形图工具 | 11.4 | | 堆积柱形图工具 | 11.4 | | 条形图工具 | 11.4 |
| | 堆积条形图工具 | 11.4 | | 折线图工具 | 11.4 | | 面积图工具 | 11.4 |
| | 散点图工具 | 11.4 | | 饼图工具 | 11.4 | | 雷达图工具 | 11.4 |
| | 画板工具 | 1.5.9 | | 切片工具 | 12.2.2 | | 切片选择工具 | 12.2.4 |
| | 抓手工具 | 1.5.5 | | 打印拼贴工具 | 1.5.9 | | 缩放工具 | 1.5.5 |
| | 默认填色和描边 | 5.1.1 | | 互换填色和描边 | 5.1.1 | | 颜色 | 5.1.1 |
| | 渐变 | 5.1.1 | | 无 | 5.1.1 | | 正常绘图 | 3.1 |
| | 背面绘图 | 3.1 | | 内部绘图 | 3.1 | | 更改屏幕模式 | 1.5.1 |

# Illustrator面板索引

| 面板 | 章节 | 面板 | 章节 | 面板 | 章节 |
|---|---|---|---|---|---|
| SVG 交互 | 8.3 | 信息 | 3.8.6 | 动作 | 13.1.1 |
| 变换 | 7.1.7 | 变量 | 13.4.2 | 图像描摹 | 4.6.3 |
| 图层 | 9.1.1 | 图形样式 | 8.14.1 | 图案选项 | 5.6.3 |
| 外观 | 8.13.1 | 对齐 | 3.7.6 | 导航器 | 1.5.6 |
| 属性 | 12.2.3 | 描边 | 5.1.2 | OpenType | 10.7.1 |
| 制表符 | 10.7.3 | 字形 | 10.7.2 | 字符 | 10.4.1 |
| 字符样式 | 10.6.1 | 段落 | 10.5.1 | 段落样式 | 10.6.2 |
| 文档信息 | 2.4.3 | 渐变 | 6.1.1 | 画板 | 1.5.10 |
| 画笔 | 5.4.1 | 符号 | 11.1.2 | 色板 | 5.2.2 |
| 路径查找器 | 7.5.1 | 透明度 | 9.2 | 链接 | 2.3.7 |
| 颜色 | 5.2.3 | 颜色参考 | 5.2.4 | 魔棒 | 3.5.2 |

# Illustrator命令索引

| 文件菜单命令 | 章节 | 文件菜单命令 | 章节 | 文件菜单命令 | 章节 |
|---|---|---|---|---|---|
| 新建 | 2.1.1 | 从模板新建 | 2.1.2 | 打开 | 2.2.1 |
| 最近打开的文件 | 2.2.4 | 在 Bridge 中浏览 | 2.2.3 | 关闭 | 1.4.1 |
| 存储 | 2.5.1 | 存储为 | 2.5.2 | 存储副本 | 2.5.3 |
| 存储为模板 | 2.5.4 | 存储为 Web 所用格式 | 12.3.1 | 恢复 | 1.7.3 |
| 置入 | 2.3.1 | 存储为 Microsoft Office 所用格式 | 2.5.5 | 导出 | 12.4.1 |
| 脚本 | 13.3.1 | 文档设置 | 2.4.1 | 文档颜色模式 | 2.4.2 |
| 打印 | 14.1.1 | 退出 | 1.4.1 | | |

| 编辑菜单命令 | 章节 | 编辑菜单命令 | 章节 | 编辑菜单命令 | 章节 |
|---|---|---|---|---|---|
| 还原 | 1.7.1 | 重做 | 1.7.2 | 复制 | 3.7.3 |
| 粘贴 | 2.2.2 | 贴在前面 | 3.7.3 | 贴在后面 | 3.7.3 |
| 在所有画板上粘贴 | 3.7.3 | 清除 | 3.7.1 | 查找和替换 | 10.8.3 |
| 拼写检查 | 10.8.5 | 编辑自定词典 | 10.8.5 | 编辑颜色 | 5.2.7 |
| 键盘快捷键 | 1.6.1 | 同步设置 | 1.8.9 | | |

| 对象菜单命令 | 章节 | 对象菜单命令 | 章节 | 对象菜单命令 | 章节 |
|---|---|---|---|---|---|
| 变换>再次变换 | 7.1.6 | 变换>分别变换 | 7.1.8 | 变换>重置定界框 | 7.1.2 |
| 排列 | 3.7.5 | 编组 | 3.6.1 | 取消编组 | 3.6.3 |
| 锁定 | 9.1.7 | 全部解锁 | 9.1.7 | 隐藏 | 9.1.5 |
| 显示全部 | 9.1.5 | 扩展 | 6.1.7 | 扩展外观 | 5.4.6 |
| 栅格化 | 8.6 | 创建渐变网格 | 6.2.3 | 切片>建立 | 12.2.2 |
| 切片>释放 | 12.2.10 | 切片>从参考线创建 | 12.2.2 | 切片>从所选对象创建 | 12.2.2 |
| 切片>复制切片 | 12.2.4 | 切片>组合切片 | 12.2.7 | 切片>划分切片 | 12.2.6 |
| 切片>全部删除 | 12.2.10 | 切片>切片选项 | 12.2.5 | 切片>剪切到画板 | 12.2.4 |
| 路径>连接 | 4.4.12 | 路径>平均 | 4.4.7 | 路径>轮廓化描边 | 5.1.5 |
| 路径>偏移路径 | 4.4.11 | 路径>简化 | 4.4.10 | 路径>添加锚点 | 4.4.6 |
| 路径>分割下方对象 | 4.4.14 | 路径>分割为网格 | 4.4.17 | 图案 | 5.6.2 |
| 混合>建立 | 7.4.2 | 混合>释放 | 7.4.9 | 混合>混合选项 | 7.4.7 |
| 混合>扩展 | 7.4.8 | 混合>替换混合轴 | 7.4.4 | 混合>反向混合轴 | 7.4.5 |
| 混合>反向堆叠 | 7.4.6 | 封套扭曲>用变形建立 | 7.3.1 | 封套扭曲>用网格建立 | 7.3.2 |
| 封套扭曲>用顶层对象建立 | 7.3.3 | 封套扭曲>释放 | 7.3.6 | 封套扭曲>封套选项 | 7.3.5 |
| 封套扭曲>扩展 | 7.3.7 | 封套扭曲>编辑内容 | 7.3.4 | 透视 | 4.5.4 |
| 实时上色>建立 | 5.3.1 | 实时上色>合并 | 5.3.2 | 实时上色>释放 | 5.3.5 |
| 实时上色>间隙选项 | 5.3.4 | 实时上色>扩展 | 5.3.5 | 图像描摹 | 4.6 |
| 文本绕排>建立 | 10.2.4 | 文本绕排>释放 | 10.2.4 | 文本绕排>文本绕排选项 | 10.2.5 |
| 剪切蒙版>建立 | 9.4.1 | 剪切蒙版>释放 | 9.4.6 | 复合路径 | 7.5.3 |
| 图表>类型 | 11.6.2 | 图表>数据 | 11.5.4 | 图表>设计 | 11.7.1 |
| 图表> 柱形图 | 11.7.2 | 图表> 标记 | 11.7.3 | | |

| 文字菜单命令 | 章节 | 文字菜单命令 | 章节 | 文字菜单命令 | 章节 |
|---|---|---|---|---|---|
| 字体 | 10.4.2 | 区域文字选项 | 10.2.6 | 路径文字 | 10.3.4 |
| 串接文本>创建 | 10.2.3 | 串接文本>释放所选文字 | 10.2.3 | 串接文本>移去串接 | 10.2.3 |
| 适合标题 | 10.8.9 | 创建轮廓 | 10.8.1 | 查找字体 | 10.8.2 |
| 更改大小写 | 10.8.7 | 显示隐藏字符 | 10.8.8 | 文字方向 | 10.8.6 |
| 旧版文本 | 10.8.4 | | | | |

| 选择菜单命令 | 章节 | 选择菜单命令 | 章节 | 选择菜单命令 | 章节 |
|---|---|---|---|---|---|
| 全部 | 3.5.7 | 取消选择 | 3.5.1 | 重新选择 | 3.5.7 |
| 反向 | 3.5.7 | 上方的下一个对象 | 3.5.5 | 下方的下一个对象 | 3.5.5 |
| 相同 | 3.5.2 | 对象>同一图层上的所有对象 | 3.5.6 | 对象>方向手柄 | 3.5.6 |
| 对象>画笔描边 | 3.5.6 | 对象>剪切蒙版 | 3.5.6 | 对象>游离点 | 4.4.7 |
| 对象> 文本对象 | 3.5.6 | 存储所选对象 | 3.5.6 | 编辑所选对象 | 3.5.6 |

| 效果菜单命令 | 章节 | 效果菜单命令 | 章节 | 效果菜单命令 | 章节 |
|---|---|---|---|---|---|
| 应用上一个效果 | 8.1.1 | 上一个效果 | 8.1.1 | 3D>凸出和斜角 | 8.2.1 |
| 3D>绕转 | 8.2.2 | 3D>旋转 | 8.2.3 | SVG 滤镜 | 8.3 |
| 变形 | 8.4 | 扭曲和变换>变换 | 8.5.1 | 扭曲和变换>扭拧 | 8.5.2 |
| 扭曲和变换>扭转 | 8.5.3 | 扭曲和变换>收缩和膨胀 | 8.5.4 | 扭曲和变换>波纹效果 | 8.5.5 |
| 扭曲和变换>粗糙化 | 8.5.6 | 扭曲和变换>自由扭曲 | 8.5.7 | 栅格化 | 8.6 |
| 裁剪标记 | 8.7 | 路径>位移路径 | 8.8.1 | 路径> 轮廓化对象 | 8.8.2 |
| 路径>轮廓化描边 | 8.8.3 | 路径查找器 | 8.9 | 转换为形状 | 8.10 |
| 风格化>内发光 | 8.11.1 | 风格化>圆角 | 8.11.2 | 风格化>外发光 | 8.11.3 |
| 风格化>投影 | 8.11.4 | 风格化>涂抹 | 8.11.5 | 风格化>羽化 | 8.11.6 |
| 效果画廊 | 8.12 | | | | |

| 视图菜单命令 | 章节 | 视图菜单命令 | 章节 | 视图菜单命令 | 章节 |
|---|---|---|---|---|---|
| 预览 | 1.5.2 | 像素预览 | 12.1.2 | 放大 | 1.5.3 |
| 缩小 | 1.5.3 | 画板适合窗口大小 | 1.5.3 | 全部适合窗口大小 | 1.5.3 |
| 实际大小 | 1.5.3 | 隐藏画板 | 1.5.9 | 隐藏打印拼贴 | 1.5.9 |
| 显示切片 | 12.2.9 | 锁定切片 | 12.2.8 | 标尺 | 3.8.1 |
| 隐藏定界框 | 7.1 | 显示透明度网格 | 3.8.4 | 显示渐变批注者 | 6.1.4 |
| 显示实时上色间隙 | 5.3.4 | 参考线 | 3.8.2 | 智能参考线 | 3.8.3 |
| 透视网格 | 4.5.1 | 显示网格 | 3.8.4 | 对齐网格 | 3.8.4 |
| 对齐点 | 3.8.7 | 新建视图 | 1.5.7 | 编辑视图 | 1.5.7 |

| 窗口菜单命令 | 章节 | 窗口菜单命令 | 章节 | 窗口菜单命令 | 章节 |
|---|---|---|---|---|---|
| 新建窗口 | 1.5.8 | 排列>层叠 | 1.5.4 | 排列> 平铺 | 1.5.4 |
| 排列>在窗口中浮动 | 1.5.4 | 排列>全部在窗口中浮动 | 1.5.4 | 排列>合并所有窗口 | 1.5.4 |
| 工作区 | 1.4.7 | 扩展功能>Kuler | 5.2.5 | | |

| 帮助菜单命令 | 章节 | 帮助菜单命令 | 章节 | 帮助菜单命令 | 章节 |
|---|---|---|---|---|---|
| Illustrator 帮助 | 1.8.1 | Illustrator 支持中心 | 1.8.2 | Adobe产品改进计划 | 1.8.3 |
| 完成/更新Adobe ID配置文件 | 1.8.4 | 登录 | 1.8.5 | 更新 | 1.8.5 |
| 关于Illustrator | 1.8.6 | 系统信息 | 1.8.7 | | |

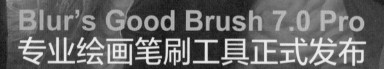